KB201309

우주안보의 국제정치학

복합지정학의 시각

이 저서는 2023-24년 서울대학교 미래전연구센터의 지원을 받아 수행된 연구임.

서울대학교 미래전연구센터 총서 10

우주안보의 국제정치학

복합지정학의 시각

김상배 엮음

김상배 · 차정미 · 윤대엽
알리나 쉬만스카 · 홍건식
유인태 · 이정환 · 송태은
윤정현 · 정헌주 지음

The International Politics of Space Security
Perspective of Complex Geopolitics

한울
아카데미

| 차례 |

제8장
우주 정보·데이터와 지구·인간·군사안보 송태은

제9장
우주 사이버 안보의 복합적 도전과 한국에 주는 함의 윤정현

제10장
우주 환경 안보의 국제정치학 정헌주

1 우주안보의 국제정치학

복합지정학의 시각

김상배 | 서울대학교

1. 머리말

최근 우주공간에 대한 국제정치학적 관심이 높아지고 있다. 오늘날의 우주공간은 과거 강대국들이 경쟁을 벌이던 냉전 공간의 의미를 넘어서 미래 종합국력의 게임을 벌이는 복합공간으로 새롭게 부상하고 있다. 더 이상 우주공간이 막연하게 이해된 인류의 공공재가 아닌 것으로 인식되면서 이를 둘러싼 경쟁이 가속화되고 있다. 우주공간을 둘러싼 경쟁의 양상도 우주개발의 기술경쟁을 넘어서 표준경쟁과 매력경쟁, 규범경쟁의 성격이 가미된 다차원 경쟁으로 전개되고 있다. 우주경쟁의 참여 주체도 다변화되고 있음은 물론이다. 미국과 중국, 러시아와 같은 전통 강대국 이외에도 프랑스, 인도, 일본, 한국 등과 같은 중견국들도 우주경쟁의 대열에 뛰어들었다. 과거 국가 주도의 영역이었던 우주 분야에 민간 기업들의 참여가 늘어나고 있음에도 주목할 필요가 있다. 이렇듯 복합적인 양상으로 전개되고 있는 오늘날의 우주경쟁을 국제정치학의 시각에서 좀 더 체계적으로 이해할 과제가 제기된다.

최근 학계의 논의를 보면, 우주가 또 하나의 영토공간으로 인식되면서 우주

지정학Cosmo-geopolitics의 담론이 대두되고 있는 것이 사실이다. 그러나 우주를 단순히 냉전 시대의 관성을 지닌 고전지정학의 시각으로만 봐서는 안 된다. 기본적으로 우주공간은 일국 단위의 주권적·영토적 경계를 넘어서는 탈脫지리적 공간이며, 최근에는 탈지정학적 성격을 지닌 사이버 공간과 밀접히 연계되면서 확장되고 있다. 또한 우주의 상업화를 의미하는 뉴스페이스New Space 현상의 전개는 우주공간을 비非지정학적 '글로벌 시장의 공간'으로 자리매김케 했으며, 우주 분야의 국제규범을 모색하려는 움직임도 촉발하고 있다. 또한 우주공간의 새로운 안보위협을 '안보화securitization'하는 구성주의적 비판지정학의 경향도 두드러지고 있다. 요컨대, 우리에게 다가온 우주경쟁의 국제정치는 '복합지정학Complex Geopolitics'의 시각에서 이해해야 하는 대표적 사례이다.

이 글은 최근 전개되고 있는 우주경쟁의 복합지정학을 '우주안보' 개념에 초점을 두어 살펴보았다. 복합지정학의 시각에서 본 우주안보는 전통적인 의미의 군사안보만을 의미하는 것은 아니다. 냉전 시대의 우주안보가 과학기술의 관점과 군사안보의 관점이 직접 연계되는 방식으로 이루어졌다면, 뉴스페이스의 부상을 거론하는 오늘날에는 기술 변수나 전쟁 변수 이외에도 경제, 산업, 데이터, 사이버, 환경, 외교, 동맹, 규범 등과 같은 다양한 이슈들이 연계되며 우주 관련 위협을 제기하고 있다. 미시적 안전의 문제가 양적으로 늘어나고 다양한 이슈들과 연계되며 집단보안을 위협할 뿐만 아니라 좀 더 거시적인 차원에서 국가안보의 문제로 창발emergence하는 '신흥안보emerging security'의 전형적인 사례를 보여주고 있다. 이러한 문제의식을 바탕으로 이 글은 우주지정학의 변환과 뉴스페이스의 부상, 우주신흥안보의 창발이라는 세 가지 차원에서 우주안보의 국제정치학적 논제들을 짚어보았다.

이 책의 총론적 성격을 겸하는 이 글은 크게 네 부분으로 구성되었다. 제2장은 우주지정학의 변환이라는 시각에서 최근 벌어지고 있는 우주의 안보화와 미국과 중국을 비롯한 주요국들의 우주경쟁 가속화를 살펴보고, 우주의 군사화와 무기화의 경향이 어떻게 진행되고 있는지를 검토했다. 제3장은 뉴스페이스의 부상이라는 시각에서 우주의 상업화가 전개되는 양상을 짚어보고, 이러한 과정에서 제기되는 우주의 기술안보와 경제안보 및 우주의 진영화 양상을 살펴보았다. 제4장은 우주신흥안보의 창발이라는 시각에서 우주공간을 매개로 하여 제기되는 데이터 안보와 사이버 안보 및 환경안보의 쟁점들을 살펴보았으며, 이들 이슈와 관련된 국제규범 논의의 현황을 소개했다. 끝으로, 맺음말에서는 우주안보의 복합지정학적 전개에 대응하는 한국 우주안보 전략의 과제를 간략히 살펴보았다.

2. 우주지정학의 변환

1) 우주의 안보화와 우주경쟁 가속화

우주안보의 복합지정학적 논의를 펼쳐나감에 있어 우선 주목할 것은, 최근 부쩍 우주 문제가 국가안보의 사안으로 안보화되고 있다는 사실이다. 우주공간의 중요성이 커질수록 우주력을 육성하여 우주공간을 선점하려는 각국의 경쟁이 치열해지고 있다. 미국과 중국, 러시아 등은 우주공간을 과학기술과 경제산업의 문제로 인식하는 차원을 넘어서 전략적이고 군사적인 시각에서 보고 있으며, 이러한 인식을 바탕으로 우주력을 배양하고 우주공간에서의 전쟁 수행능력을 향상하기 위한 군비경쟁에 경주하고 있다. 우주력을 국가안보 전략 구현의 핵심으로 이해한 이들 강대국의 행보는 위성과 발사체 및 제어 등과 관련된 우주 기술·자산을 확보하는 차원을 넘어서 우주 무기를 개발하고 우주군을 창설하는 데까지 나아가고 있다.

이러한 추세를 이끌어가는 것은, 단연코 미국과 중국이 우주 분야에서 벌이는 패권경쟁의 시소게임이다. 2000년대 초엽부터 제기된 중국의 우주굴기는 '중국몽' 실현의 일환으로 광범위하게 진행되고 있다. 중국의 유인우주선 발사나 위성요격무기ASAT 개발, 창어嫦娥 4호의 달 뒷면 착륙, 베이더우 위성항법 시스템 완성 등의 행보에 대해서 미국은 위협감을 느끼고 민감하게 반응하고 있다. 전통 우주 강국인 러시아도 우주개발 예산이 크게 부족한 상황이지만, 여전히 앞선 우주 기술력을 바탕으로 과거의 우위를 회복하려는 전략을 추진하고 있다. 이 밖에도 인도와 일본, 한국을 비롯한 후발 주자들도 우주개발에 본격적으로 참여하고 있다. 오늘날 단독 혹은 국제 협력을 통해 우주개발에 참여하고 있는 국가는 50개국 이상에 이른다.

미중 우주경쟁의 가속화와 관련하여 한 가지 되새겨 볼 것은, 현재의 미중경쟁을 추동하는 변수로 중국의 우주력 추격만큼이나 이를 위협으로 보고 안보화하는 미국의 인식이 강하게 작동한다는 사실이다. 우주력에 대한 미국의 재강조와 우주외교 전개의 배경에는 중국의 우주굴기로 인해서 미국의 우주 리더십이 훼손될지도 모른다는 위협인식이 자리 잡고 있다. 이렇게 보면, 미중 우주경쟁은 정치외교적 '위세prestige 경쟁'의 성격을 강하게 띠고 있다. 더 나아가 이른바 '우주황화론宇宙黃禍論'이 최근 미국에서 급속히 확산하는 이면에 우주 분야 예산을 확보하려는 국내정치적 속내가 있음도 놓치지 말아야 한다. 사실 우주개발과 관련된 기술혁신 과정에는 역사적으로도 냉전기부터 기술 외적인 정치·군사·외교적 변수가 중요한 역할을 담당했다. 마찬가지로 중국의 경우도, 미국 주도의 우주 군사화·무기화에 반대하는 '수사'를 구사하고 있음에도, 군사적 활용을 염두에 둔 첨단 우주역량에 대한 투자를 지속하고 있음도 명심해야 한다.

이와 유사한 맥락에서 **제2장 「미중 전략경쟁과 우주외교 경쟁」**은 우주기술이 냉전이라는 국제정치적 환경, 군사적 필요, 정치적 비전과 민족주의 등 외교안보와 정치, 사회의 복합적 상호작용 속에서 발전했다고 주장한다. 냉전기 우주는 미소 간 국력 경쟁, 영향력 경쟁의 핵심 공간이었다. 탈냉전 초기 진영을 넘어서는 국제 협력의 공간이었던 우주는 미중 강대국 경쟁의 부활과 함께 다시 강대국 간 국력 경쟁과 영향력 경쟁의 공간으로 부상하면서 미중 양국의 영향력 제고와 우호그룹 구축을 위한 외교적·정치적 자원으로 주목받고 있다.

이러한 맥락에서 제2장이 특별히 살펴본 주제는 '우주외교space diplomacy' 경쟁이다. 우주가 미중 미래 글로벌 리더십 경쟁의 주요 공간으로 부상하면서 미중 우주경쟁에 대한 관심과 연구가 증대하고 있으나, 미중 영향력 경쟁과 우호그룹 구축 차원의 우주외교 경쟁에 대한 연구는 미흡하다는 것이다. 이러한 문제 제기를 바탕으로 제2장은 미중경쟁과 우크라이나 전쟁으로 과학기술 협력의 진영화 추세가 부상하고 있는 환경 속에서 미중 양국이 우주기술을 외교적 자원으로 적극 활용하는 글로벌 권력 경쟁의 시각에서 우주외교를 비교·분석했다.

중국이 강대국화를 목표로 어떻게 일대일로 국가, 글로벌 남반구의 국가들을 우주 협력으로 그룹화하고 있는지, 미국이 어떻게 중국의 우주굴기를 안보화하고 동맹국 협력국들과의 우주 협력을 확대하여 대중국 기술견제 협력을 강화하고 있는지를 분석했다. 아울러 영향력 경쟁의 관점에서 미중 양국이 전개하는 우주외교가 향후 국제질서에 던지는 시사점과 함의를 제시했다. 우주정치의 양극화와 글로벌 우주 협력의 진영화, 규범의 파편화, 나아가 우주가 강대국 간 충돌의 공간으로 부상하여 국제질서에 미칠 위험과 도전도 살펴보았다.

2) 우주지정학과 우주의 군사화

우주의 군사화militarization는 우주지정학의 중요한 논제 중의 하나이다. 용어정의 차원에서 이해한 우주의 군사화는 통신, 조기경보, 감시항법, 기상관측, 정찰 등과 같이 우주에서 수행되는 안정적이고 소극적이며 비강제적인 군사활동을 의미한다. 우주공간을 활용한 지상전 지원 작전의 중요성이 커지면서, 위성 자산을 활용한 정찰, 미사일 발사 탐지 및 추적 등 우주상황의 인식, 우주 환경의 모니터링, 위성항법 시스템을 이용한 유도제어 등 민간 및 국방 분야에서 우주 자산이 적극적으로 활용되고 있다. 특히 우주 위협 및 우주 환경 상황을 실시간으로 관측하여 판별하고 추적하는 우주상황인식Space Situational Awareness: SSA 또는 우주영역인식Space Domain Awareness: SDA이 중요해졌다. 또한 정찰위성이나 정찰기를 활용한 군사 정보·데이터의 수집·처리·분석 역량은 군사작전과 전쟁 수행의 핵심 요소가 되었다.

이러한 우주의 군사화는 냉전기에도 중요했지만 4차 산업혁명의 시대를 맞이한 오늘날 새로운 모습으로 우리에게 다가왔다. 무엇보다도 기술이 발전하고 이를 활용하는 첨단 무기체계의 위협이 증대되면서 우주 군비경쟁도 새로운 국면에 접어들었다. 특히 인공지능AI 기술이 적용되면서 우주공간을 활용한 감시정찰 능력이 획기적으로 증대했으며, 그렇게 수집된 데이터의 분석은 국가 간 정보우위를 결정짓는 핵심 역량이 되었다. 여기서 특히 주목할 것은, 우주의 군사화가 우주의 상업화 및 시장화와 연동된다는 사실이다. 인공지능, 클라우드, 사물인터넷, 빅데이터 등과 연계된 우주 시스템의 상업적 가치가 커지면서 우주 관련 데이터 경제가 급속히 성장하고 있으며, 이러한 와중에 우주 분야로 민간 행위자들의 진출이 증가했다. 이제는 우주기술 전략이 군사전략은 물론 경제전략의 대상이 된 것이다.

제3장 「우주지정학의 전환과 우주 군사전략: 우주 군사혁신 과제」는 역사적·기술적 시각에서 우주 군비경쟁의 과정을 분석하고, 우주 군사혁신의 과제를 검토했다. 역사적 시각에서 보면, 미국과 소련이 핵 경쟁의 수단으로 우주를 군사화했던 올드스페이스 시기와 다수의 국가와 민간 기업이 우주의 상업화를 주도하는 뉴스페이스 시기를 구분할 수 있다. 이를 기반으로 제3장은 우주체계, 지상체계, 통신체계, 사용체계 등 우주기술 혁신이 우주의 무기화에 부과하는 가능성과 여기서 파생되는 우주 리스크를 함께 분석했다. 아울러 미국과 중국 및 소련 등 핵보유국과 비핵 중견국의 우주 군사전략의 목표, 능력, 수단을 비교하고 전략-비용 합리적 우주 군사혁신의 과제를 검토했다.

제3장에 의하면, 우주공간은 경제·기술·안보·군사적 우위를 위한 복합지정

학적 공간이 되었다. 특히 미·중·러 등 우주강국은 우주통제, 우주패권 등 포괄적인 우주 군사전략을 추진하고 있다. 그러나 안보위협의 성격과 제한된 자원을 고려할 때, 비핵 중견국의 우주 군사전략의 목표는 적대적 위협에 대한 군사적 우위의 수단으로 우주경쟁을 어떻게 활용할 것인가에 두어져 있다. 특히 비핵 중견국인 한국의 우주 군사전략은 우주 기반 정보체계를 군사적 효과성, 효율성의 수단으로 활용하는 것으로, 우주 무기를 보유하여 우주거부력을 구축하는 것은 전략-비용 합리적 우주 전략이 아닐 수 있다. 더구나 민간 기업이 주도하는 우주의 상업화로 인해 우주공간이 공공재 또는 공유재로 인식될 수 있지만 현실적으로 우주공간은 경제적·정치적·안보적 이해를 공유하는 진영 국가 간의 클럽재의 성격을 가진다. 우주공간을 군사적 목적에서 효과적으로 활용하고, 동시에 우주 취약성을 관리하기 위해서는 동맹 및 다자 협력에 기반한 우주 군사혁신의 필요성이 제기된다.

3) 우주의 무기화와 우크라이나 우주전

'지정학의 부활'이 거론되는 최근 국제정세의 추세에 편승하여, 오늘날의 우주공간은 그 군사적 활용의 가능성이 늘어난 군비경쟁의 공간이자 새로운 전쟁 공간으로 주목받고 있다. 육·해·공에 이어서 사이버 공간과 더불어 우주공간은 이른바 '다영역 작전MDO'이 수행되는 복합 전쟁 공간의 한 축을 구성하고 있다. 실제로 오늘날 우주 자산을 활용하지 않고서는 효과적으로 전쟁을 수행하기 어려운 작전환경이 전개되고 있다.

이러한 변화에 직면하여 미국과 중국을 비롯한 주요국들이 적극적인 대응을 하고 있음은 물론이다. 이들 국가의 지정학적 우주 군비경쟁의 단면을 보여주는 대표적 사례는 우주군 창설의 행보이다. 2010년대 들어 러시아의 항공우주군(2015), 중국의 전략지원군(2016), 미국의 우주군(2019), 일본의 우주작전대(2022) 등이 경쟁적으로 창설되었다. 그 이후 각국의 우주군 행보는 변동을 겪고 있지만 우주 군사화의 전반적인 추세는 지속되고 있다.

주요국들이 추진하는 우주 군사전략은 우주 자산을 군사적으로 활용하는 군사화의 차원을 넘어서 우주공간을 무기화weaponization하고 실제로 군사작전에 활용하는 데까지 나아가고 있다. 용어 정의 차원에서 이해한 우주의 무기화는 주로 위성요격무기의 배치, 우주 기반 탄도미사일 방어체계 등과 같은 실용적인 무기체계 그 자체를 우주공간에 도입하는 적극적·강제적·독립적이면서 불안정한 군사활동을 의미한다. 이러한 과정에서 4차 산업혁명 시대의 첨단기술은 우주공간의 무기화와 군사전략을 획기적으로 변화시키고 있다.

2022년 발발한 러시아-우크라이나 전쟁은 우주 정보 자산의 영향력이 새삼 확인된 계기를 마련했다. 미국이 우주 자산을 활용하여 러시아군의 정보를 공개하여 러시아의 침공이 임박했음을 탐지했으며, 민간 위성정보가 군과 정보기관 활동을 보완했다. 러시아의 맹공 속에서도 우크라이나의 인터넷은 건재했는데, 스타링크의 민간 우주 자산을 활용한 것이 주효했다. 또한 맥사테크놀로지나 플래닛랩스 등과 같은 실리콘밸리 기업들의 민간 위성 이미지 분석도 큰 역할을 했다. 미국의 지구관측위성 제작기업 카펠라스페이스도 전천후 정찰이 가능한 위성영상레이더SAR 군집위성을 활용해서 참전했다. 이 밖에도 구글맵을 통해서 러시아 전차부대의 진군과 우크라이나 피란민 행렬, 도로 폐쇄 상황 등이 실시간 파악된 것은 유명한 일화이다.

이렇게 생성된 정보와 데이터는 대중에 공개된 스마트폰 영상, 빅데이터, 위성 이미지 자료 등의 형태로 틱톡, 유튜브, 페이스북 등과 같은 소셜 미디어에 올라와서 전 세계로 전파되었다. 특히 틱톡과 같이 겉으로 보기엔 전쟁과 아무 상관없어 보였던 SNS 동영상 서비스가 큰 역할을 했다. 이른바 오픈소스 정보open source intelligence: OSINT의 시대를 맞아 민간 우주 정보와 데이터가 전황에 영향을 미치는 위력을 발휘하게 되었다.

제4장 「러시아의 우주 무기화와 복합지정학」은 2014년에까지 거슬러 올라가는 우크라이나 사태와 그 이후 치열하게 전개되어 2022년의 대규모 군사 갈

등으로 표출된 러시아-우크라이나 전쟁의 사례에 주목했다. 제4장의 분석에 의하면, 러시아-우크라이나 전쟁에서 나타난 우주의 무기화와 우주지정학의 양상은 냉전기 미·소 우주경쟁에서 나타났던 모습과는 다른 성격을 지녔다. 우주 이슈가 사이버 안보 및 데이터 안보의 이슈와 연계되는 신흥안보의 비판지정학과 탈지정학의 성격을 드러냈을 뿐만 아니라 냉전기에 주를 이루었던 국가 행위자 간 경쟁의 양태도 크게 변화시켰다는 것이다. 특히 제4장은 미국의 스타링크와 맥사테크놀로지, 그리고 중국의 스페이시티Spacety 등과 같은 민간 우주 기업들의 참여가 우주지정학의 성격을 변화시키는 데 기여했다고 지적한다.

이러한 변화의 양상을 설명하기 위해 제4장은 복합지정학의 시각에서 러시아의 우주 무기화 과정의 부침을 조명했다. 냉전기의 미소 우주경쟁을 고전지정학의 시각에서 분석하고, 탈냉전기인 1990년대에 우주 군사화 경향이 약화되면서 미국·러시아가 공동이익을 위해 우주 협력을 추진했던 비지정학의 내용을 살펴보았다. 여기서 더 나아가 푸틴 러시아 대통령의 두 번째 임기부터 재등장한 러시아의 우주 군사화와 무기화 및 뉴스페이스 도입의 실패에 대한 고찰을 통해서 고전지정학의 양상이 재등장하고 있음을 지적했다.

3. 뉴스페이스의 부상

1) 우주의 상업화와 뉴스페이스

우주의 상업화에 대한 논의도 한창이다. 우주공간은 4차 산업혁명 시대의 기술·정보·데이터 환경으로 자리매김했으며, 최근 글로벌 우주산업의 성장을 추동하는 주체는 국가가 아닌 민간 부문이다. 국가 주도의 '올드스페이스OldSpace 모델'에서 민간 업체들이 신규 시장을 개척하는 '뉴스페이스NewSpace'

모델로 패러다임이 전환되고 있다. 2010년을 전후하여 널리 쓰이기 시작한, 뉴스페이스라는 용어는 혁신적 우주 상품·서비스를 통한 이익 추구를 목표로 하는 민간 우주산업의 부상을 의미한다. 우주개발의 상업화와 민간 참여의 확대와 함께 그 기저에서 작동하는 기술적 변화, 그리고 '국가-민간 관계'의 변화를 수반한 우주산업 생태계 전반의 변화를 의미한다.

최근 뉴스페이스 모델은 우주발사 서비스, 위성 제작, 통신·지구 관측 이외에도 우주상황인식, 자원채굴, 우주관광 등 다양한 활용 범위로 확장되고 있으며 이에 참여하는 기업의 숫자와 투자 규모도 늘어나고 있다. 게다가 우주 식민지 건설, 우주 자원채굴, 우주공장Space Factory 등과 같이 장기적으로나 실현 가능한, 불확실한 분야에까지 우주개발 투자가 확대되는 양상이다. 최근에는 우주공간에서의 제조업, 사물인터넷을 활용한 인터넷 서비스, 우주폐기물 처리와 우주태양광 에너지 활용 등도 시작 또는 기획 중이다. 지구 궤도를 도는 위성의 숫자가 많아지면서 새로운 우주산업이 파생되고 있는 현상에도 주목할 필요가 있다. 이들 궤도를 돌고 있는 위성들에 대한 점검, 수리, 교체, 업그레이드, 궤도 및 자세 유지 등 궤도상서비싱On-Orbit Servicing: OOS이 각광을 받고 있다. 폐기 위성을 처리하는 우주쓰레기 처리 사업도 유망한 것으로 거론된다.

우주의 상업화와 함께 참여 주체의 다양화도 발생하고 있다. 뉴스페이스의 출현은 우주개발에서 정부의 역할은 줄어들고 민간 부문의 역할이 점점 늘어나는 현상으로 나타난다. 대표적 사례로는 스페이스X의 크루 드래곤과 스타링크, 블루오리진의 뉴 셰퍼드, 아마존의 카이퍼 프로젝트, 원웹 등을 들 수 있다. 뉴스페이스의 부상은 우주개발의 상업화와 민간 참여의 확대와 함께 그 기저에서 작동하는 기술적 변화를 수반한 우주산업 생태계 전반의 변화를 의미한다. 뉴스페이스의 부상은 우주 분야에서 민간 스타트업의 참여가 늘어나고 이들에 의한 벤처투자가 확대되는 형태로 나타났다. 이러한 뉴스페이스 부상의 기저에는 소형위성과 재사용 로켓 개발로 인해 비용이 감소하면서 우주 진입 장벽이 낮아진 기술적 변화가 자리 잡고 있다.

제5장 「우주의 상업화와 뉴스페이스: 미중경쟁의 맥락」은 저궤도 위성 시스템 구축과 달 탐사·개발을 둘러싼 미중경쟁의 사례를 통해서 우주의 상업화와 뉴스페이스의 부상을 살펴보았다. 탈냉전 이후 우주공간의 다극화와 상업화는 뉴스페이스 시대를 만들어내는 동인으로 작동했다. 21세기에 들어 미국의 우주 리더십 약화, 반사이익으로 중국과 러시아의 상대적 부상은 우주공간의 다극화를 만들어냈다. 우주기술 혁신은 우주 발사 비용을 낮추었으며, 벤처 및 스타트업들도 우주개발에 앞다투어 참여하면서 기존의 중앙집권적이고 정부 주도적인 우주 프로그램은 점차 민간 영역으로 확장했다.

뉴스페이스 시대 미국과 중국은 민간 영역과의 협력 관계를 기반으로 우주 상업화를 추진하고 있다. 미국은 우주 전략을 체계화하면서 민간 우주활동 활성화를 목적으로, 우주 정책, 규제 및 수출통제 조치를 취하고 있으며 동맹국 및 파트너국들과 우주 협력을 강화하고 있다. 미국은 우주산업에 스타트업 우주 벤처와 같은 혁신 기업을 참여시키며 우주 상업화를 빠르게 진행 중이다. 한편 중국은 군민융합을 바탕으로 우주 상업화를 추진 중이다. 중국도 우주산업 부문의 스타트업에 대한 투자를 확대하면서 우주산업의 상업화와 민영화를 꾀하고 있다. 그러나 중국의 하향식 정책, 중앙정부와 지방정부의 역할 분담, 그리고 군민융합이라는 중국의 우주 전략은, 민간 기업의 혁신을 이끌어내기에는 제약 요소로 작용하고 있다.

뉴스페이스 시대 미국과 중국의 우주 상업화는 저궤도 공간에서 위성 서비스 구축과 달 탐사·개발 주도권 확보를 위한 경쟁으로 나타나고 있다. 저궤도 위성 서비스는 시장성이 높으며, 안보적으로도 감시 및 정찰의 효용도가 높아 미국과 중국이 주도권 확보를 위한 경쟁 양상을 보인다. 이와 함께 이들은 달의 지정학 그리고 지경학적 중요성에 대한 이해를 바탕으로 우주개발을 추진하고 있어, 향후 이들의 '지구-달 사이 공간cislunar space'을 차지하기 위한 경쟁 심화가 국가 간 갈등으로 이어질 가능성도 상존한다.

2) 우주안보와 기술·경제 안보

뉴스페이스 시대의 우주개발 경쟁이 본격화되면서 상업적 목적의 우주산업과 서비스가 차지하는 비중이 급격히 증가하고 있다. 그러나 우주산업과 서비스는 단순히 민간 부문의 이슈가 아니라 경제와 안보가 밀접히 연결된 민군 겸용dual-use의 성격을 지니고 있다는 사실을 잊지 말아야 한다. 군과 정부의 투자로 개발된 다양한 민간 우주기술이 민군 겸용 임무 수행에 직간접적으로 활용된다. 따라서 민간 주체들의 우주활동은 그것이 아무리 상업적 활동이라도 사실상 군사적 활동을 전제로 하거나 또는 수반하는 경향이 강하다. 이러한 맥락에서 전통적으로 우주기술 및 위성부품의 수출통제는 기술안보의 사안으로 인식되었으며, 최근에는 우주산업의 글로벌 공급망 안정성 문제와 연계되면서 민감한 경제안보의 문제로 부상했다.

올드스페이스 시대에도 기술안보의 시각에서 보는 우주기술 및 위성부품의 수출통제는 중요한 국가안보의 문제였는데, 바세나르협정WA과 미사일기술통제레짐MTCR과 같은 다자레짐이 그 근간을 이루었다. 뉴스페이스 시대에는 중국을 견제하는 새로운 체제의 구축이 쟁점으로 부각되었는데, 미국은 기존에 무기수출통제규정International Traffic in Arms Regulations: ITAR을 중심으로 했던 수출통제체제의 개혁을 시도했다. 2018년의 수출통제개혁법Export Control Reform Act: ECRA이 그 변곡점을 이루었다. 국가안보를 추구하면서도 상업적 이익을 저해하지 않는 방향으로 변화했으며, 군사기술 중심에서 민군 겸용 기술로 그 초점이 이동했다. 또한 이렇게 구축된 수출통제체제에 동맹국이나 파트너 국가들을 동참시킴으로써 중국을 견제하려는 외교적 노력도 강화했다.

최근 미중경쟁에서 더 중요한 쟁점이 된 것은, 우주 공급망의 안정성을 확보하는 경제안보의 문제다. 글로벌 우주기술 공급망에서 미국은 여전히 높은 위상을 차지하고 있지만, 최근 우주산업의 공급망에 대한 도전이 제기되고 있는 것 또한 사실이다. 특히 글로벌 공급망에서 티타늄, 특수금속, 희토류 등과 같은 원자재 공급 부족 문제가 우려되면서, 미국은 디커플링de-coupling이나 리쇼어링re-shoring 등을 통해서 글로벌 우주 공급망을 재편할 필요성을 검토하기 시작했다. 예를 들어, 2023년 10월 미 우주군의 우주체계사령부Space Systems Command: SSC가 복원력 있는 집단공급망collective supply chain을 혹은 집단적 산업기반collective industrial base을 함께 구축해 나가는 문제를 놓고 동맹국들과 전략대화를 시작하기도 했다.

제6장 「우주안보와 기술·경제 안보」는 민군 겸용의 성격을 지닌 우주기술의 경제안보 문제를 분석했다. 우주안보를 논함에 있어 우주기술을 빼놓고 생각할 수 없다는 것이, 제6장의 기저에 흐르는 문제의식이다. 첨단과학기술의 집대성인 우주기술에는 스핀 오프spin-off 또는 스핀 온spin-on이 활발하게 일어날 수 있는 민군 겸용 기술들이 많이 포함되어 있어서 국방 분야뿐만 아니라 산업 전반에의 파급효과가 크다는 것이다. 따라서 미중 우주경쟁에서 해당 기술 부문의 혁신을 지속하는 문제와 함께, 적대적 경쟁국의 기술혁신을 저지하는 차원에서 첨단 우주기술의 이전을 관리하는 수출통제 정책이 채택되었다는 것이다.

이러한 문제의식을 바탕으로 제6장은 우주기술 관련 글로벌 공급망과 수출통제 정책을 살펴보았다. 우주기술 공급망의 경우 그 기술 생태계의 복잡성 때문에 그 양상을 정확히 파악하는 것은 쉽지 않지만, 공급망의 구성 행위자들, 인공위성 발사, 해당 분야에의 투자액, 그리고 국제적 협의의 숫자들을 통해서 우주 공급망의 양상을 추론했다. 제6장의 분석에 따르면, 적지 않은 선행연구들이 해당 부문에서의 중국의 부상에 촉각을 곤두세우지만, 여전히 미국이 우주기술 공급망에서 우위를 차지하고 있다고 한다. 또한 미국은 글로벌 차원에서도 다자회의체와 동지 국가들과의 소다자회의체를 통한 국제적 노력을 통해서 우주기술 관련 글로벌 수출통제레짐의 변화를 꾀하고 있다고 지적했다.

3) 우주경쟁의 진영화와 동맹 협력

최근 미국과 중국이 벌이는 우주경쟁은 양국 차원의 경쟁을 넘어서 양국이 주도하는 진영 간 경쟁의 양상을 드러내고 있다. 다시 말해, 미중 양국이 중심이 된 진영화와 블록화의 구도하에 우주 분야의 국제 협력은 양자동맹 또는 다자연대의 형식을 띠며 진행되고 있으며, 이러한 경향은 국제 기술 협력과 우주외교의 분야에서 극명하게 드러나고 있다. 특히 미중이 각기 주도하는 달 탐사 개발 경쟁에서 이러한 양상이 두드러지게 나타나고 있다.

제일 주목받는 것은 미국의 아르테미스 계획인데, 2024년 2월 현재 36개국이 가입했다. 미국은 2023년 5월 첫 '우주외교 전략 프레임워크'에서 미국의 우주 리더십 제고와 동맹국 외교활동의 추진을 발표했다. 아르테미스 협정을 통해 우주규범 분야 연대와 협력을 강화하는 한편, 2022년 12월 '미-아프리카 우주 포럼'을 신설하는 등 글로벌 남반구 국가들과의 우주기술 및 우주산업 협력을 확대하고 있다. 최근에는 필리핀, 호주, 인도 등과의 우주 협력도 활발히 진행하고 있다.

중국도 대외 진출의 핵심 플랫폼인 일대일로를 질적으로 발전시키고 강화해 가는 데 있어 우주외교를 적극 활용하고 있다. 중국은 파트너 국가와 협력하여 2036년까지 국제달연구기지International Lunar Research Station: ILRS를 완성·실행할 계획이다. 중국이 주도하는 달 탐사 프로젝트로서 ILRS 계획은 미국의 아르테미스 계획의 잠재적 경쟁자로서 중국이 여러 국가를 참여시키기 위해 노력해 왔다. 아르테미스 계획과 중국의 ILRS 계획에 동시에 속한 나라들이 거의 없다는 점에서 우주는 다른 분야보다 진영화의 구도가 강하게 형성되고 있다.

제7장 「일본의 우주안보 정책과 미일 협력」은 우주경쟁의 진영화 과정에서 나타난 동맹 협력의 사례로서 미국과 일본의 우주 분야 협력을 살펴보았다. 제7장은 일본의 우주안보 정책이 최근 일본 안보 정책 진화와 동일한 맥락에서 이해되어야 한다고 주장한다. 냉전기에 비해 증가한 안보위협에 대해서 미일

협력을 강화하여 대응하는 양상이 두드러지게 나타났다. 이러한 가운데 냉전기에 구축된 요시다 노선의 전수방위와 기반적 방위력 개념이 형해화되면서, 미일 협력 속에서 일본의 역할 강화가 선명하게 부각되고 있다. 우주안보 정책을 포함한 최근 일본 안보 정책에서 미일 협력의 중심성 강화가 효과적인 방법으로 인식되고 있다.

그렇지만 일본의 우주안보 정책에는 자주적 성격도 존재한다. 독자적 위성 감시 능력 구축을 위한 위성 콘스텔레이션에 대한 투자가 대표적 사례이다. 우주안보 정책에서 발견되는 일본의 전략적 자율성 추구는 우주 분야에서 그동안 축적한 일본의 국가 기술경쟁력을 발전시키려는 위치권력의 상승 전략 차원에서 이해된다. 일본 우주정책의 목표 중 하나인 '자립하는 우주이용 대국이 되는 것'은 우주안보 정책에서도 그 근본적 성격이 유지되고 있다. 우주개발 정책을 대체하는 우주안보 정책의 자주성은 일본 우주능력 향상의 핵심 수단이기도 하다. 미일 협력은 필연적이지만, 그 결과가 일본에 좀 더 긍정적으로 작동케 하려는 전제하에 자주적 국가능력 향상 노력을 중시하는 일본의 전략적 사고를 엿보게 하는 대목이다.

4. 우주신흥안보의 창발

1) 우주 데이터 안보의 창발

4차 산업혁명 분야의 기술을 융·복합한 산업과 서비스가 우주공간을 매개로 하여 제공되는 시대를 맞이하고 있다. 이러한 과정에서 생성되는 데이터는 디지털 경제의 원유라 불릴 정도로 중요한 미래 권력자원으로 취급된다. 이러한 관점에서 보면 위성영상·통신, 감시정찰위성 등과 같은 우주 자산을 활용해서 제공되는 데이터는 국력의 핵심 요소이자 국가안보의 중요한 어젠다이다. 실제로 군사 및 민간 인공위성의 데이터 수집, 감시정찰, 우주상황인식, 항법정보, 위성통신 등과 관련된 역량은 우주경제의 측면에서뿐만 아니라 우주안보의 차원에서도 중요한 함의를 지니고 있다.

여기서 말하는 우주 데이터 안보는 군사적 성격을 담고 있는 데이터의 안보만을 의미하는 것은 아니다. 과거에도 우주공간을 활용한 정보 수집과 통신보안, 데이터의 수집·처리·분석 역량은 군사작전과 전쟁 수행의 핵심 역량으로 인식되었다. 그런데 오늘날 쟁점이 되는 것은, 4차 산업혁명 시대의 지능화와 스마트화를 바탕으로 한 빅데이터 환경에서의 데이터 안보 문제이다. 과거 스몰데이터 시대에는 군사적 속성을 지니고 있는 우주 데이터의 해외 반출이 문제가 되었다면, 오늘날 빅데이터 시대에는 민간의 우주 기반 영상 정보, 통신신호, 데이터 등도 국가안보의 문제로 취급될 가능성이 커졌다. 뉴스페이스 시대를 맞아 민군 겸용의 성격이 커진 우주 관련 데이터는 그야말로 창발의 구도에서 이해되는 우주신흥안보의 대표적 이슈이다.

이러한 데이터 안보 문제를 제기하는 우주 관련 서비스로 위성항법 시스템, 위성 인터넷 서비스, 우주 영상 및 데이터 활용 서비스 등이 있다. 이런 서비스에서 발생하는 위성 정보·데이터는 환경·에너지·자원·식량안보·재난 등의 신흥안보 문제 해결에 이바지하는 필수 요소일 뿐만 아니라 군사적·전략적 용도로도 활용될 여지가 매우 크다. 특히 정밀한 위성 데이터는 사물인터넷, 빅데이터, 인공지능 딥러닝 등의 기술과 융합되어 다양한 분야에 정보·데이터를 제공함으로써 4차 산업혁명의 중요한 인프라를 형성한다. 더 나아가 최근에는 인공지능 기반의 데이터 처리와 조작 및 공격도 새로운 데이터 및 사이버 안보의 쟁점으로 부상하고 있는데, 우주 자산이 수집하고 분석하는 데이터도 이러한 위협에서 자유롭지 못하다.

제8장 「우주 정보·데이터와 지구·인간·군사안보」는 우주안보와 데이터 안보의 연계를 다루었다. 오늘날 우주기술과 우주 시스템은 인공지능 기술을 포함한 다양한 신흥기술과 접목되면서 우주위성이 수집하고 분석하는 정보의 가

치와 활용도가 지구안보, 인간안보, 군사안보의 차원에서 크게 증대하고 있다. 짧은 시간 동안 광범위하게 대규모의 정보를 수집할 수 있는 인공위성은 지구환경에 대한 관측과 모니터링, 다양한 형태의 폭력과 범죄에 대한 감시를 통한 인간의 안전에 대한 보호, 우주상황인식과 감시정찰, 항법 제공 및 군사통신 등을 통한 군사활동에 사용되고 있다.

이렇게 다양한 정보활동을 수행하는 우주 자산이 국가안보에서 차지하는 핵심적 위상으로 인해 우주 기반의 데이터 및 정보 자산은 적성국이나 비정부 행위자가 공격하는 우선순위의 대상이 되고 있다. 즉, 인공위성이 수집하는 방대한 정보의 규모로 인해 인공위성의 궤도 이탈을 유발하는 형태의 사이버 공격 외에 위성정보 자체를 해킹하는 공격 기술도 발달하고 있다. 우주 자산은 궁극적으로 국가안보와 세계안보를 위한 가장 중요한 기술자원이며 동시에 세계적 군사경쟁으로 인해 시간이 갈수록 무기화 추세가 심화될 것이다.

2) 우주 사이버 안보의 창발

우주 궤도에 올려진 인공위성의 숫자가 크게 늘어나면서 이에 대한 사이버 공격이 가해질 가능성에 대한 우려도 더불어 제기되고 있다. 우주 자산은 위성의 설계·발사·운영 등의 과정이 네트워크 기반의 정보통신·제어 시스템에 의존하기 때문에 사이버 공격의 표적이 되는 것을 피할 수 없다. 낙후된 운영체계OS를 사용하는 데다가 지속적인 업그레이드가 쉽지 않은 위성 시스템의 고유한 특성은 사이버 안보상의 취약성을 더욱 가중하고 있다. 악의적인 목적으로 사이버 공격이 가해질 경우, 현재의 우주 시스템은 지상 시스템보다도 더 취약하다는 것이 중론이다. 인공위성 시스템 해킹의 경우, 인공위성 궤도를 수정해 의도적으로 서로 충돌하게 하거나 우주 파편과 부딪히게 함으로써 위성체계를 파괴하거나 위성의 작동 자체를 무력화하고 방해하는 방법들이 보고되고 있다. 또한 GPS 신호나 위성통신 대역을 교란 또는 방해하는 전자전 공격도 우주를 활용한 사이버 공격 수법 중 하나다.

이 밖에도 우주공간을 매개로 한 다양한 사이버 공격의 가능성이 거론된다. 우주 자산 혹은 탑재 장비에 대한 통제를 목적으로 한 사이버 공격으로 인한 우주 시스템 또는 위성의 수명과 기능 저하 및 파괴, 위성탑재 장비나 우주선 자체에 대한 통제권 탈취, 시스템 손상을 통해서 유해한 궤도 잔해물을 생성하는 충돌 피해의 야기 등이 우려된다. 또한 위성 간 또는 위성과 지상 간 통신 방해를 목적으로 한 사이버 공격도 생각해 볼 수 있는데, 업링크 및 다운링크 신호에의 개입, 위성 정보수집 방해, 데이터의 손실 및 데이터 검색 변경, 위성통신 링크를 통한 악성코드 전송, 위성탑재 센서 접근 등이 있다. 좀 더 넓은 의미에서 본 우주 사이버 안보 기반 설비에 대한 공격 가능성도 상존한다. 지상 수신국에 대한 사이버 공격 및 침투라든지 지상 수신국과 우주선 간 통신을 위한 지휘 시스템을 탈취하려는 사이버 공격 등도 잠재적 위협으로 거론되는 사례이다.

2022년 9월 유엔에서 위성요격미사일의 실험 중단을 결의하면서 물리적 공격의 여지는 줄었지만, 우주 사이버·전자전의 추세는 오히려 부상하고 있다. 실제로 2022년 우크라이나 전쟁에서 러시아는 미국 기업 비아샛의 통신위성에 사이버 공격을 가했다. 미국 기업 스페이스X의 위성 인터넷인 스타링크도 전자전 공격을 받았다. 우크라이나 전쟁에서 위성항법 교란 작전은 이전과는 다른 규모로 전개되고 있다. 최근에는 러시아가 미국 인공위성을 무력화할 핵전자기파EMP 무기를 준비한다는 소식이 전해지면서 큰 논란을 일으켰다. 한편 중국도 적성국 위성을 무력화할 최첨단 사이버·전자전 무기를 개발 중인 것으로 알려졌다.

미국은 러시아 또는 중국과 전쟁을 벌일 경우, 자국의 우주 감시·정찰·통신·항법 시스템을 위협할 사이버·전자전 공격에 대비하는 노력을 펼쳐왔다. 2020년 9월 서명된 '우주정책지침-5SPD-5'는 미국이 취할 우주 사이버 안보 정책의 원칙을 최초로 제시했다. 미 상원은 2023년 5월 '위성사이버안보법'을 재발의하기도 했다. 미 국방부는 저궤도 소형 위성망 구축과 신형 우주무기 개발에 5년 동안 140억 달러를 투입할 것으로 알려졌다. 게다가 미국은 파이브아이즈Five Eyes 5개국 및 프랑스, 독일 등과 우주·사이버 위협에 대응하는 국제 협력을 추진하고 있다.

제9장 「우주 사이버 안보의 복합적 도전과 한국에 주는 함의」는 사이버 안보의 시각에서 본 우주안보의 고유한 성격을 분석했다. 최근 우주공간은 다양한 위성 자산과 통신·인프라가 운용되고 있는 안보적으로 중요한 영역이 되었다. 특히 우주활동이 민간의 컴퓨팅 시스템 및 통신 네트워크를 중심으로 전개됨에 따라 우주 사이버 안보의 뉴스페이스 시대가 도래하고 있다. 그러나 동시에 군과 정부뿐만 아니라 민간이 견인하고 있는 우주 시스템은 개발에서부터 활용, 회수에 이르기까지 전 단계에서 사이버 위협의 표적이 되기도 한다. 기존 연구들은 주로 확장된 우주 자산 및 활동에 가해지는 물질적 위협의 증대에 초점을 맞춰왔다. 그러나 우주공간은 또 다른 신흥 영역인 사이버 세계와 긴밀히 결합함에 따라 취약한 연결고리가 유발하는 안보 이슈들이 제기되고 있다. 즉, 우주 사이버 공간이 가진 복합적 속성은 단순히 양적 위협으로 치환하기 어려운 비물질적 속성 또한 내재하고 있다.

우주 사이버 안보 환경의 도전적 측면을 살펴보기 위해서는 이들 복합공간의 구조적인 취약점은 무엇이며 어떠한 경로로 위협이 발현·확산되는지에 대한 선제적인 탐색이 필요하다. 우주 사이버 영역의 다차원적 연계 취약성, 의도 파악 및 공수 비대칭성이 초래하는 안보딜레마, 우주 사이버 전략과 국가안보 전략의 체계적인 연계성 문제, 그리고 민간 행위자의 부상에 따른 국가안보 차원의 민관군 파트너십 정립 문제가 대표적이다. 제9장은 이와 같은 우주 사이버 공간의 위협이 제기하는 네 가지 비물질적 속성에 주목하고 한국적 상황 진단 및 각각에 대한 대응 방안을 제시했다.

3) 우주 환경안보와 국제규범

최근 위성 발사 비용의 절감과 발사 빈도의 증가로 인해서 늘어나고 있는 우주쓰레기가 우주공간의 안보뿐만 아니라 지상 및 공중의 안보에도 영향을 미치는 변수가 되었다. 지구 궤도상에서 발생하는 직접적 안보 위협으로는 위성과 유해 잔해물 및 우주정거장 간의 충돌 가능성이 심각하게 거론된다. 우주 환경 중에서도 문제시되는 공간은 대부분의 인간 활동이 발생하고 있고 또 발생할 것으로 예상되는 지구와 달을 포함하며 '지구와 달 사이의 공간'도 해당된다. 이 공간에서 우주쓰레기로 인한 위성항법 시스템 및 통신 신호 방해, 위성의 낙하 등은 지상과 공중의 안보에 영향을 미치는 위협이다.

또한 지구 궤도상에서 우주쓰레기 제거 기술rendezvous and proximity operations: RPOs의 도입으로 인한 우주안보 문제의 발생, 적정 수준 이상으로 발사되어 운영되는 위성의 숫자 증가로 인한 위험의 가중, 이른바 '가짜 우주쓰레기'의 전략적 활용 가능성 등도 우주안보의 위협으로 우려되고 있다. 이 밖에도 소행성 충돌 위험 등을 식별하는 우주상황인식의 어려움, 적시 위성 발사 방해, 위성 교체 등의 부가 비용 발생 등도 우주쓰레기로 인해 초래될 지상과 공중에서의 간접적인 우주안보 위협이다.

우주 환경의 지속가능성을 제고하고 우주쓰레기 문제를 해결하기 위한 다양한 노력이 전개되고 있다. 글로벌 수준에서는 유엔 COPUOSCommittee on the Peaceful Uses of Outer Space와 IADCInter-Agency Space Debris Coordination Committee의 노력이 대표적 사례이다. COPUOS는 1959년 평화, 안보, 발전 등 인류 전체의 이익을 위해 우주를 탐험하고 활용하는 것을 관리하기 위해 유엔 정식 위원회로 설립되었다. IADC은 1986년 당시 심각한 우주잔해 문제를 초래했던 아리안-1의 2단 로켓 폭발을 계기로 NASA와 ESA가 주도하고 일본과 러시아의 참여로 우주잔해 문제를 다루기 위해 1993년에 설립되었다. 이러한 노력은 2019년 유엔 COPUOS가 채택한 '우주활동 장기지속가능성LTS 가이드라인'으로 구체화되었다.

LTS 가이드라인 이외에도 우주 환경의 피폐화와 과밀화에 대응하는 국제규범의 모색이 다양하게 이루어졌다. 이러한 노력에도 우주쓰레기 문제를 해결하고 우주 환경의 지속가능성과 우주안보를 제고하려는 국제규범 형성은 아직도 미진한 상태이다. 특히 기존에 우주 분야에서 나타났던 서방 진영과 비서방 진영의 대립 이외에도, 아직까지 우주공간에 진출하지 못한 개도국들이 기존의 우주 강국으로 인해 악화된 우주 환경과 우주안보 문제에 대해 비판적 관점에서 목소리를 높여가기 시작하면서, 우주 환경 분야의 국제규범 형성은 더욱 어려워지고 있다. 다양한 행위자들의 상충하는 이해관계에도 불구하고 협력의 가능성이 여전히 존재함은 물론이다.

제10장 「우주 환경안보의 국제정치학」은 우주공간에 대한 안전하고 지속가능한 접근과 이를 통한 우주 활용이 인류의 삶과 국가안보와 경제에 매우 중요한 요소로 자리 잡고 있다고 강조한다. 특히 우주공간에서의 인간 활동이 증가하고 이를 통해 창출되는 군사적·경제적·사회적 가치가 증대함에 따라 이러한 우주활동에 대한 위협은 국가안보, 경제안보 차원의 문제로 부상하고 있다. 가장 심각한 위협 요소 중 하나인 우주잔해로부터 안전과 안보를 확보할 것인가는 일국적 차원에서 해결될 수 있는 문제가 아니라는 점에서 국제 협력이 필수적이다. 그렇지만 안전하고 평화로우며 지속가능한 우주 환경을 위한 공동의 이해와 국제사회의 노력에도 우주 환경안보를 위한 글로벌 협력의 수준은 여전히 낮다.

제10장은 우주잔해 경감·제거, 나아가 우주 환경의 안전, 안보 및 지속가능성을 위해 국제사회가 협력해야 한다는 당위성을 제기하는 데서만 그치지 않고 그 원인을 체계적으로 분석해야 한다고 주장한다. 이를 위해 우주 환경의 변화, 특히 우주잔해가 안전과 안보를 위협하는 다양한 메커니즘과 이에 대응하기 위한 국제 협력의 현황을 살펴보았으며, 국제관계의 다양한 이론적 접근과 대안적 설명을 활용하여 왜 이러한 협력이 어려운지도 분석했다. 제10장의

분석에 따르면, 현실주의, 자유주의, 구성주의적 접근은 각각 지속가능한 우주 환경과 안보를 위한 우주 행위자들의 특정한 행동과 정책 등을 상대적으로 잘 설명하지만, 미시적 수준에서 우주 행위자의 경쟁적 유인 구조에 대한 면밀한 분석이 보완되었을 때 보다 종합적인 이해가 가능하다고 주장한다.

5. 맺음말

오늘날 한국은 우주안보의 복합지정학에 대응하는 미래 국가 전략을 모색할 다양한 과제를 안고 있다. 우주기술의 개발과 확보 이외에도 우주산업 육성, 우주 자산의 관리·활용, 미사일·정찰위성 등 국방·안보, 우주탐사, 우주외교 등에 이르기까지 포괄적인 우주 전략의 마련이 필요하다. 한국의 우주 전략 추진체계 정비도 과제이다. 2024년 5월 설립된 '우주항공청'에 대한 기대도 크다. 이전의 우주 전략이 과학기술 전담 부처가 주도하여 연구개발 역량의 획득을 위주로 전개되었다면, 이제는 좀 더 복합적인 우주 전략을 모색하는 접근이 필요하다는 지적이 제기되고 있다. 미중 우주경쟁의 전개가 한국에 부과하는 도전과 기회에 대응할 과제도 만만치 않다. 미중 우주경쟁에서 군사화와 상업화가 상호 작용하는 추이에 대한 면밀한 검토와 분석도 필요하다. 미중 양국이 전개하는 대외전략 전반을 고려한 미중 우주 경쟁구도에 대한 분석과 대응 전략의 수립이 필요하다.

이 글에서 다룬 우주안보의 구체적인 분야에서의 전략을 마련하는 것은 향후 큰 과제가 될 것이다. 예를 들어 한국은 아직 '우주 사이버 안보 전략'의 번듯한 청사진을 마련하지 못하고 있다. '우주안보 전략'이 있더라도, 그 내용은 우주 물체의 궤도상 충돌이나 지구 추락 등 물리적 위험에 대한 대책이 주를 이룬다. 위성 정보·데이터에 대한 사이버 안보 관념도 최근에서야 눈을 떴다. 우주항공청 발족을 계기로 포괄적인 우주 전략이 모색되고 있지만, 여전히 '연구개발 마인드'가 앞서고 '우주 사이버 안보 마인드'는 뒷전이라는 지적이다. 우주 사이버 안보 전략과 국가안보 전략 전반의 연계성을 강화하는 차원에서 국가안보실의 총괄 기능도 시급히 가동되어야 할 것이다.

우주외교의 차원에서도 한미 양자 차원에서 전개해 온 우주 협력을 넘어서 좀 더 확장된 외교관계의 구도에서 보는 우주 협력 체계화의 과제도 있다. 우주 선진국 및 신흥국, 개도국과의 우주 국제 협력 확대 및 다변화가 필요하다. 특히 우주 강국뿐만 아니라 일본, 인도 등 우주 신흥국들의 국제 협력 수요 증가에 대응해야 한다. 한국의 우주산업 육성의 경험을 활용하여, 개도국의 우주 역량 육성을 지원하는 프로그램을 운영할 수도 있을 것이다. 또한 우주 군비경쟁과 우주의 군사화와 무기화 및 상업화에 대한 대응의 과제도 있다. 민간 주도 우주산업 시장을 확대하고, 우주기업의 글로벌 경쟁력을 강화하며, 국가 우주개발 방식을 다변화하여, 우주산업의 혁신 성장을 위한 기반을 확충할 뿐만 아니라 우주 관련 제도 개선과 새로운 거버넌스 모색 등이 필요하다. 이러한 과정에서 우주 국제규범의 주요 쟁점에 대한 중견국으로서 한국의 전략적 포지셔닝의 과제도 잊지 말아야 할 것이다.

* * *

이 책은 2023년도 서울대학교 미래전연구센터의 총서 프로젝트의 일환으로 기획되어 시작된 연구의 결과물이다. 그 이전부터 몇 가지 트랙으로 나누어 진행했던 우주국제정치 연구의 갈래를 우주안보의 복합지정학이라는 테마로 엮어서 2023년 10월에 미래전연구센터의 이슈브리핑 특집으로 낸 것이 계기가 되었다. 2024년 1학기 미래전연구센터에서 개최하는 미래군사전략과정 세미나에서 그간 작업 중이던 원고들의 중간발표를 진행하고, 2024년 4월 26일(금) 「우주안보의 국제정치학: 복합지정학의 시각」이라는 제목으로 개최된 정보세계정치학회 춘계대회에서 최종 원고가 발표되었다. 그 이후 필자들의 수정 작업과 보완 과정을 거쳐서 이렇게 편집 단행본의 형태로 세상에 나오게 되었다.

이 책이 나오기까지 도움을 주신 많은 분께 드리는 감사의 말씀을 빼놓을 수 없다. 무엇보다도 길지 않은 시간에 아직 국제정치학계에는 생소한 주제의 연구를 수행해 주신 아홉 분의 필자들께 깊은 감사의 말씀을 드린다. 또한 이 책의 초고가 발표되었던 2024년 정보세계정치학회 춘계대회에 사회자와 토론자로 참여해 주신 여러 선생님께 감사드린다. 직함과 존칭을 생략하고 가나다순으로 언급하면, 김민석(한국항공우주산업진흥협회), 김양규(동아시아연구원), 신범식(서울대), 안형준(과학기술정책연구원), 엄정식(공군사관학교), 오일석(국가안보전략연구원), 윤민우(가천대), 이기태(통일연구원), 임해용(성신여대), 장성일(동북아역사재단), 하윤빈(공주대) 등 여러분께 감사드린다. 또한 이 책의 출판 과정에서 교정 총괄의 역할을 맡아준 서울대학교 백경민 석사과정에 대한 감사의 말도 잊을 수 없다. 끝으로 출판을 맡아주신 한울엠플러스(주) 관계자들께도 감사의 말씀을 전한다.

제1부

우주 지정학의 변환

2 미중 전략경쟁과 우주외교 경쟁*

차정미 | 국회미래연구원

1. 서론: 강대국 권력경쟁과 우주외교

우주발전의 역사는 우주가 단순히 과학기술을 넘어 전략적·정치적 성격이 강한 "권력의 기술"임을 보여준다(차정미, 2023). 우주기술은 냉전이라는 국제정치적 환경, 군사적 필요, 정치적 비전과 민족주의 등 외교안보와 정치·사회의 복합적 작용 속에서 발전했다(Bud and Gummett, 1999).[1] 냉전 시대 기술 우위는 '힘power'의 척도로 인식되었고, 미소 경쟁과 중소 분쟁의 구도 속에서 우주는 강대국 경쟁과 리더십의 핵심 요소였다. 1957년 인류 최초 인공위성인 소련의 스푸트니크Sputnik 발사는 NASA 창설 등 미국의 우주 우위 열망을 지속시킨 모멘텀이 되었으며, 중국 마오쩌둥이 인공위성 프로젝트를 본격화시키는

* 이 장은 차정미, 「미중 전략경쟁과 우주외교 경쟁」, ≪국가전략≫, 제30권 3호(2024.8)를 수정·보완하여 작성되었다.

1 버드(Bud)와 거멧(Gummet)은 우주에서의 인간활동은 냉전이 가지고 온 부수적 성과이며, 역사적으로 과학기술의 발전은 군사적 필요가 핵심 동력이었고, 우주기술이 가장 대표적인 분야라고 강조했다.

계기가 되었다(龙泉驿青少年活动中心, 2020.4.24). 이렇듯 냉전과 적대의 강대국 정치는 "우주 시대age of space" 개척의 주요한 토대로 작용했다(차정미, 2023).

우주발전의 역사가 보여주듯 미중 우주경쟁은 단순히 기술 경쟁을 넘어 정치적·외교적 경쟁과 밀접히 연계되어 있다. 우주는 새로운 군사적 안보적 이슈가 아니라 항상 군사적 활용과 경제적 경쟁의 공간이었다(Bowen, 2022: 3). 미소 냉전 시대는 과학기술 프로젝트에 '국제정치-심리적 요소international political-psychological factors'가 중요하게 고려되었던 시기였다. 과학은 단순히 진보의 원동력일 뿐만 아니라 국력의 직접적인 지표로 간주되어, 냉전 기간 동안 강력한 지정학적 위상을 유지시키는 핵심 요소 역할을 했다(*Physics Today*, 2015.5.6). 미소 냉전기 스푸트니크는 소련의 우위를 의미하는 것이었고, 미국 국민은 좌절과 두려움을 갖게 되면서 역대 대통령들이 국민의 지지와 미국의 위대함을 설득하기 위한 핵심 자원으로 우주를 지속 활용했다(McDougall, 1997). 그러나 탈냉전과 세계화의 추세 속에서 강대국 주도의 우주경쟁은 초국적 과학 협력의 추세로 전환되었다. 1960년대 패권경쟁 차원의 대규모 투자로 10배 가까이 급격히 상승했던 우주예산은 1970년대 데탕트 이후 급격히 줄어들었다.

그러나 우주는 다시 미중 경쟁의 부활과 함께 강대국 간 권력경쟁의 외교적·정치적 자원으로서 조명되고 있다. 21세기 미중 전략경쟁의 심화 속에서 우주는 양국 간 미래 리더십 경쟁의 핵심 분야로 부상하고 있다. 톰슨(Thompson, 2020)은 선도기술을 주도하는 국가가 글로벌 리더십을 가져왔다고 주장하고 2040년까지 미래 권력을 좌우할 핵심 선도기술 중 하나로 우주기술을 강조했다(Thompson, 2020: 25).[2] 미국의 핵심 신흥기술 리스트CETs list와 중국의 14차 5개년계획 모두 우주기술을 핵심 전략기술로 규정하는 등 미중 양국 또한 우주기술을 전략경쟁의 핵심 요소로 인식하고, 우주경쟁을 본격화하고 있다. 미래

2 톰슨은 미래 선도기술로 우주기술, 인공지능, 바이오기술을 제시했다.

글로벌 리더십 경쟁의 핵심 신흥기술인 우주기술을 주도하고자 하는 미중 경쟁은 외교·경제·군사적 측면에서 우주의 활용 경쟁을 더욱 심화시키고 있다. 중국은 중화민족의 위대한 부흥의 주요 요소로 우주굴기를 강조하고 있으며, 중국의 우주기술 발전과 공세적 우주외교의 확대는 미국에게 우주위협담론을 강화시키고 있다. 우크라이나 전쟁으로 인한 우주공간의 탈진영적 국제 협력의 종언과 진영화의 추세 속에서 우주를 둘러싼 기술 주도 경쟁과 미중 양국의 파트너십 경쟁이 우주공간의 진영화 질서를 초래하고 있다.

우주가 강대국 외교경쟁의 주요 공간으로 부상하면서 우주외교에 대한 관심과 연구 또한 증대하고 있다. 탈냉전기 우주외교는 초진영적 협력 확대의 자원으로 집중 조명되었으나(Peter, 2007: 97~107),[3] 최근 미중 경쟁과 지정학적 충돌 이후 우주외교 연구는 아르테미스Artemis Accords 협정 사례를 중심으로 한 미국 우주외교 연구(Taichman, 2021; Riordan, Machon and Csajkov, 2023), 미중 경쟁 속 유럽의 우주외교에 대한 연구(Riddervold, 2023),[4] 인도의 남아시아 우주외교에 대한 연구(Stroikos, 2024),[5] 우크라이나 전쟁 이후 우주외교 변화에 대한 연구(Borotkanych and Moroz, 2023) 등 다양한 측면에서 새롭게 조명되고 있다. 이에 이 연구는 미중 양국이 우주기술을 외교적 자원으로 적극 활용하는 글로벌 권력경쟁의 차원에서 우주외교를 비교·분석한다. 중국이 중화민족의 위대한 부흥, 중국공산당 영도의 강대국화를 추구하는 데 있어 우주가 어떻게 정치적·외교적으로 활용되고 있는지, 한편 미국이 패권위협의 공간으로 우주를

3 과학기술외교의 관점에서 미국 등 전통적 우방국은 물론 러시아, 중국과의 협력을 확대했던 "유럽의 우주외교"를 분석했다.

4 이 연구는 미중 전략경쟁 시기 유럽의 우주외교는 우주활동을 규제하거나 제도화하고자 하는 자유제도주의 행위자(liberal institutionalist actor) 라고 강조한다.

5 우주를 외교 정책과 외교의 자원으로 활용하는 데 무관심해 왔던 인도가 "남아시아 위성(South Asia Satellite)" 프로그램을 제안하면서 주변국 우선(neighborhood first)이라는 모디 총리의 외교 정책을 적극 지원하고 있다. 스트로이코스(Stroikos)는 이러한 인도 우주외교는 이 지역에 대한 중국의 경제적·정치적 영향력 증대에 대한 대응이 주요한 배경이라고 분석한다.

규정하고 민주주의 대 권위주의라는 프레임으로 유사 입장국들을 어떻게 규합해 가고 있는지를 비교한다. 미중 영향력 경쟁의 관점에서 미중 양국이 전개하는 우주외교를 분석하고, 향후 국제질서에 미치는 시사점과 함의를 제시한다. 우주 정치의 양극화와 글로벌 우주 협력의 진영화, 규범의 파편화, 나아가 강대국 간 충돌의 공간으로 부상할 수 있는 위험과 국제질서에의 도전을 제기한다.

2. 미중 전략경쟁과 우주외교 경쟁

1) 과학기술외교와 우주외교

과학기술외교science diplomacy는 국가의 외교 정책 목표를 촉진하기 위해 사용되는 외교 정책 수단의 하나로, 국제질서 환경과 국가별 전략에 따라 다양한 측면에서 전개되는 과학기술과 외교의 상호작용을 포괄하는 개념이다(The Royal Society, 2010). 과학기술은 초국적 특징에도 불구하고, 지정학 경쟁과 밀접히 연계되어 국가의 전략적 방향을 따르는 경향이 있다. 과학기술외교는 '협력'과 '경쟁'의 양면성을 모두 내포하고 있으며 국제환경의 변화에 따라 협력과 경쟁의 중점이 변화한다고 할 수 있다. 탈냉전기 과학기술외교는 초국적 협력이나 국가관계 개선, 공공외교의 측면에서 주목받아 왔으나, 냉전기 과학기술외교는 미소 양국 간 글로벌 리더십을 둘러싼 핵심 경쟁 공간이었다. 과학기술외교는 글로벌 협력, 우호촉진의 과학이라는 측면과 외교적 경쟁과 적대의 수단으로서의 과학이라는 측면이 공존하고 있으며, 과학기술은 강대국 영향력 확대의 자원이면서, 국가 간 경쟁과 진영 경쟁의 외교적 수단으로 활용되기도 한다(차정미, 2022).

우주외교space diplomacy는 과학기술외교의 중요한 구성 부분으로 우주과학과 기술을 활용하여 외교 정책 목표를 달성하고 국가 우주 역량을 강화하는 것을 나타낸다(Namdeo and Vera, 2023). 또한 우주과학 지식과 기술 역량을 활용하여 다른 국제 행위자들에게 영향력을 발휘하기 위한 자국의 매력을 강화하는 것이다(Riordan, Machoň and Csajkov, 2023: 3). 우주외교는 우주기술을 외교적 자원으로 활용하는 '외교를 위한 과학science for diplomacy'과 우주기술 역량 제고를 위해 외교관계를 활용하는 '과학을 위한 외교diplomacy for science라는 양면적 차원에서 볼 수 있으나, 우주외교 연구는 대체로 냉전기 미소 우주외교와 같이 외교를 위한 과학의 측면에서 주로 조명되었다. 우주는 국제적 힘의 관계에 중대한 의미를 지녀왔으며, 우주기술은 명성prestige뿐만 아니라 정확하고 빠른 정보취합에도 주요한 토대이고, 높은 연결성과 상호 의존성을 지닌 글로벌 공공재라는 점에서 우주기술에서의 지속적 우위는 국제무대에서 상대적 위상을 향상시키고 힘을 강화할 수 있는 기회를 제공한다(Al-Rodham, 2012: 40~42). 이러한 차원에서 미소 패권경쟁과 미중 전략경쟁 속의 우주외교는 글로벌 영향력과 우호그룹 구축의 핵심 외교수단으로 활용되어 왔다.

우주외교는 또한 경쟁과 협력이라는 과학기술외교의 양면성, 국제환경 변화에 따른 중점의 변화라는 측면을 반영하고 있다. 우주외교는 미소 냉전 시기 과학기술외교 경쟁과 탈냉전 초기 과학기술외교 협력이라는 상반된 관점에서 모두 주목받았던 대표적인 과학기술외교 분야이다. 냉전 시대 우주는 미소 간 체제 우위 경쟁의 주요한 공간이었다면, 탈냉전 시대 우주는 탈진영적·협력적 국제관계를 형성하는 데 주요한 외교적 자원으로 조명되었다. 도라 홀랜드Dora Holland와 잭 번스Jack O. Burns의 미국 우주탐험 레토릭 변화 연구는 이러한 우주외교의 변화를 보여준다. 냉전기 아이젠하워부터 오바마 정부까지 우주탐사의 내러티브는 경쟁, 우위, 협력, 리더십, 새로운 패러다임new paradigm이라는 다섯 가지 요소가 시대마다 다르게 나타났다(Holland and Burns, 2018). **그림 2-1**에서 보듯 냉전기 우주담론은 '경쟁'과 '리더십'이 높은 비중을 차지했던 데 반해, 데탕트 이후는 '협력'이 주도 담론이 되었고, 오바마 정부부터 다시 '리더십'이 주도 담론이 되었다. 이후 트럼프 정부와 바이든 정부 시대 미국의 우주담론은 미중 경쟁 심화 속에서 '리더십'과 '경쟁'이 더욱 빈번해지고 있다.[6]

그림 2-1 미국 역대정부의 우주전략 관련 레토릭의 진화

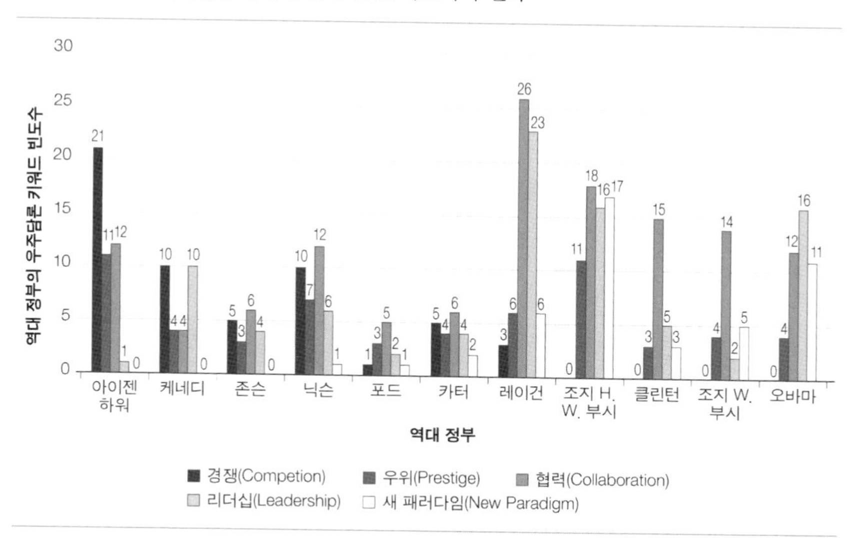

자료: Holland and Burns(2018: 7).

강대국 경쟁의 부상과 우크라이나 전쟁 등 지정학 충돌의 위기 속에서 오늘날 우주는 미래 글로벌 리더십 경쟁의 핵심 공간으로, 안보위협의 주요 대상으로 다시 부상하고 있다. 우주기술 주도를 위한, 그리고 우주공간 선점을 위한 강대국 경쟁이 심화되는 가운데 우주기술은 강대국들의 지정학적 위상과 글로

6 트럼프 정부 시기 2020년 12월 발표된 "National Space Policy of the United States of America"에서는 리더십이 16회, 협력이 3회, 경쟁이 2회 언급되었다. 바이든 정부 시대 2021년 말에 발표된 "United States Space Priorities Framework"에서는 리더십 8회, 경쟁 2회, 협력 1회, 2023년 5월 국무부가 발표한 "A Strategic Framework for Space Diplomacy"에서 리더십이 25회, 경쟁이 4회, 협력이 3회(협력 신중, 부처 간 협력이 언급된 2회 제외) 언급되었다.

벌 영향력, 국가의 힘을 보여주는 핵심 지표로 인식되고 있고 세계 국가들을 유인하고 영향력을 발휘하는 주요한 외교자원이 되고 있다. 미중 경쟁과 함께 과학기술외교 경쟁이 심화되는 속에서 우주는 미중 과학기술외교경쟁의 핵심 공간이 되고 있다.

2) 미소 우주외교 경쟁과 미중 우주외교 경쟁

미소 냉전 시기 패권경쟁 우위와 진영경쟁의 우위를 확보하는 데 우주가 주요한 공간으로 부상하면서 우주 시대를 열었다. 공산주의와 자본주의 간의 체제경쟁 속에서 우주기술은 특정 정치체제가 다른 체제에 대해 우월함을 보여주는 무기였다(Gorman, 2021.4.11). 냉전 시기 우주는 패권국 간 위신경쟁, 영향력 경쟁의 외교수단, 외교자원 역할을 했다. 미소 양국은 우주기술을 글로벌 영향력 확대와 리더십 제고에 적극 활용했다. 우주는 미소 양국 모두에게 진영 내 결집과 진영 밖 영향력 확대를 위한 주요한 외교자원이었다.

1950년대와 1960년대 스푸트니크부터 가가린Gagarin, 테레시코바Tereshkova에 이르기까지 소련 우주의 '최초firsts' 성과들은 소련의 선전에 의해 빠르게 사회주의의 기술적·정치적 우월성에 대한 가시적 증거로, 과학 숭배와 선전의 핵심 축으로 빠르게 전환되었다(Gerovitch, 2011: 461). 1957년 스푸트니크부터 1965년 알렉세이 레오노프Alexei Leonov의 최초 우주유영spacewalk까지 소련이 우주에서 거둔 지속적 승리는 많은 사람들로 하여금 세계 최초로 공산주의 국가가 서구를 따라잡았고 미래를 향해 전진하고 있다고 믿게 만들었다(Finn, 2021.4.12). 1961년 세계 최초 우주인 유리 가가린은 소련의 얼굴, 흐루시초프Nikita Sergeevich의 자부심이 되었고, 자본주의에 대한 공산주의 승리의 상징이 되었으며, 소련의 기술 역량과 힘의 증거였다(Edelbrock, 2022: 1). 세계 최초로 유인 우주비행에 성공한 가가린은 폴란드, 동독, 스리랑카, 인도네시아, 쿠바 등 세계 투어에 나섰다(Edelbrock, 2022: 3).

소련의 '최초' 우주 성과가 지속되면서 미국 케네디 대통령은 1960년대 말 달 착륙을 목표로 대규모 투자에 나섰고, 1969년 7월 아폴로 11호의 달 착륙은 미국 우주 리더십의 상징적 성과였다. 아폴로 11호가 달 착륙에 성공하고 지구로 귀환했을 때 닉슨 대통령은 항공모함에서 그들을 맞이한 후 그들에게 자신의 대표로 전 세계 30개 도시를 순방해 줄 것을 요청했다. 이후 두 달 동안 닐 암스트롱Neil Armstrong은 글로벌 투어에 나섰고 미국이 수년간 공을 들였던 루마니아 니콜라에 차우셰스쿠Nicolae Ceaușesc와 회담에 성공하는 등 대외관계에서 중요한 성과들을 거두었다. 닉슨은 그 만남 하나만으로도 미국 정부가 우주 프로그램에 투자한 모든 비용을 상쇄할 수 있는 것이라고 강조했다. 이는 냉전기 우주 프로그램이 가졌던 전략적·외교적 함의를 보여주는 대표적 사례라고 할 수 있다. 1960년대 아폴로 프로젝트 투자는 대략 250억 달러로 맨해튼 프로젝트 비용의 다섯 배, 파나마 운하 비용의 18배 이상이 들어간 미국 역사상 가장 큰 투자였고 이는 냉전 기간 동안 국제적 명성에 정치적 우선순위를 부여했을 뿐만 아니라 과학과 기술이 미국 외교관계에서 외교도구로서 수행하게 된 중요한 역할을 보여주는 것이다(Muir-Harmony, 2015.5.6).

이렇듯 우주는 냉전 시대 미소 간 위상경쟁과 외교경쟁에서 주요한 공간이면서, 진영 내 결집과 진영의 확산에 주요한 외교자원으로 적극 활용되었다. 1967년 4월 소련은 코메콘Council for Mutual Economic Assistance: COMECON 회원들과 몽골, 베트남 등 사회주의 국가들, 그리고 프랑스, 영국, 일본, 호주, 시리아, 인도 등 비코메콘 국가들을 끌어들인 인터코스모스 프로그램Interkosmos program을 출범시켰다. 인터코스모스의 핵심은 소련의 인간 우주비행 능력과 우주정거장 탐험에 참여하기 위해 다른 나라를 초대하는 것이었다. 소련은 우주정거장 외교를 통해 수많은 소프트파워 지정학적 목표를 달성할 수 있었다(Giri, 2022.2.7). 미국은 대공산권 수출통제위원회Coordinating Committee for Multilateral Export Controls: CoCom를 통해 진영 간 우주기술 협력을 통제했고, 약정국인 프랑스는 우주 협력 분야에서 소련의 가장 가까운 파트너임에도 불구하고 소련과의 과학기술 교류에 자유롭지 않았다. 동시에 소련의 우주 프로그램 또한 높은 수준의 기밀성을 특징으로 하고 있어 공동 프로젝트 개발과 협력 심화가 제약되었다(Dubrovina, 2022: 47). 미중 양극질서의 냉전 시기 우주외교는 양대 패권국 간 우위 경쟁을 넘어 진영 내 결집과 상대 진영의 약화, 진영의 확대 등 진영 간 경쟁의 차원에서 상대와 자기 진영을 대상으로 광범위하게 전개되었다.

그림 2-2 후르시초프와 유리 가가린(1961)

자료: Beyond(2021.4.12).

그림 2-3 유리 가가린 폴란드 방문(1961)

자료: *History is Now*(2023.5.5).

그림 2-4 아폴로 11 월드투어(서베를린, 베를린 장벽)

자료: NASA(2019.11.5).

그림 2-5 닐 암스트롱과 티토 유고슬라비아 대통령(1969)

자료: *Physics Today*(2015.5.6).

탈냉전과 함께 글로벌 공공재로 여겨졌던 우주공간은 미중 전략경쟁의 심화와 우크라이나 전쟁 등 지정학 위기 속에서 다시금 강대국 간 글로벌 리더십 경쟁, 안보와 가치가 복합적으로 투영되는 지정학 경쟁의 핵심 공간으로 부상하고 있다. 중국은 오랜 동안 우주 우위를 추구해 왔다. 우주공간에서의 우위를 확보하기 위해 중국은 우주외교를 지속적으로 적극 확대해 가고 있다. 중국은 2022년 말 독자 기술로 우주정거장을 완공했고, 중국의 우주정거장은 글로벌 영향력과 공공재 제공이라는 소프트 파워 측면에서 중요한 자산으로 적극 활용되고 있다. 미국은 이러한 중국의 우주굴기를 주요한 안보위협으로 평가하고 있다. 미국 우주군 우주작전사령관은 2024년 2월 의회 청문회에서 중국이 놀라운 속도로 우주군사 능력을 개발하고 있으며 지구와 궤도에 있는 미국과 동맹군을 감시, 추적, 표적화하는 능력을 극적으로 향상시켰다고 강조했다. 이에 중국은 미국이 우주 군사화와 전장화의 가장 큰 촉진자이자 우주안보에 대한 가장 큰 위협이 되었다고 밝힌 바 있다(新浪新闻综合, 2024.3.3). 이렇듯 우주가 명성과 영향력 경쟁 우위뿐만 아니라 군사력 경쟁의 핵심 공간으로 부상하면서 우주 협력은 안보적 정치적 고려를 반영한 진영화의 추세가 드러나고 있다.

3. 중국의 우주몽과 우주외교

1) 중국몽과 우주몽: 중화민족의 위대한 부흥과 우주외교

중국의 "우주강국航天强国" "우주몽航天梦"을 목표로 한 우주 프로그램은 중국 공산당이 목표로 하는 중화민족의 위대한 부흥이라는 "중국몽"의 한 부분이다(Pollpeter, 2020: 9). 또한, "우주정신航天精神"은 애국심, 민족존엄과 자부심 제고의 상징으로 표현되고 있다(央视网, 2022.6.4). 2022년 중국공산당 20차 당대회

연설에서 시진핑은 유인 우주비행, 달 및 화성 탐사 등 우주 프로그램의 성과를 중국공산당의 신흥기술 성과 중 최우선으로 언급했다. 또한 우주강국 건설을 주요 임무로 강조했다(新华社, 2022.10.25). 우주는 중국공산당 정통성의 핵심 구성 요소이면서 미국과의 전략경쟁이 집중되는 분야임을 보여주고 있다(US Department of Defense, 2022: 37). 중국의 우주 프로그램은 국제무대에서 영향력을 확대하는 데 있어 중요한 외교적 수단이라고 할 수 있다(Al-Rodhan, 2012: 131).

중국의 우주강국화 비전은 중국의 글로벌 우주리더십과 우호협력망 확대를 주요한 과제로 하고 있다. 『2021년 중국 우주 백서2021中国的航天白皮书』는 "우주강국의 새로운 여정航天强国新征程"의 전면 착수를 제시한다(国务院新闻办公室网站, 2022.1.28). 사회주의 현대화 강국 건설, 인류운명공동체 이념 견지 등 중국의 꿈과 비전을 실현하는 데 우주강국 건설이 중요한 토대라고 강조하고, 우주공간에서의 글로벌 거버넌스 교류 협력에 적극 참여하여, 우주안보 수호, 지속가능 발전 도모, 인류의 삶과 복지 향상에의 기여 등을 내세우고 있다(新华社, 2016.12.27). 과학기술 자립자강의 우주강국 실현이라는 우주몽航天梦을 기치로 중국이 우주 분야 국제 교류와 협력을 주도하여 우주과학, 기술, 응용 분야 협력으로 전 세계 대중에게 우주공간을 제공할 것이라고 강조하고 있다(央视新闻, 2022.9.14).

중국은 특히 우주정거장 및 달 탐사 외교를 강화하고 있다. 중국은 2024년 '창어 6호'를 발사하여 세계 최초로 달 뒷면의 샘플 채취에 성공했다. 중국은 창어 6호의 핵심 임무로 '국제 협력'을 강조하고 있다. 중국 언론들은 창어 6호에 유럽우주국의 음이온분석기, 프랑스의 달 라돈 탐지기, 이탈리아의 레이저 각 반사기, 파키스탄의 큐브위성 등이 실렸음을 강조했다. ≪인민일보人民日报≫는 2026년경 발사될 '창어 7호'에는 러시아, 이집트, 바레인, 태국 등의 탑재물이 실릴 것이라고 보도했다. 2030년까지 인간을 달에 보내고, 2036년까지 달 남극에 영구 연구 기지를 건설하겠다는 중국의 '우주몽'은 우주기술 주도와 함께 글로벌 우주외교 주도를 중요한 요소로 하고 있다(차정미, 2024.6.11).

중국은 중국 주도의 국제 달 연구기지 협력조직International Lunar Research Station Cooperation Organization: ILRSCO을 설립할 계획이다. 중국은 파트너 국가와 협력하여 2036년까지 국제달연구기지ILRS를 완성하고, 전면적인 달체계 개발 단계를 수행하겠다는 계획이다(Goswami, 2023.12.13). ILRS 계획은 중국이 주도하는 달 탐사 프로젝트로 미국의 아르테미스 프로그램의 잠재적 경쟁자로서 중국이 여러 국가를 참여시키기 위해 노력을 기울여왔다.

중국의 우주강국화는 중국공산당의 역량과 리더십의 성과를 보여주고, 대외적으로 중국의 위상을 보여주는 주요한 요소가 되고 있다. 중국은 우주강국화 전략에 있어 당 중앙의 중앙집권적, 통일적인 영도를 견지하는 제도적 우세를 발휘하고 있음을 강조한다. 110여 개 과학연구소, 3000개 이상의 과학 연구 단위와 수십만 명의 과학 연구원이 지혜를 모아 중국 인민만의 우주집을 건설하는 핵심 문제를 해결하고 있다며 공산당의 역량과 정통성을 강조하고 있다(Jones, 2023.12.7).

2) 일대일로와 중국의 우주외교: 우주 실크로드

중국은 시진핑 시대 강대국화의 핵심 플랫폼인 일대일로를 질적으로 발전시키고 확대해 가는 데 있어 우주외교를 적극 활용하고 있다. 『2021년 중국 우주백서』에는 중국 정부가 우주 분야의 국제 교류와 협력을 강화하고 국제사회와 협력해 전 세계 대중에게 우주공간을 제공할 것임을 밝히고, "일대일로" 건설에 봉사함으로써 참여 국가들에게 널리 혜택을 줄 수 있도록 기여할 것이라고 강조하고 있다. 중국은 2016년 이후 19개 국가 및 지역, 4개 국제기구와 46개 우주협력 협정, 양해각서를 체결했고, 독일, 이탈리아, 러시아 등과 우주과학 실험 및 우주정거장 개발 기술 협력을 추진했다(China National Space Administration, 2022.1.28). 특히, 일대일로 연선국가들과 우주 실크로드太

空丝路를 구축하고 있으며, 지역 내 베이더우BeiDou 위성항법 시스템 네트워크와 일대일로 우주정보회랑을 구축해 가고 있다(Miltersen, 2020).

중국은 우주기술, 인프라, 인재교육 등 다양한 측면에서 일대일로 국가들을 지원하고 있다. 이집트는 '일대일로' 틀 아래 중국과 위성 협력을 진행한 첫 번째 국가로, 2014년 12월 원격탐사 위성 및 기타 분야의 협력 협정을 체결했고, 중국은 이집트 최초의 위성 조립 및 통합 테스트 센터 건설을 담당했다. 2023년 6월 이집트 우주도시 위성 조립 및 통합 테스트 센터에서 중국이 지원하는 이집트-2 위성 프로젝트의 초기 프로토타입 인도식이 거행되었고, 이집트는 위성 최종 조립, 통합 및 테스트 기능을 갖춘 아프리카 최초의 국가가 되었다. 협력에는 소형 원격탐사 위성, 지상 측정 및 제어국, 지상 응용 시스템, 이집트 기술 인력 교육 등이 포함되었다(中航国际工程公司党委供稿, 2024.2.23). 중국은 파키스탄, 나이지리아 등에도 인공위성 연구개발 인프라, 우주센터, 우주도시 건설 협력 등 지원을 확대하고 있다(China National Space Administration, 2022.1.28). 이러한 일대일로 우주 협력에 있어 중국우주과기공사中国航天 등 국영방산기업들의 역할이 중대되고 있다. 중국우주과기공사는 궤도에 위성을 공급하는 것 외에도 일대일로 연선국가들에게 발사 서비스를 제공하여 발사장 건설, 위성 인력 교육 등 상업용 항공우주 패키지 솔루션을 지원하고 있다(马俊, 2017.9.11). 중국우주과기공사는 일대일로 협력국에게 우주기술 협력은 물론 우주인재 양성과 우주선 개발 인프라를 구축해 주고 있다(王晨曦, 陈晨, 2023.10.15).

중국 우주, 위성기술 협력국
스리랑카, 볼리비아, 벨라루스, 라오스, 베네수엘라, 알제리, 파키스탄, 사우디아라비아, 태국, 수단, 아르헨티나, 인도네시아, 수단, 프랑스, 브라질, 이집트, 이탈리아 등

자료: Miltersen(2020); China National Space Administration(2022.1.28).

3) 글로벌 남반구 협력과 중국의 우주외교

중국의 우주외교는 미중경쟁과 우크라이나 전쟁으로 서구의 대對러시아 단절, 대對중국 견제라는 과학기술 진영화의 추세 속에서 확대되고 있다. 이러한 환경 속에서 중국은 러시아와의 달, 심우주 탐사 데이터센터 공동 건설계획을 발표하는 등 비서구 국가들과의 연대를 확대해 가고 있다(中国政府网, 2022.1.28). 중국은 비서구, 글로벌 남반구에 대한 중국의 리더십을 강화하고 우호적 대외환경을 구축하는 데에 우주외교를 적극 활용하고 있다. 중국은 우주기술 우위를 미국의 아폴로 외교와 같이 소프트파워로 적극 활용하고 있다. 현재 70개 이상의 국가가 우주 기관, 위원회 또는 사무국을 보유하고 있으며 이들 중 절반 이상이 남반구에 위치하고 있으며, 14개국과 유럽우주국만이 발사 역량을 갖추고 있는 상황에서 우주 협력은 글로벌 남반구 외교에 주요한 어젠다로 부상하고 있다(Namdeo, and Vera, 2023.5.16). 중국의 강대국화와 글로벌 남반구의 부상이라는 환경 속에서 중국은 우주기술을 글로벌 남반구 외교의 핵심 자원으로 활용하고 있다.

중국의 국제우주협력 기본 원칙은 자주와 자립을 견지하고, 국가 현대화 추진의 국내외 우주과학기술에 대한 수요에 따라 적극적이고 실용적인 국제우주협력 수행을 강조한다. 우주 협력 우선순위 분야로 아시아 태평양 지역의 우주기술 및 응용에 대한 다자간 협력 촉진을 강조하고, 중국 우주기술을 이용하여 개발도상국 협력을 강화하면서 협력 국가들을 지원하는 것을 중요한 과제로 제시하고 있다(新华网, 2022.3.28). 미국 아르테미스 프로그램의 경쟁자로 간주되는 중국의 국제달연구기지ILRS에는 2024년 4월 현재까지 러시아, 베네수엘라, 남아프리카공화국, 아제르바이잔, 파키스탄, 벨라루스, 이집트, 태국, 니카라과 등 총 10여 개국으로 글로벌 남반구의 국가들이 참여하고 있다(Jones, 2024.4.5).

중국은 브릭스, 상하이협력기구는 물론 중동 중남미 등 개발도상 지역과의 다자 협력에도 우주를 적극 활용하고 있다. 중국은 2022년 5월 브릭스우주협력위원회金砖国家航天合作联委会를 공식 출범시키고, 우주 협력을 확대해 가고 있다. 브릭스우주협력위원회는 화상회의를 개최하고 중국에 원격탐사위성별자리데이터 응용센터遥感卫星星座数据与应用中心를 설립했다. 중국국가우주국은 브릭스원격탐사 위성군협력이니셔티브에 착수했다(中国政府网, 2022.5.26). 2023년 4월 중국유인우주공정실은 상하이협력기구와 공동으로 '선저우 15호 우주비행사와 상하이협력기구 국가 청소년과의 우주대화'를 개최한 바 있다. 추이리崔丽 상하이협력기구 선린우호협력위원회 부회장은 이 자리에서 "중국은 러시아, 파키스탄, 인도 등 SCO 국가 우주기구들과 협력 협정을 체결하고 우주 분야의 협력공영의 우호그룹朋友圈을 만들어가고 있다"고 강조했다(北青网, 2023.4.21). 중국은 '아태우주협력조직亚太空间合作组织: APSCO'을 신설하여, 이란, 파키스탄, 페루, 터키, 몽골, 방글라데시, 태국 등이 참여하는 지역우주협력도 확대해 가고 있다.

중국은 중동 국가들의 우주활동이 최근 몇 년간 급격히 증가하는 상황에서 중동 지역 국가들과의 양자·다자 우주 협력을 확대하고 있다. 중국은 걸프협력회의海湾阿拉伯国家合作委员会: 海合会[7] 국가들과의 우주 협력을 강화해 가고 있다. 2022년 12월 리야드에서 개최된 제1차 중국-걸프만 아랍국가 협력협의회 정상회담에서 우주는 향후 3~5년 내 우선 발전 분야 중 하나로 선정되었다. 시진핑은 정상회담 기조연설에서 "중국은 원격 탐사 및 통신위성, 우주응용 분야에서 걸프만 국가들과 항공우주 인프라 협력 프로젝트를 수행할 의향이 있다"고 언급하고 "걸프만 국가 우주비행사들이 중국 우주정거장에서 중국 우주비행사들과 공동으로 우주과학실험을 진행하는 것을 환영한다"고 언급했다. 또한 "중국 창어嫦娥 및 톈원天问 등 우주 임무 협력, 중국-걸프 국가 공동 달-심우주탐

7 걸프협력회의는 사우디아라비아, 아랍에미리트, 바레인, 쿠웨이트, 오만, 카타르로 구성되어 있다.

사센터中海联合月球和深空探测中心 설립을 연구하는 것을 환영한다"고 밝혔다(≪参考消息≫, 2023.1.5). 사우디아라비아와 아랍에미리트 등이 이미 중국과 예비 우주 협력을 구축한 것으로 알려지고 있다. 사우디아라비아의 압둘라지즈 과학기술도시King Abdulaziz Science and Technology City가 개발한 소형 달 광학 이미징 탐지기가 '룽장 2호' 마이크로 위성에 탑재되어 '취에차오Queqiao' 중계위성과 함께 발사되었다. 사우디아라비아는 중국 우주정거장에도 진출해 과학 연구를 수행할 예정이다(≪参考消息≫, 2023.1.5).

중국은 볼리비아, 칠레, 에콰도르, 베네수엘라와 양자 우주관계를 수립하는 등 라틴아메리카와의 우주외교도 확대하고 있다. 발사 서비스, 위성 구성 요소 및 플랫폼 제공 등이 중심이 되고 대부분 중국 개발은행을 통해 담보로 제공되는 대출을 통해 조달되었다. 대부분 일대일로 우주정보회랑의 일부로 추진되고 있으며 데이터센터, 해외 우주인력 교육 등을 포함한다. 중국-CELAC 공동계획은 중남미 국가가 국제달연구기지ILRS에 참여하도록 초대한 바 있다. 2021년 이미 중국은 ILRS 초기 로드맵 발표이후 아르헨티나, 브라질은 물론 페루가 속한 아시아태평양우주협력기구와도 협력 협정 의향서를 체결했다(Tirziu, 2023.7.4).

4. 미국의 우주위협론과 우주외교

1) 미국의 우주 안보화와 우주외교

2017년 6월 트럼프 대통령은 24년 만에 국가우주위원회National Space Council를 부활시키고, 12월 미국항공우주국NASA에 우주비행사들을 우주로 돌려보내도록 지시하는 우주정책지침-1Space Policy Directive-1에 서명했다(Trump White House Archive, 2018.3.23). 미국은 2021년 12월 '미국 우주 우선전략 프레임워크'를 발표하고 우주가 미국의 글로벌 리더십의 핵심 근원이며, 강력한 우주 정책이 우주개발에 높은 관심을 가진 국가들을 유인하여 미국의 동맹과 파트너십을 확대하게 하는 것은 물론 군사역량을 강화하는 데에도 핵심 자원이라고 강조했다(The White House, 2021.12: 4).

이러한 미국의 우주 투자 재강화와 우주외교 확대의 핵심 배경은 중국의 우주굴기로 인한 우주공간에서의 미국의 리더십, 패권의 위기라고 할 수 있다. 2023년 2월 미국 국가정보국Director of National Intelligence이 발표한 연례위협평가annual threat assesment에서 중국은 최우선 위협이면서 그중에서도 우주는 사이버 등과 함께 주요 위협으로 강조되었다. 중국이 2045년까지 미국을 따라잡거나 추월하여 우주 분야의 글로벌 리더가 되는 것을 목표로 하고 있으며, 2030년까지 모든 분야에서 글로벌 수준의 역량을 확보할 가능성이 있고, 중국 우주활동은 중국의 글로벌 위상을 높이기 위해 전개되고 있으며 군사, 기술 경제, 외교 분야에서 미국의 영향력을 약화시키기 위한 시도를 강화하고 있다고 분석했다(Office of the Director of the National Intelligence, 203.2.6: 8). 미국의 브래들리 살츠만Bradley Chance Saltzman 미국 우주군 우주작전사령관 또한 중국을 가장 큰 위협으로 규정했다(Nanda, 2023.3.26).

바이든 정부 들어 미국은 동맹외교 확대와 함께 우주 협력을 주요한 외교적 자원으로 활용하고 있다. 2023년 12월 백악관은 '미국 국제우주파트너십 강화 발표문Fact Sheet: Strengthening U.S. International Space Partnerships'을 통해 다양한 분야에 걸친 국제우주 파트너십을 확대하고 심화하여 2020년대 말까지 인류를 달에 착륙시킬 것임을 밝혔다. 미국은 동맹국과 협력국이 우주공간에서 미국의 지속적인 힘과 경쟁 우위의 원천이라고 강조했다. 2023년 6월 바이든이 승인한 기밀 우주안보지침Space Security Guidance은 우주활동, 작전, 계획, 역량 및 정보 공유에 대해 동맹국 및 협력국들과의 통합을 강화하도록 지시한 바 있다. 미국은 2024년 우주의 민간 활용에 초점을 맞춘 우주과학특사Science Envoy for Space를 선발하여 외국 연구자들과 P2P 관계를 구축할 예정이다. 미국 국방부 또한 동맹국 및 파트너 국가들과 우주 협력, 연합작전을 가속화할 계획이다(The White House, 2023.12.20).

미국은 중국과의 우주경쟁 속에서 우주기술통제 외교와 우주동맹 확대강화 외교를 추구해 가고 있다. 중국의 자립자강의 우주굴기가 현실화되는 환경 속에서 미국은 중국에 대한 우주기술 통제의 효과가 지속 약화될 가능성이 있다고 인식하고 있다(Daniel, 2020: 16). 이에 미국은 동맹국 및 파트너들과의 우주기술과 규범 협력 이외에도 우주기술 통제 협력을 강화해 갈 전망이다. 또한, 아르테미스 협정 등으로 우주파트너십을 확대하고 미국의 글로벌 리더십을 강화하고자 하고 있다.

2) 안보동맹 파트너십 강화와 우주외교

2023년 말 미국의 국제우주파트너십 강화 발표문은 동맹국과 파트너가 우주공간에서 미국의 지속적인 힘과 경쟁 우위의 원천이라고 강조하고 동맹국 및 파트너와의 통합 강화를 지시했다(The White House, 2023.12.20). 미국은 중국의 부상에 대응하는 동맹국 협력 강화와 확대에 우주를 적극 활용하고 있다. 최근 미국은 안보 협력을 강화하고 있는 필리핀과 우주대화U.S.-Philippines Space Dialogue를 신설, 2024년 5월 첫 양자 우주대화를 개최하여 해양 영역의 우주 활용을 위한 우주기반 기술사용에 대한 협력을 발전시켜 가기로 했다(The White House, 2021.4.11). 미국은 또한 호주와의 군사동맹에 있어 우주 영역을 긴밀히 연계하고 있으며, 2023년 5월 미국과 호주는 오랫동안 협상해 왔던 상업 분야를 포함하여 민감한 미국의 발사 기술과 데이터를 호주에 기술이전 하는 것을 허용하는 기술공유 협정에 합의했다(Brookes, 2023.7.31). 미 국무부는 인도태평양 전략 2주년 설명에서 인도의 역내 리더의 역할을 지원할 것이라고 강조하고, 긴밀한 협력 분야 중 하나로 우주를 제시했다(U.S. Department of State, 2024.2.9).

미국 국방부 또한 우주공간의 안보화가 가속화되는 환경 속에서 우주외교를 적극 확대하고 있다. 미국 우주군은 우주의 협력적·통합적 작전을 가속화하기 위해 '미국 우주군의 국제협력 지침U.S. Space Force Guidance for Global Partnership'을 발표하는 한편, 지역우주자문관Regional Space Advisor: RSA 프로그램을 시행하여 우주군의 대외관계를 강화하고, 합동우주작전Combined Space Operations: CSO 이니셔티브를 통해 동맹국과의 합동훈련을 강화하고 있다. 오커스AUKUS는 심우주첨단레이더역량Deep Space Advanced Radar Capability: DARC을 포함한 우주에서의 협력을 확대하고 있으며, 미-일, 미-노르웨이 우주안보협력Space Security Cooperation을 확대하고, 협대역 SATCOM 분석 지원을 위한 국제협력워킹그룹International Partner Working Group을 주도하고 있다(The White House, 2023.12.20).

미국은 우주기술 수출통제 외교를 통해서도 중국을 견제하고 있다. 기술이전 통제는 냉전기 미국의 대對소련, 사회주의 진영 국가 정책의 중요한 구성 요소였다(Dubrovina, 2022: 47). 탈냉전 이후에도 미국의 중국에 대한 우주기술 이전과 교류는 제약되었고, 미중 우주기술의 연구·발전·운용은 오늘날 대체로 균열되어 있다. 이러한 균열은 미국의 우주 정책에 기반한 것이었고 1999년부터 미국의 수출통제는 대부분의 상업적·학술적 정부 차원의 우주기술 교류를 막았고, 2011년부터 미국법은 NASA와 중국 정부 사이의 시민사회와 과학적 주제의 양자 간 교류도 금지시켰다(Daniel, 2020: 16). 미국의 대중국 우주기술 수출통제는 수출통제 외교로 확대되고 있다. 2022년 두바이 모하메드 빈 라시드 우주센터MBRSC가 중국의 달 착륙선 임무에 소형탐사선을 띄우기로 합의했었으나 미국의 수출통제 제한으로 인해 무산된 바 있다(Foust, 2024.1.7). 한편 미국은 대중국 수출통제와 달리 협력국에 대해서는 우주기술 협력을 확대하는 방향으로 수출통제 재검토를 고려하고 있다. 국가우주위원회National Space Council 사무총장인 시라그 파리크Chirag Parikh는 수출통제 목록에 있는 우주기술에 대한 재검토가 시작될 것이라고 언급한 바 있다. 국제무기거래규정ITAR에 의해 관리되는 기술 일부를 수출관리규정Export Adnministration Regulation: EAS로 이

동시키는 것을 고려한다는 것이다. 이는 미국 기업의 경쟁력 유지는 물론 국제 파트너십 강화에도 도움이 될 것이라는 고려에 의한 것이다(Foust, 2024.4.10).

3) 글로벌 남반구 관여 확대와 우주외교

미국 CSIS의 2024년 「우주위협평가보고서」는 중국과 러시아가 우주 프로그램과 파트너십을 활용하여 많은 외교 동맹국을 규합하고 있는 것을 주요한 위협으로 강조했다. 중국과 러시아가 함께 아르헨티나, 브라질, 이집트 등 많은 나라들과 우주 이슈에 대해 협력하고 있으며, 국제기구의 우주 규범 논의를 주도하는 데에도 활용하고 있다는 것이다(Swope et al., 2024.4.17: 29). 이러한 환경 속에서 미국은 아르테미스 프로그램을 통해 동맹국을 규합하는 한편 글로벌 파트너십을 확대하면서 이를 기반으로 우주규범 협력을 주도하고자 하고 있다. 미국 국가우주위원회는 NASA, 국무부, 국제개발처 등이 우주를 활용한 글로벌 지원에 협력하는 것을 2024년 중점 과제로 강조한 바 있다. 2024년 4월 앙골라에서 개최된 '뉴스페이스 아프리카 컨퍼런스New Space Africa Conference'에 다부처 대표단을 파견한 것이 대표적 예이다(Foust, 2024.4.10).

미국은 라틴아메리카 등 개발도상국에 대한 중국의 우주 협력 확대를 주요한 위협으로 인식하고 있으며(Tirziu, 2023.7.4), 중국의 글로벌 남반구 우주외교에 대응하여 미국 또한 개발도상국들과의 우주 협력을 확대해 가고 있다. 2023년 발표된 '우주외교 전략프레임워크A Strategic Framework for Space Diplomacy'에서 미국의 우주 리더십 제고가 주요 목표로 제시되었다. 미국은 아르테미스 협정을 통해 우주규범 연대와 협력을 강화하는 한편, 2022년 12월 미국-아프리카 우주포럼 신설 등 글로벌 남반구 국가들과의 우주기술 및 우주산업 협력을 확대하고 있다(U.S. State Department, 2023.5.26). 2023년 11월 미국은 사우디아라비아와도 상업우주, 우주안보 등 우주 협력 확대 협정을 체결했다(U.S. Department of State, 2023.11.8). NASA는 천체물리학 연구 분야에서 남아프리카와 파트너십을 활성화했고, 2024년에는 남아프리카와 남미의 다른 신흥 우주 탐사 국가와의 파트너십을 확대할 계획이다. 국립과학재단NSF과 미국에너지부는 칠레에 천문대를 건설 중으로 2024년 첫 번째 광자를 수집할 것이라고 발표했다(The White House, 2023.12.20).

미 우주사령부 지도자들은 2024년 4월 우주 심포지엄에서 브라질 우주작전사령관과 연락장교 배정에 합의했고, 콜롬비아, 페루 공군과도 우주 협력의 중요성을 논의했다(US Southern Command, 2024.4.11). 이렇듯 미국 또한 글로벌 남반구에 대한 관여를 확대하면서 중국과의 글로벌 리더십 경쟁에 적극 대응하고 있다.

그림 2-6 미중 양국 주도의 우주 협력 네트워크

✓미국 아르테미스 협정국 36개국(2024.2 현재)

- 우루과이, 앙골라, 아르헨티나, 호주, 바레인, 벨기에, 브라질, 불가리아, 캐나다, 콜롬비아, 체코, 에콰도르, 프랑스, 독일, 그리스, 아이슬란드, 인도, 이스라엘, 이탈리아, 일본, 룩셈부르크, 멕시코, 네덜란드, 뉴질랜드, 나이지리아, 폴란드, 대한민국, 루마니아, 르완다, 사우디아라비아, 싱가포르, 스페인, 우크라이나, 아랍에미리트, 영국, 미국

✓중국 아태우주협력조직 8개국(2024.2 현재)

- 방글라데시, 중국, 이란, 몽골, 파키스탄, 페루, 태국, 터키

✓중국 국제달연구기지(ILRS) 10개국 (2024.4 현재)

- 중국, 러시아, 베네수엘라, 남아프리카공화국, 아제르바이잔, 파키스탄, 벨라루스, 이집트, 태국, 니카라과(크로아티아, 아랍에미리트, 키르기스탄 등은 대학 등이 참여, 튀르키예는 4월에 참여 신청서 제출)

5. 결론: 미중 우주외교 경쟁과 미래 국제질서에의 함의

미래 글로벌 리더십을 둘러싼 강대국 간 우주경쟁이 전례 없이 심화되고 있다. 우주경쟁이 본격화하면서 우주공간은 근본적으로 국제공조의 시대에서 협력과 경쟁의 시대로 전환되고 있다(European Space Agency, 2023.3.23: 6). 우크라이나 전쟁은 역사상 최초로 우주기반 역량이 전쟁의 균형을 중대하게 변경시킨 전쟁이며, EU 안보군사 전략지침이 명시하듯 우주는 점점 더 경쟁적 공간이 되어가고 있고, 즉각적인 행동을 위한 역량발전을 요구하고 있다(European Space Agency, 2023.3.23: 13). 미중 전략경쟁과 지정학 위기 속에서 우주기술은 단순히 경제적 산업적 가치를 넘어 군사안보적·외교적 가치와 역할이 급부상하고 있다. 미국은 2024년도 우주 예산을 2023년도 대비 약 15% 증가된 333억 달러로 늘렸고, 중국은 2050년까지 달 경제가 연간 10조 달러로 성장할 것이라고 인식하고 있으며, 국방력에서도 미국의 우주력에 대응하는 투자에 주력하고 있다(Kuhr, 2023.5.18). 미중 양국의 우주경쟁은 단순히 경제·안보 경쟁을 넘어 국가의 역량과 리더십을 대내외에 보여주는 정치적 위신과 명예를 겨루는 경쟁이기도 하다. 지도자들의 정치적 수사와 대국민 메시지를 통해 우주는 지속적으로 권력경쟁의 상징적 요소가 되고 있다.

우주기술은 초국적 네트워크와 정치적 커넥션을 통해 확산된다(Bowen, 2022: 10). 우주외교는 미중 양국과 연대함으로써 얻게 되는 기술적 이익에 대한 고려를 이용한 외교경쟁의 자원이 되고 있다. 미중 양국이 세계 주요국들을 대상으로 우주외교를 확대 강화하는 것은 우주기술을 활용하여 영향력 경쟁과 우호적 진영 구축 경쟁에서의 우위를 목표로 한다. 이렇듯 오늘날 지구의 국제질서 변화, 국제관계는 우주 정치에도 반영되고 있다. 오늘날 우주외교는 다극화와 진영화라는 국제질서 변화를 반영하고 있다. 새로운 국가들이 우주기술 역량을 강화하면서 주요한 행위자로 부상하고 있고, 한편으로 미중 양대 강국이 주도하는 우주 정치로 인해 양극화의 추세가 부상하고 있다. 차이탄야 기리

Chaitanya Giri는 프랑스 독일 인도 이스라엘을 포함한 그 어느 나라도 양극을 벗어난 세 번째 그룹을 형성하려는 시도를 하지 않고 있는 상황에서 우주 정치의 양극성astropolitical bipolarity이 더욱 심해질 가능성이 높다고 강조한다. 중간그룹의 부재는 결국 양 블록 간의 중재 가능성을 줄이고 시간이 지남에 따라 블록이 성숙되면서 블록 간 파트너십이 회피되고 자기 블록의 요구에 완전한 충성이 요구되는 제재와 반제재의 게임a game of sanctions and counter-sanctions이 발전할 수 있다고 주장했다(Giri, 2022.2.7).

월터 맥두걸Walter A. McDougall은 아니러니컬하지만 지구의 국가들과 그 주체들의 사상과 활동을 통제할 수 있을 정도로 완벽한 기술패권국, 빅브라더만이 기술변화의 원천들을 차단할 수 있고, 다른 나라의 군사력과 경제력을 따라잡기 위한 끊임없는 경쟁은 원래 그 사회가 보호하고자 하는 바로 그 가치를 훼손할 수 있다는 '우주 시대의 딜레마' '우리 사회의 도덕성'을 언급한 바 있다(McDougall, 1997: 13). 우주공간에서의 국제질서가 미중 양대 강국, 특히 미국의 정책에 의해 형성되어 갈 가능성이 높은 것이 현실이다. 매튜 다니엘Matthew Daniel은 우주공간에서 미국의 최우선 전략 목표가 우주패권space primacy이라고 한다면 중국과의 균열을 추구하는 것이 더 나은 선택일 것이고, 미국의 지도자들이 우주공간의 국제질서 구축 역할과 분쟁 위험을 관리하는 데에 더 무게를 둔다면 지금보다 중국과의 분리를 낮추는 것이 더 나은 선택이 될 것이라고 강조한다(Daniel, 2020: 17).

한국과 같은 중견국들에게 미중 경쟁이 초래하는 우주질서는 기회와 도전을 동시에 주고 있다. 인도의 마셜 쇼드하리Marshal VR Chaudhari는 이미 우주의 무기화 경쟁이 시작되었고 그다음 전쟁은 육해공, 사이버, 우주를 포괄할 날이 멀지 않았다고 전망했다. EU우주국 보고서도 우주패러다임 전환이 경제, 기업, 인간활동 전반에 완전한 파괴적 혁신을 초래할 것으로 전망하고, 우주시대에 준비된 기업과 국가가 경쟁 우위를 가질 것이라고 강조하면서, 우주에 대한 독립적인 접근과 자율적 사용을 확보하지 못하는 국가와 지역은 전략적으로 의존하게 될 것이라고 전망한 바 있다(European Space Agency, 2023.3.23: 5, 14). 양극 주도의 진영화와 다극화의 추세가 동시에 진행되고, 강대국 경쟁과 지정학적 충돌이라는 불안정한 지구의 질서가 우주에 투영되고 있는 환경 속에서 한국의 우주 전략은 과학기술과 산업 전략을 넘어 외교 전략을 포괄한 비전과 전략을 모색해야 한다.

차정미. 2022.「미중 전략경쟁과 과학기술외교의 부상」. ≪국제정치논총≫, 62(4).

차정미. 2023.「미중 전략경쟁과 우주의 지정학(geopolitics of space)」. 국회미래연구원. ≪Futures Brief≫, 23(10).

차정미. 2024.6.11. “창어 6호가 쏘아올린 미중 우주외교(science diplomacy) 경쟁”. 뉴스1.

Al-Rodhan, Nayef R. F. 2012. *Meta-Geopolitics of Outer Space: An Analysis of Space Power, Security and Governance*. UK: Palgrave Macmillan.

Bowen, Bleddyn E. 2022. *Original Sin: Power, Technology, and War in Outer Space*. UK: Oxford University Press.

Bud, Robert, and Philip Gummett. 1999. *Cold War, Hot Science: Applied Research in Britain's Defence Laboratories 1945-1990*. Singapore: Harwood Academic Publishers.

McDougall, Walter A. 1997. *The Heavens and the Earth: A Political History of the Space Age*. London: The Johns Hopkins University Press.

Thompson, William R. 2020. *Power Concentration in World Politics: The Political Economy of Systemic Leadership, Growth, and Conflict*. Springer.

Borotkanych, Nataliia, and Andrii Moroz. 2023.11.23. “Exploring the Final Frontier: The Significance of Space Diplomacy in a Rapidly Evolving Cosmos.”

Dubrovina, Olga. 2022. “Russia's ‘Space’ Diplomacy: Why We Should Look Back to the Soviet Years.” *Histoire, Europe et relations internationales*, p.47.

Edelbrock, Peyton.. 2022. “From the Stars to the Headlines: The Propaganda of Yuri Gagarin.” *The Purdue Historian*, 10(1).

Foust, Jeff. 2024.1.7. “UAE to Build Airlock for Lunar Gateway.” *Space News*. https://spacenews.com/uae-to-build-airlock-for-lunar-gateway/(검색일: 2024.3.10.)

Finn, Daniel. 2021.4. "Soviet Cosmonaut Yuri Gagarin Had the Right Stuff." *Jacobin.* https://jacobin.com/2021/04/yuri-gagarin-soviet-union-history-space-race(검색일: 2024.4.21.)

Gerovitch, Slava. 2011.7. "'Why Are We Telling Lies?' The Creation of Soviet Space History Myths." *The Russian Review*, 70(3), p.461.

Gorman, Alice. 2021.4.11. "Yuri Gagarin's Boomerang: The Tale of the First Person to Return from Space, and His Brief Encounter with Aussie Culture." *The Conversation.* https://theconversation.com/yuri-gagarins-boomerang-the-tale-of-the-first-person-to-return-from-space-and-his-brief-encounter-with-aussie-culture-157043(검색일: 2024.4.20.)

Holland, Dora, and Jack O. Burns. 2018. "The American Space Exploration Narrative from the Cold War Through the Obama Administration." *Space Policy*, 46.

Jones, Andrew. 2023.12.7. "Egypt Joins China's ILRS Moon Base Initiative." *Space News.* https://spacenews.com/egypt-joins-chinas-ilrs-moon-base-initiative/(검색일: 2024.3.10.)

Jones, Andrew. 2024.4.5. "Thailand Joins China-led ILRS Moon Base Initiative." *Space News.* https://spacenews.com/thailand-joins-china-led-ilrs-moon-base-initiative/(검색일: 2024.4.21.)

Namdeo, Suryesh K., and Nevia Vera. 2023.5.16. "Contours of Space Diplomacy in the Global South." *AAAS Science and Diplomacy.* https://www.sciencediplomacy.org/perspective/2023/contours-space-diplomacy-in-global-south(검색일: 2024.4.21.)

Peter, Nicolas. 2007. "The EU's Emergent Space Diplomacy." *Space Policy*, 23.

Riddervold, Marianne. 2023. "The European Union's Space Diplomacy: Contributing to Peaceful Co-operation?" *The Hague Journal of Diplomacy*, 18(2-3).

Riordan, Nancy, Miloslav Machoň, and Lucia Csajkov. 2023. "Space Diplomacy and the Artemis Accords." *The Hague Journal of Diplomacy*, 18(2-3).

Stroikos, Dimitrios. 2024. "Space Diplomacy? India's New Regional Policy under Modi and the 'South Asia Satellite'." *India Review*, 23(1).

Brookes, Joseph. 2023.7.31. "Space elevated in Australia-US military alliance." *InnovationAus.Com.* https://www.innovationaus.com/space-elevated-in-aus-us-military-alliance/ (검색일: 2024.4.21.)

China National Space Administration. 2022.1.28. "China's Space Program: A 2021 Perspective." http://www.cnsa.gov.cn/english/n6465645/n6465648/c6813088/content.html(검색일: 2022.11.26).

Daniel, Matthew. 2020. "The History and Future of US-China Competition and Cooperation in Space." Johns Hopkins National Security Report.

Dubrovina, Olga. 2022. "Russia's "Space" Diplomacy: Why We Should Look Back to the Soviet Years." *Histoire, Europe et relations internationales* 2.

European Space Agency. 2023. "Revolution Space: Europe's Mission for Space Exploration." Report of the High-Level Advisory Group on Human and Robotic Space Exploration for

Europe.

Foust, Jeff. 2024.4.10. "U.S. government plans review of space technology export controls." *Space News*. https://spacenews.com/u-s-government-plans-review-of-space-technology-export-controls/ (검색일: 2024.4.20.)

Gadzala Tirziu, Aleksandra. 2023.7.4. "China, Latin America and the New Space Race." *Geopolitical Intelligence Services*. https://www.gisreportsonline.com/r/china-space-latin/(검색일: 2024.4.21.)

Giri, Chaitanya. 2022.2.7. "As Geopolitical Blocs Vie for Primacy in Space, the History of Colonization Looms Large." Center for International Governance Innovation. https://www.cigionline.org/articles/as-geopolitical-blocs-vie-for-primacy-in-space-the-history-of-colonization-looms-large/(검색일: 2024.3.5.)

Goswami, Namrata. 2023.12.13. "China's Space Program in 2023: Taking Stock." *The Diplomat*. https://thediplomat.com/2023/12/chinas-space-program-in-2023-taking-stock/(검색일: 2024.3.4.)

Kuhr, Jack. 2023.5.18. "China to Invest Heavily in its Race to the Moon." *payload*. https://payloadspace.com/china-to-invest-heavily-in-its-race-to-the-moon/

Miltersen, R. 2020. "Chinese Aerospace Along the Belt and Road." *Air University*. https://www.grandview.cn/Commentary/447.html(검색일: 2022.11.26.)

Muir-Harmony, Teasel. 2015.5.6. "The role of space exploration in Cold War diplomacy," *Physics Today*. https://pubs.aip.org/physicstoday/online/9771/physicstoday/search-results?f_Subjects=People+%26+History&fl_SiteID=1000045 (검색일: 2024.3.9.)

Nanda, Prakash. 2023.3.26. "China Deploys Weapons Capable Of 'Wiping' US Space Capabilities: PLA's Phenomenal Rise Alarms Pentagon." *EurAsian Times*. https://eurasiantimes.com/china-deploys-weapons-capable-of-wiping-us-space/

National Aeronautics and Space Administration (NASA). "50 Years Ago: Apollo 11 Astronauts Return from Around the World Goodwill Tour." https://www.nasa.gov/history/50-years-ago-apollo-11-astronauts-return-from-around-the-world-goodwill-tour/(검색일: 2024.4.21.)

Pollpeter, Kevin, Timothy Ditter, Anthony Miller, and Brian Waidelich. 2020.10. "China's Space Narrative." CNA.

Swope, Clayton, Kari A. Bingen, Makena Young, Madeleine Chang, Stephanie Songer, and Jeremy Tammelleo. 2024.4.17. "Space Threat Assessment 2024." *CSIS*.

Taichman, Elya A. 2021. "The Artemis Accords: Employing Space Diplomacy to De-Escalate a National Security Threat and Promote Space Commercialization." *National Security Law Brief*, 11(2).

History is Now. 2023.5.5. "The Space Race, Yuri Gagarin, JFK and the Conspiracy that Never Happened." https://www.historyisnowmagazine.com/blog/2023/5/5/the-space-race-yuri-gagarin-

jfk-and-the-conspiracy-that-never-happened (검색일: 2024.4.21.)
Russia Beyond. 2021.4.12. "How the world greeted Gagarin after his historic spaceflight." *Russia Beyond*. https://www.rbth.com/history/333652-gagarin-after-spaceflight (검색일: 2024.4.21.)

European Space Agency. "Revolution Space; Europe's Mission for Space Exploration." Report of the High-Level Advisory Group on Human and Robotic Space Exploration for Europe.
NASA. 2019.11.5. "50Years Ago: Apollo11 Astronauts Return from Around the World Goodwill Tour" https://www.nasa.gov/history/50-years-ago-apollo-11-astronauts-return-from-around-the-world-goodwill-tour/ (검색일: 2024.4.21.)
Office of the Director of National Intelligence. 2023.2.6. *Annual Threat Assessment of the U.S. Intelligence Community*. https://www.odni.gov/files/ODNI/documents/assessments/ATA-2023-Unclassified-Report.pdf(검색일: 2024.3.2.)
The White House. 2021.12. "United States Space Priorities Framework."
The White House. 2023.12.20. "FACT SHEET: Strengthening U.S. International Space Partnerships." https://www.whitehouse.gov/briefing-room/statements-releases/2023/12/20/fact-sheet-strengthening-u-s-international-space-partnerships/(검색일: 2024.3.10.)
The White House. 2024.4.11. "Fact Sheet: Celebrating the Strength of the U.S.-Philippines Alliance." https://www.whitehouse.gov/briefing-room/statements-releases/2024/04/11/fact-sheet-celebrating-the-strength-of-the-u-s-philippines-alliance/ (검색일: 2024.4.21.)
Trump White House Archive. 2018.3.23. "President Donald J. Trump is Unveiling an America First National Space Strategy." https://trumpwhitehouse.archives.gov/briefings-statements/president-donald-j-trump-unveiling-america-first-national-space-strategy/(검색일: 2024.3.9.)
U.S. Department of Defense. 2022. *Military and Security Development Involving the People's Republic of China, Annual Report to Congress.*.
U.S. Department of State. 2023.11.8. "Joint Statement from the United States of America and the Kingdom of Saudi Arabia on Intent to Cooperate in the Exploration and Use of Outer Space for Peaceful Purposes." https://www.state.gov/joint-statement-from-the-united-states-of-america-and-the-kingdom-of-saudi-arabia-on-intent-to-cooperate-in-the-exploration-and-use-of-outer-space-for-peaceful-purposes/(검색일: 2024.4.20.)
U.S. Department of State. 2024.2.9. "The United States' Enduring Commitment to the Indo-Pacific: Marking Two Years Since the Release of the Administration's Indo-Pacific Strategy." https://www.state.gov/the-united-states-enduring-commitment-to-the-indo-pacific-marking-two-years-since-the-release-of-the-administrations-indo-pacific-strategy/ (검색일: 2024.4.21.)
U.S. State Department. 2023.5.26. "A Strategic Framework for Space Diplomacy."
US Southern Command. 2024.04.11. "USSPACECOM advances space partnerships in South America as part of Space Symposium 39 international engagements." https://www.southcom.

mil/MEDIA/NEWS-ARTICLES/Article/3739638/usspacecom-advances-space-partnerships-in-south-america-as-part-of-space-sympos/ (검색일: 2024.4.20.)

https://baijiahao.baidu.com/s?id=1763783447030014954&wfr=spider&for=pc (검색일: 2024.3.9.)
≪参考消息≫. 2023.1.5. "美媒: 中国同海湾国家加强太空合作." https://baijiahao.baidu.com/s?id=1754149055406489226&wfr=spider&for=pc (검색일: 2024.3.9.)
国务院新闻办公室网站. 2022.1.28. ≪2021中国的航天≫ 白皮书(全文). http://www.scio.gov.cn/zfbps/32832/Document/1719689/1719689.htm (검색일: 2023.8.21.)
龙泉驿青少年活动中心. 2020.4.24. "中国航天发展历史."
马俊. 2017.9.11. "中国航天为一带一路沿线用户提供一揽子方案." 环球网. https://mil.huanqiu.com/article/9CaKrnK58KG(검색일: 2024.3.9.)
北青网. 2023.04.21. "天宫对话一神舟十五号航天员乘组与上海合作组织国家青少年问答"活动举行."
新浪新闻综合. 2024.3.3. "又炒"太空威胁论", 美高官: 中国正以惊人速度发展". https://news.sina.com.cn/w/2024-03-03/doc-inakzsqh5225569.shtml (검색일: 2024.3.5.)
新华网. 2022.3.28. "2000中国的航天." https://www.ncsti.gov.cn/kjdt/ztbd/jjhtkjzwftmx/bps/202203/t20220328_63897.html (검색일: 2023.9.3.)
新华社. 2016.12.27. "2016中国的航天." http://www.xinhuanet.com//politics/2016-12/27/c_1120194868.htm (검색일: 2023.9.3.)
新华社. 2022.10.25. "习近平: 高举中国特色社会主义伟大旗帜 为全面建设社会主义现代化国家而团结奋斗一在中国共产党第二十次全国代表大会上的报告." http://www.gov.cn/xinwen/2022-10/25/content_5721685.htm (검색일: 2024.3.9.)
央视网, 2022.6.4. "航天旅程丨跟着总书记弘扬航天精神."
央视新闻. 2022.9.14. "领航中国丨中国航天: 全面开启航天强国建设新征程." https://baijiahao.baidu.com/s?id=1743919335429386198&wfr=spider&for=pc (검색일: 2023.10.10.)
王晨曦, 陈晨. 2023.10.15. "中国搭建'太空丝路'造福'一带一路'合作伙伴." 新华社. https://www.yidaiyilu.gov.cn/p/0TB5EU74.html(검색일: 2024.3.9.)
中国政府网. 2022.1.28. "未来五年航天计划披露: 建成中国空间站 `共建国际月球科研站 `火星采样返回." http://www.gov.cn/xinwen/2022-01/28/content_5671016.htm (검색일:2022.10.10.)
中国政府网. 2022.5.26. "共启金砖国家航天合作新征程 金砖国家航天合作联委会正式成立." https://www.gov.cn/xinwen/2022-05/26/content_5692333.htm (검색일: 2024.3.9.)
中航国际工程公司党委供稿. 2024.2.23. "践行"一带一路"倡议服务"空中丝绸之路"计划." https://finance.sina.com.cn/jjxw/2024-02-23/doc-inaiyvxu5025430.shtml (검색일: 2024.3.9.)

3 우주지정학의 전환과 우주군사전략*

우주군사혁신 과제

윤대엽 | 대전대학교

1. 문제 제기

우주의 상업적 활용을 위한 뉴스페이스New Sapce 국가책략statcraft이 본격화되고 있다. 2000년까지 30개였던 우주개발 투자 국가는 2022년에 80개로 증가했다. 2020년 39억 달러였던 전 세계 우주개발 투자액도 2022년 124억 달러로 세 배 이상 증가했다(한국과학기술기획평가원, 2023.2). 세계 각국의 우주개발투자가 급격하게 증가하고 있는 것은 우주경제가 가진 기술적·경제적·전략적 가치 때문이다. 디지털 기술혁신에 따라 우주 시스템은 방송통신, 우주인터넷, 위치 서비스를 넘어 인공지능, 빅데이터, 자율주행 등 데이터 경제의 기반으로 활용될 것이다. 2020년 3480억 달러였던 우주경제는 2040년 최소 11조 달러에서 최대 27조 달러로 성장하게 될 것으로 예측되고 있다(한국과학기술기획평가원, 2023.2). 우주경제의 40%는 클라우드, 네트워크 등 데이터 경제가 창출하는

* 이 장은 윤대엽, 「우주공간의 군사화와 우주군사혁신: 중견국에 대한 함의」, ≪21세기정치학회보≫, 제34권 3호(2024)에 게재된 논문을 수정, 보완한 것이다.

것으로 지상시설(18.6%), 정부(17.1%), 위성중계(11.1%) 등도 확장되고 있다(Morgan Stanley, 2023). 우주 시스템space system[1]이 공간적 제약을 넘어 빅데이터를 수집, 저장하고 사용하는 플랫폼이 되면서 우주개발에서 민간 기업의 역할과 투자비중도 증가했다. 2022년 우주개발 투자의 46%는 민간부분 지출한 것이고, 대부분 저괴도 인공위성LEO의 상업적 활용을 위한 투자였다.

뉴스페이스 시대 미·중·러가 주도하는 우주 군비경쟁도 전환점을 맞았다. 2절에서 세부적으로 검토하는 바와 같이 우주개발은 군사적 목적에서 시작되었다. 공멸의 위기를 수반하는 핵 경쟁의 우위를 위해 1954년 미 해군, 공군과 랜드연구소가 수행한 인공위성 프로젝트에서 시작되었다(Kalic, 2012: 8~25). 미소는 핵전략의 우위를 위해 우주를 감시정찰, 지휘통제 및 거부수단으로 무기화했다. 1970년대에는 우주 시스템을 직접 공격하는 우주 무기를 우주거부력으로 개발하는 경쟁이 본격화되었다. 1980년대 미국이 추진한 전략방위구상SDI은 우주기반 무기체계를 전략적·군사적 우위의 수단으로 활용하는 '우주기반 전쟁space-based warfare'의 출발점이 되었다. 냉전체제가 붕괴되면서 막대한 비용을 투자해야 하는 우주 군비경쟁의 정당성은 약화되었지만 1991년 제2차 걸프 전쟁을 거치면서 우주를 군사적으로 활용하는 '우주전쟁'을 위한 미소이외 국가의 우주개발투자가 증가했다(윤대엽, 2020).

뉴스페이스와 함께 세계 각국의 우주 군비경쟁이 다시 본격화되고 있다. 2019년 12월 트럼프 행정부는 '새로운 전장'인 우주위협을 억지하고 전략적 우위를 위해 여섯 번째 군종인 우주군을 창설했다(최정훈, 2021; 김상배, 2021). 인태사령부, 중부사령부에 우주군이 설치된 데 이어 2022년 12월에는 해외 주둔 미군에 최초로 주한미우주군USSFK이 배치되었다. 시진핑 체제 출범 직후 국방

1 우주 시스템은 다양하게 정의할 수 있지만 본 논문에서는 인공위성, 발사체 등의 우주체계(space segment), 지상체계(gound segment), 통신체계(communcation segment), 그리고 유저체계(user segment) 등으로 정의하도록 한다.

개혁을 추진한 중국은 육해공, 전략군에 이어 우주·사이버·전자기를 통합한 전략지원군을 다섯 번째 군종으로 창설한 바 있다. 인민해방군은 통신, 조기경보, 항법, 기상관측, 정찰 등 우주공간의 정보적 활용을 넘어 대위성요격무기와 우주 기반 탄도미사일 방어를 위한 우주군사전략space military strategy을 추진하고 있다(박병광, 2022: 41~56). 아베 내각에 이어 전후 체제에서 탈피한 안보개혁을 추진하고 있는 기시다 내각은 2023년 6월 우주군사전략인 '우주안전보장구상'을 발표했다(宇宙開発戦略本部, 2023). 이미 2022년 항공우주자위대를 창설한 일본은 1969년 채택된 '우주공간의 평화적 이용 원칙'이라는 전후규범을 폐기하고 우주의 군사화를 위한 전략을 본격화하고 있다(이기완, 2023). 러시아 역시 1997년 해체한 우주군을 2001년 재창설하고 2011년 우주항공방위군으로 개편한 데 이어, 2015년 공군과 통합한 항공우주군을 창설했다(김상배, 2021).

디지털 기술이 혁명적으로 발전하면서 우주 군비경쟁의 목적과 능력도 본질적인 전환점을 맞았다. 뉴스페이스 시대 우주가 글로벌 경쟁global space race 영역으로 전환되었다(Bowen, 2022). 냉전과 탈냉전기 우주 시스템을 군사적 목적에서 활용하는 것은 미·중·소 및 소수의 강대국이 독점했다. 그러나 새로운 우주 군비경쟁에서 우주, 지상, 통신은 물론 유저체계의 개발과 이를 상업적으로 활용하는 것은 민간 부문이 주도하고 있다. 우주공간이 군사는 물론 경제, 기술, 디지털 사회 기반의 본질적인 영역이 된 것이다. 둘째, 우주 시스템에 내재된 복합적인 취약성은 우주경쟁을 경제·안보·군사적 목적이 혼재된 복합지정의 현안으로 전환시켰다. 냉전 시기 미소의 우주 군비경쟁 목적은 핵 억지를 위한 수단이었다. 미소 이외 우주는 군사위성을 보유한 중국(1975), 이스라엘(1988), 프랑스(1995) 등 소수 국가의 군사적 목적에 한정되었다. 그런데 인공지능, 클라우드, 빅데이터 등과 융합된 우주 시스템의 상업적 가치가 커지면서 우주안보space security는 군사전략은 물론 사회적·경제적·기술적 국가책략 과제가 되었다. 셋째, 우주력space power의 구조적·전략적 모순이 심화되고 있다. 우주 군비경쟁은 미소의 핵전략에서 시작되어, 현재도 미·중·러 등 핵 강국이 주도하고 있다(신성호, 2020). 2022년 우주개발 투자 상위 5개국인 미국(620억), 중국(119억), 일본(49억), 프랑스(42억) 및 러시아(34억)는 세계 우주개발 투자의 84%를 점유하고 있다(한국과학기술기획평가원, 2023: 2). 미국이 군사목적 우주개발 투자의 77%를 차지한 가운데, 물리적·비물리적 방법으로 우주 시스템을 공격하는 우주 무기를 전력화 또는 개발하고 있는 것도 미·중·러 등 핵 강국에 불과하다. 그러나 상업적 목적의 민간위성, 특히 저궤도 위성이 전체 위성의 비중이 증가하면서 우주력의 구조와 영향력도 변화되고 있다.

군사화, 과학화를 거쳐 우주의 상업화로 전환되고 있는 우주개발경쟁에서 우주군사전략은 어떻게 변화되고 있는가? 민간 기업이 주도하는 우주의 상업화는 미·중·러가 핵 군비경쟁의 수단이자 목적으로서 주도했던 우주군사전략을 본질적으로 전환시키고 있는가? 군사적·경제적·기술적 이해관계가 중첩되어 있는 우주 군비경쟁은 한국의 우주군사전략에 어떤 과제를 부과하는가?

이 연구는 세 가지 쟁점에 주목하여 한국의 전략-비용 합리적인 우주군사혁신의 과제를 검토한다. 첫째, 미중의 핵 군비경쟁에서 촉발된 우주의 군사화가 올드스페이스 및 뉴스페이스 시기 어떻게 전환되어 왔는지 역사적 시각에서 분석한다. 둘째, 기술적 시각에서 우주 무기의 혁신에 비례하여 증가하는 우주 취약성이 우주군사전략에 부과하는 과제를 검토한다. 셋째, 핵보유국과 비핵국가의 우주군사전략이 가진 목표, 능력, 수단의 본질적인 차이를 비교한다. 이와 같은 분석을 통해 비핵 중견국인 한국이 군사전략 목표를 충족하는 비용 합리적 우주군사혁신의 과제를 검토한다.

2. 우주경쟁과 우주지정학: 역사와 접근 시각

영토, 해양, 영공 등 지리적 공간을 넘어 우주가 지정학적 경쟁의 대상이 된 것은 핵 혁명 이후 전략적 우위를 위한 미소경쟁에서 시작되었다(윤대엽, 2023).

표 3-1 우주지정학의 전환

구분	우주개발 목적	주체/목적
군사화	• 시기: 핵 혁명 이후 1950년대에서 1980년대 • 목적: 우주공간의 군사화, 우주공간의 무기화 • 경쟁: 미국과 소련	국가 주도 군사 목적
과학화	• 시기: 1970년대 시작, 탈냉전 이후 본격화 • 목적: 우주공간의 평화적 활용, 과학기술 연구 • 주체: 미소 이외 유럽, 일본, 우주기술의 확산(spin-off)	국가 주도 과학 목적
상업화 무기화	• 시기: 2010년대 전후 • 목적: 우주공간의 상업화와 무기화 • 주체: 국가와 민간 기업	국가-민간 복합 목적

지리상의 발견 이후 공간을 둘러싼 국가 간의 경쟁은 지정학의 연구 대상이다. 특히 산업혁명 이후 교통, 생산, 무역, 금융이 전 지구적으로 확대되면서 서구 열강은 생존과 이익이 결부된 지리적 공간을 점유하기 위해 경쟁했다. 냉전 시기 키신저는 지리적·공간적 결절점nodal point을 둘러싼 미소경쟁 강대국의 파워 게임을 '힘의 균형을 위한 접근'으로 축소 재정의했다(지상현·콜린 프린트, 2009: 164). 탈냉전 이후 진전된 비판지정학, 탈지정학, 비정학의 시각은 서구 또는 패권국가가 주도한 자원과 공간 중심의 고전적 지정학의 한계를 비판적으로 재검토했다(김상배, 2019: 99~101). 지리적 공간에 구속되었던 고전지정학과 달리 강대국의 경쟁은 초영토적·비영토적 쟁점과 연계되었다. 더구나, 환경, 기술, 규범, 재난 등 비군사적 위협의 안보화와 국제화는 다층위적 공간과 다수의 주체에 의한 복합적인 지정학적 현안에 관심을 가지게 되었다. 탈냉전 이후 논의되어 온 복합지정학complex geoplitics 시각은 원칙적으로 비배타적·비배재적인 '공공재public goods'의 성격을 가지는 우주공간이 (1) 미소 패권국의 사유재private goods에서, (2) 비배제적이지만 경쟁적인 공유재common goods, 그리고 (3) 경제, 기술, 안보 등 복합적인 이해관계를 공유하는 배제적인 협력공간으로 클럽재club goods로 전환되고 있는 우주지정학을 분석하는 데 중요한 함의를 제공한다.

우주경쟁은 상호 공멸할 수 있는 절대무기를 보유하게 된 미국과 소련이 상대국의 핵 시설과 능력을 파악하고 선제공격을 억지해야 하는 전략적 과제로 시작되었다. 미소는 우주발사체SLV-우주정보space intelligence를 핵무기와 통합하여 우주를 핵 우위를 위한 수단으로 활용하기 위해 경쟁했다(Bowen, 2022: 39). U-2 항공정찰 프로그램(1954), 코로나 인공위성 프로젝트(1956) 등 우주공간의 정보적 활용을 위한 우주개발은 미국에 의해 선도되었다. 그러나 우주발사체에 인공위성을 탑재하여 발사에 성공한 것은 소련이었다. 1957년 소련이 스푸트니크 인공위성 발사에 성공하면서 핵무기의 장거리 투사를 위한 우주발사체 개발 경쟁이 본격화되었다. 스푸트니크 쇼크 이후 미국은 나사NASA를 설립하고 국가 주도의 우주개발체계를 구축했다. 우주발사체, 인공위성, 통신체계 등 우주 시스템의 개발은 전적으로 국가의 주도하에 추진되었다. 전략적·군사적 목적에서 시작된 우주경쟁은 민군 겸용 기술의 발전에도 큰 영향을 미쳤다. 코로나 프로젝트를 통해 개발된 군사위성은 영상정찰, 전자정찰 및 관측, 통신, GPS 유도제어 등 광범위한 우주플랫폼 관련 기술의 발전을 촉진했다. 스푸트니크 쇼크 이후 미소의 우주발사체 개발경쟁은 '상호확증파괴MAD'라는 공포의 균형전략의 핵심 영역이었다. 우주공간의 군사화가 전략적 균형을 변화시키면서 카터 행정부는 인공위성 공격무기ASAT를 처음 개발했고, 레이건 행정부는 우주공간의 압도적 우위를 목표로 하는 전략방위구상SDI를 추진했다.

한편, 제한적이지만 미소의 우주경쟁은 우주의 국제화도 진전시켰다. 1960년대 후반 미소 이외 국가들이 과학적 목적의 우주개발에 참여하면서 우주의 국제화가 진전될 수 있었다. 1967년 발표된 '달과 기타 천체를 포함한 외기권의 탐색과 이용에서의 국가활동을 규제하는 원칙에 관한 조약'(이하 외기권 조약)이 그 출발점이 되었다. 소련이 스푸트니크를 발사한 직후인 1958년 유엔은 '외기권의 평화적 이용에 관한 특별위원회'를 설치하고 우주안보조약의 제도화를 논의하기 시작했다(임재홍, 2011). 이 조약은 우주를 국제평화와 안전을 위한 평화적 목적에서 탐색·이용해야 하며 특정 국가의 점유 대상이 될 수 없다고 선언했다. 특히 조약의 4조는 우주에 '핵무기 또는 모든 종류의 대량살상무기

그림 3-1 각국 보유 인공위성 비중 변화(1950년대~2020년대) (단위: %)

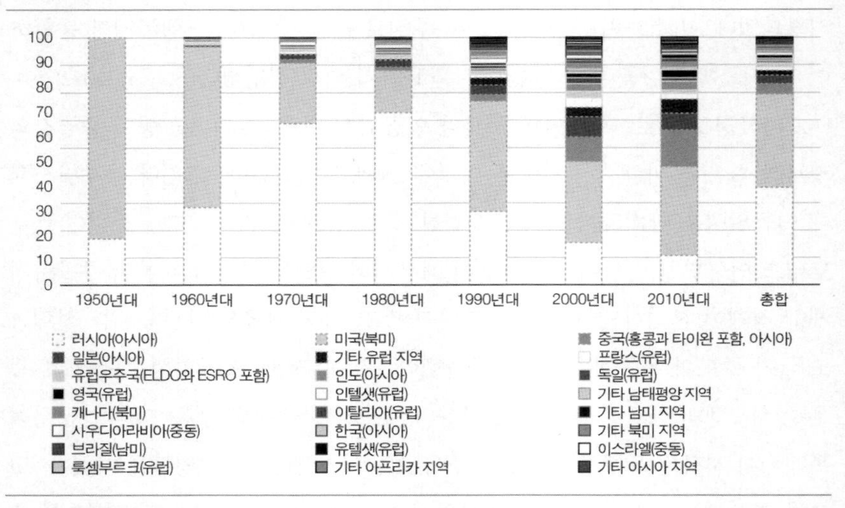

자료: Wilson(2019).

를 설치, 배치하지 않는다'고 명시했다. 물론, 외기권 조약은 미소의 우주경쟁을 제한하지 못했다. 대량살상무기로 사용되지 않는 감시정찰 목적의 정보위성은 조약에 포함되지 않았고, 외기권을 통과할 뿐인 탄도미사일은 조약의 규제 대상에서 제되었기 때문이다. 1970년대 본격화된 지상 또는 항공발사 대위성요격무기는 조약 제정 당시 고려되지도 않았다. 다만, 우주의 평화적 이용에 대한 국제규범은 미소가 독점하던 우주개발에 유럽, 일본 등의 국가가 과학적 목적에서 참여하는 출발점이 되었다. 1960년대 우주개발은 전적으로 미소가 독점했지만 1970년대 미소 이외의 우주개발 투자비중이 10%까지 확대되었다.

1970년대 본격화된 우주의 과학화는 탈냉전 이후 우주개발경쟁의 기원이다. 일본, 프랑스, EU 등의 국가는 1970년대 우주개발의 비중을 확대했다. 일본은 외기권 조약을 비준한 직후인 1969년 '우주의 평화이용 원칙'을 선언하고 미일 간의 기술 협력을 통해 우주개발에 참여했다. 평화헌법의 구속에도 불구하고 일본이 우주개발에 참여한 것은 군사적으로 1964년 중국의 핵실험에 대응하고, 과학적으로 우주를 포함하는 거대기술을 개발하기 위해서였다(한은아, 2013). 탈냉전 직후인 1990년대 미소 이외 국가의 우주개발 투자비중은 25% 수준으로 확대되었다. 특히 군사위성보다 상업위성이 큰 폭으로 증가했고, 미국, 소련에 이어 중국, 유럽우주기구ESA, 이탈리아, 프랑스, 인도, 일본, 이스라엘 및 한국이 우주발사체를 개발했다. 2023년까지 우주발사체 개발에 성공한 국가 중 달 궤도선 탐사에 성공한 국가는 미국, 소련, 일본, 유럽, 중국, 인도 등 6개국으로 한국은 2023년 12월 다누리가 일곱 번째 달 궤도 탐사를 진행했다.

2023년 1월 현재 주요국의 인공위성 및 우주발사체 운용현황은 **표 3-2**와 같다. 2023년 1월 현재 81개국이 6718기의 위성을 운용하고 있다. 미국은 전체 위성의 67.1%인 4511기를 보유하고 있으며, 이중 5.3%인 239개가 군사위성으로 분류되어 있다. 미국에 이어 두 번째로 많은 586기의 인공위성을 운용하고 있는 중국의 경우 26.5%인 155개가 군사용 위성이다. 영국의 경우 561개의 위성을 운용하고 있지만 대부분 상업용 위성으로, 우주발사체를 보유하지 않으며 군사위성은 6기에 불과하다. 러시아의 경우 177기의 인공위성을 운용하고 있지만 68%(108개)가 군사위성이다. 군사위성의 비중이 가장 높은 국가는 프랑스로 24개의 위성 중 15개가 군사위성으로 분류되어 있으며, 이탈리아(60%), 이스라엘(40.7%)도 군사위성의 비중이 높다.

무엇보다 2008년 872개, 2014년 1235기였던 인공위성이 2023년 6718개로 폭증한 것은 우주의 상업화에 따라 저궤도 위성LEO[2]이 대폭 증가했기 때문이다. 2023년 1월 기준 전체 위성 중 저궤도 위성은 5937개로 전체 위성의 88.4%를 점유한다. 운용위성 중 저궤도 위성의 비율은 미국이 94.6%인 4266개로 가장 많고, 중국 80.9%, 영국 92.9%, 러시아 56.5%, 일본 69.2%, ESA의 경우 전

2 인공위성은 운용궤도에 따라 100~2000km 궤도에서 운용하는 저궤도 위성(LEO), 2000~2만 4000km에서 운용하는 중궤도 위성(MEO), 600~4만km에서 운용하는 고타원 궤도(HEO) 및 3만5786km에서 운용하는 정지괴도(GEO) 위성으로 구분할 수 있다(Bowen, 2022: 15~22).

표 3-2 주요국의 운용 목적별 인공위성 현황(2023.01월 기준) (단위: 기)

구분	합계	민간	상업	정부	군사(비중, %)		발사체	LEO
미국	4,511	28	4,082	162	239	(5.3)	○	4,266
중국	586	31	187	205	155	(26.5)	○	474
영국	561		553	2	6	(1.1)		521
러시아	177	10	39	20	108	(61.0)	○	100
일본	88	18	35	33	2	(2.3)	○	61
ESA	62	1	29	32	-	(0.0)	○	28
다국위성	62	42	11	9	-	(0.0)		5
인도	59	4	1	46	8	(13.6)	○	30
독일	48	21	13	6	8	(16.7)		46
이스라엘	27	2	11	3	11	(40.7)	○	24
프랑스	24	2	6	1	15	(62.5)	○	18
한국	21	5	3	11	2	(9.5)	○	13
이탈리아	15	3	2	1	9	(60.0)	○	13
총합계	6,718	162	5,278	683	595			5,937
(비중)	(100.0)	(2.4)	(78.6)	(10.2)	(8.9)			(88.4)

자료: UCS Satellite Database(https://www.ucsusa.org/resources/satellite-database).

체 위성의 45.2%가 저궤도 위성이다. 한국의 경우 비교 국가 중 상대적으로 낮은 13기(61.9%)의 위성이 저궤도 위성이다. 2000년대 이후 저궤도 위성이 증가한 것은 세 가지 기술적인 요인이 우주의 상업화를 촉진하고 있기 때문이다(윤대엽, 2023; Peled et al., 2023).

첫째, 센서혁명은 우주체계의 소형화와 경제성을 증가시켰다. 전파, 온도, 영상, 음성 등 센서기술이 고도화·소형화되면서 경제성을 갖춘 소형 인공위성의 제작이 가능해졌다. 중궤도 또는 정지궤도 위성의 제작 가격은 평균 2억 5000만 달러 수준이었지만 스타링크starlink를 구성하는 소형위성은 50만 달러에 불과하다. 둘째, 우주경제의 시장화다. 미소가 독점했던 우주경쟁의 사용자는 국가와 일부 과학적·국가적 활용에 국한되었다. 그러나 빅데이터, 사물인터넷, 인공지능을 활용하는 거대한 데이터 경제가 확장되면서 우주 시스템의 상업화가 촉진되고 있다. 자율주행자동차, 핸드폰 등 유저체계가 발전하면서 우주체계에서 계측, 축적되는 빅데이터는 물론 저궤도 위성을 활용하는 우주인터넷이 거대한 데이터 경제의 플랫폼이 되었다. OECD는 우주경제space economy의 규모가 2016년 3500억 달러에서 2040년 2.7조억 달러로 증가할 것으로 전망한 바 있다(OECD, 2022). 셋째, 이 때문에 우주개발은 정부가 아닌 민간 부문이 주도하고 있다. 미소 냉전 시기 올드스페이스 혁명old space revolution은 전적으로 국가에 의해 주도되었다. 군사적 목적을 중심으로 했던 우주개발은 우주발사체, 인공위성 및 지상플랫폼 기술에 집중되었다. 그러나 데이터 경제의 급격하게 팽창하면서 위성-위성S2S, 위성-지상S2G, 지상-지상G2G은 물론 위성-유저S2U 등 우주 시스템을 경제적·상업적 목적으로 개발·구축하는 기업이 큰 폭으로 증가했다. 2011년 125개였던 우주기업은 2017년 1000개로 증가했고, 2027년에는 1만 개 이상이 될 것으로 예상된다(김상배, 2021). 이 때문에 전통적인 우주 시스템의 연구개발 및 수익구조도 변화하고 있다. 2021년 기준 우주발사체, 지상플랫폼, 우주플랫폼 등의 우주체계 비중은 30%로 축소된 대신, 저궤도 위성과 데이터 서비스 비중이 60~70%로 확대되었다(윤대엽, 2023). 통신, 관측, 항법, 기상, 제어 등 우주데이터 경제가 확대되면 민간 주도의 우주개발은 더욱 가속화될 것이다.

1950년대 미중의 우주경쟁에서 촉발되어 군사화·과학화·상업화로 전환되고 있는 우주경쟁은 **표 3-3**에서 요약하는 바와 같이 우주력space power 성격과 우주지정학을 본질적으로 전환시키고 있다(Moltz, 2019). 미·중·러 등이 지배했던 과거와 달리 우주개발의 주체와 이해관계가 국제화되었다. 군사적 목적에 국한되었던 과거와 달리 우주 시스템의 개발, 활용이 상업적·경제적 영역으로 확대되었기 때문이다. 우주 시스템이 군사적 목적에서 독립적·폐쇄적으로 운용되었던 것과 달리, 우주에서 운용되고 있는 인공위성의 88%를 차지하는 작고, 저렴하고 많은 저궤도 위성은 다양한 사용자와 네트워크화되어 활용되고 있다. 특히, 우주체계와 유저체계S2U가 연계되면서 막대한 데이터 경제를

표 3-3 우주경쟁과 우주지정학의 변화

올드스페이스 우주력	구분	뉴스페이스 우주력
(미·중·러) 우주패권국	주체	다자적·국제적 개발
군사적 목적	목적	복합적 목적(군사, 기술, 경제)
독립적(independenct) Few, Large Platform (vulnerable)	체계 특성	복합적 네트워크 Many, Small Platform (resilient)
위성-지상(S2G), 지상-위성(G2S), 우주-우주(S2S)	기술	위성-지상(S2G), 지상-위성(G2S), 우주-우주(S2S), 우주-유저(S2U)
Technocracy	권력	Netocracy

자료: Moltz(2019: 27)을 참조해 저자 보완.

확장시키고 있다. 러우전쟁에서 사용된 스타링크의 사례처럼 상업적 저궤도 위성은 군사적 전용이 가능하다. 더구나, 크고 고가의 군사적 위성이 사이버·전자기 및 물리적 공격에서 취약했던 것과 달리 네트워크화된 많은 위성의 회복력resilience은 우주군사전략의 새로운 과제가 되었다. 우주-지상-유저-통신체계가 복합적으로 통합되면서 지상, 우주, 통신, 유저 등 우주 시스템의 취약성이 군사는 물론 사회적·경제적 안보와 연계되어 있다는 모순이 심화되었기 때문이다. 올드스페이스 시기 독립적 우주 시스템을 구축함으로서 적대국, 경쟁국의 선택, 이익, 의도에 미칠 수 있었던 우주력의 본질적 성격은 우주의 상업화, 글로벌 우주시대와 함께 변화하고 있다.

군사화, 과학화를 거쳐 상업화를 목적으로 추진되고 있는 우주경쟁은 우주군사전략에 어떤 변화를 수반하고 있는가? 민간 기업이 상업적 목적에서 주도하는 뉴스페이스는 비핵 중견국에 우주군사전략에 새로운 기회를 제공하는가? 3절에서는 핵 경쟁을 위한 우주군사전략을 검토하고, 이어지는 절에서는 뉴스페이스 시기 비핵 중견국의 군사전략의 기회와 제약을 검토한다.

3. 올드스페이스와 우주군사전략

군사적·과학적 목적에서 국제화되고 상업적 목적에서 개발되고 있는 우주의 군사전략에 있어서의 과제는 핵 강국이 추진한 우주 군비경쟁의 (1) 전략적, (2) 작전적, 그리고 의도하지 않은 결과로서 (3) 전술적 함의로 구분하여 검토할 수 있다. 미·소·중 등 핵 강국은 핵 군비경쟁의 우위를 목적으로 우주체계, 지상체계, 통신체계를 개발하고 혁신했다. 우주발사체는 핵탄두를 원거리에 투발하는 수단으로 전용되었고, 인공위성 등의 우주체계는 지평선을 넘어 지구적 감시정찰을 위한 수단으로 개발되었다. 우주 자산이 증가하고 전략 자산이 노출되자 1970년대 미소의 우주경쟁은 우주 억지space deterrence와 우주 무기 경쟁으로 전환되었다. 역설적이게도 첫 번째 우주전쟁Space War은 미소가 아닌 1991년 제1차 걸프전쟁에서 현실화되었다. C4ISR의 일부로 통합된 우주 시스템이 재래식 전쟁을 지배하면서 우주공간은 모든 국가의 군사혁신 대상으로 주목받게 되었다. 미소가 군사적 목적에서 주도하고, 독점한 올드스페이스 시기 우주군사전략의 특징을 요약하면 다음과 같다.

첫째, 미소가 주도한 우주군사전략은 핵 군비경쟁의 목적이 아닌 수단이었다. 미국(1960)과 소련(1961)의 우주 군비경쟁은 우주기반 정보체계space-based intelligence system를 구축하기 위한 정보전략intelligence strategy에서 시작되었다. 우주공간은 상대국의 핵 위협을 파악, 감시하기 위한 정보 목적의 기술정보TECHINT 활동의 핵심 공간이었다. CIA가 주도한 U-2 항공정찰 프로그램(1956), 국방고등연구계획국DARPA의 전신인 고등연구계획국ARPA이 주도한 코로나Corona 인공위성 프로젝트가 그 기원이다. 미국이 1960년 운용하기 시작한 첩보위성은 감시정찰에 있어서 효율성과 효과성을 획기적으로 증진시켰다. 첩보위성은 앞서 운용된 U2보다 정보 수집의 효율성이 높았고 피격당할 위험성도 낮았다(Bowen, 2022: 42). 1960년부터 1972년까지 미국은 100개 이상의 정찰위성을 발사했다. 우주기반 정보체계는 감시정찰 및 핵 지휘통제는 물론 선제공격의 딜레마를 해소하는 억지력으로 작동했다. 상호 공멸의 균형에서 가장 두려운 것은 불확실성이기 때문이다. 그리고 우주기반 정보체계와 우주발사체space intelligence-SLVs의 상호적인 발전은 거부적 억지와 보복적 억지를 위한 핵 군비경쟁을 전환시켰다. 우주정보체계는 표적 확보, 지휘통신은 물론 탄도미사일의 정밀성을 강화하면서 상호확증파괴MAD를 통한 핵 억지력을 강화시켰다. 반대로, 선제적인 우주정보체계를 활용하는 탐지-타격체계는 거부적 억지력으로서 탄도미사일방어체계 구축의 기반으로 활용되었다(고봉준, 2007: 219~220).

둘째, 상호확증파괴의 균형 이후 우주거부space denial를 위한 우주 무기 군비경쟁이 시작되었다. 시야line of sight 제한되었던 지상감시정찰 능력이 항공정보자산을 통해 지평선line of horizon으로 확대되고, 다시 우주정보체계에 의해 지평선 너머over the horizon로 확장되었다. 우주기반 정보체계는 기밀성과 생존성에 기반하는 공포의 균형 원칙을 붕괴시켰다. 1960년대 미소는 상호확증파괴의 우위를 위해 잠수함발사 탄도미사일SLBM 등 2차 공격능력을 증강했다. 그러나 우주기반 정보체계의 발전에 따라 전략표적을 탐지·식별하는 것은 물론 원거리 정밀 타격능력이 고도화하면서 상호확증파괴의 균형도 보장되지 않았다. 미소는 1970년대 핵 군비경쟁의 새로운 전략으로 우주거부를 추진했다. 이를 목적으로 개발된 것이 우주 시스템을 공격하는 우주 무기space weapons다. 우주 무기는 우주기반 정보체계를 공격·파괴하기 위해 개발된 지상-지상, 지상-우주, 우주-지상, 그리고 우주-우주 무기를 의미한다. 그러나 기술적 제약과 비용의 한계로 냉전 시기 전력화된 무기는 지상-우주의 대위성요격무기ASAT, 그리고 개념 차원에서 개발이 추진된 우주-우주 무기체계에 국한되었다.

소련은 1971년 가장 먼저 대위성요격무기를 실전배치했다. 대위성요격무기는 우주정보체계를 무력화함으로써 핵 억지의 우위를 모색하는 우주억지 수단이었다. 우주기반 핵전력의 비대칭에 따라 미 공군은 1975년 대위성요격무기 개발에 착수했고, 카터 행정부는 1978년 대위성요격무기의 개발을 승인했다. 미국이 공중발사 위성요격미사일AL-ASAT 개발에 성공한 것은 1985년이다

(Bahney and Pearl, 2019). 레이건 행정부는 대위성요격 개념과 탄도미사일 요격 개념을 통합·확장하여 전략방위구상SDI을 추진했다. 우주전쟁을 넘어 '스타워드Star Wars'로 불리는 전략방위구상은 우주에 배치된 공격무기를 활용하여 소련의 탄도미사일을 상승 단계, 중간 단계, 최종 단계에서 요격하는 것을 목표로 한 것이다(Bowen, 2020: 242~244). 우주기반 감시추적체계GSTS, 우주기반 요격체계SBI, 전장관리/지휘통신BM/C3를 구축하는 1단계 사업에SDI Phase I 최소 690억~1,457억 달러가 투자되었다(GAO, 1990). 우주에서의 우세를 '수단'으로 하는 미소 핵 군비경쟁은 소련의 붕괴로 종결되었다.

9·11 테러는 미소냉전 이후 군사적 목적의 우주 전략을 재편하는 전환점이 되었다. 미소냉전 종식 이후 부시행정부는 1992년 전략사령부를 창설했다. 전략사령부는 미 공군전략사령부와 다른 군사조직을 통합하여 우주 및 지구적 작전을 위한 합동기능부대로 창설된 것이다. 탄도미사일방어 및 우주기반 정보체계의 수단으로 개발되던 우주 전략은 9·11 이후 우주공간에서의 압도적 우위와 억지를 위한 공세적 우주 전략으로 전환되었다. 9·11 테러 이후 도널드 럼스펠드Donald Rumsfeld 국방장관은 정보 부문 혁신의 수단이자 '우주 진주만 사태'를 방지하기 위해 공세적인 우주 정책을 추진했다(나영주, 2007: 147~148). 부시 행정부는 2002년과 2004년 우주작전 합동교리와 미 공군의 반우주작전교리를 새롭게 정립했다. 이는 우주통제를 위해 우주에서 위성을 공격하는 임무와 우주에서 지상의 목표물을 공격하는 임무가 명시하고 있다(나영주, 2007: 148). 우주와 지상에서 탄도미사일 방어체계를 구축하기 위해 부시 행정부는 2002년 6월 ABM 조약에서 일방적으로 탈퇴를 결정했다. 더구나, 미국의 공세적 우주 군사전략이 정립되는 가운데 2007년 중국의 반위성요격무기 실험을 실시하자, 미국도 2008년 자국인공위성을 대상으로 ASAT 실험을 시행했다.

셋째, 미소의 우주 군비경쟁을 통해 개발된 우주기술과 전략은 탈냉전기 포괄적인 군사혁신의 과제로 인식되었다. 1991년 제1차 이라크 전쟁은 첫 번째 우주전쟁으로 주목받았다(Bahney and Pearl, 2019). 미국은 우주정보체계를 첨

표 3-4 올드스페이스 시기 우주 무기

구분	세부 영역 및 무기	미소경쟁	비핵국가
지상-지상(G2G)	장거리탄도미사일, ABM	1957~	
지상-우주(G2S)	ASAT(지상, 공중 발사 무기)	1971~	
우주-지상(S2G)	감시정찰 및 우주정보체계	1960~	○
우주-우주(S2S)	SDI(GSTS, SBI, BM/C3), 초기 연구	1983~	

보, 탐지, 통신, 항법, 지휘 및 정찰-타격reconeissance-strike 체계를 통합하여 효과적인 작전수단으로 활용했다. 정밀타격, 지휘통신C4 체계의 혁신은 베트남전 이후 추진된 제2차 상쇄전략으로 추진된 것이다. 그리고 전략방위구상의 전력화를 위해 개발된 우주기반 감시추적체계, 우주기반 요격체계, 전장관리/지휘통신 체계는 C4ISR 체계의 일부로 통합되면서 작전적·전술적 효율성을 혁신했다. 1982년대 교리화된 '공지전투AirLand Battle'는 우주기반 C4ISR가 무기체계와 통합된 것이다. 화력과 기동을 통합한 공세적 기동성, 지상 및 공중전력의 합동성, 신속하고 유연한 정밀성 등을 핵심 교리로 하는 공지전투 개념은 1991년 이라크 전쟁을 통해 전장화되었다. 걸프전 당시 인공위성 유도 정밀무기의 비중은 전체 전력의 7%에 불과했다. 그런데 1995년 보스니아 전쟁에서는 60%로 증가했다. 그리고 지상군의 참전이 제한되었던 1999년 코소보 전쟁의 경우 GPS체계에 기반한 정밀타격무기의 사용 비중이 90%까지 증가하면서 우주기반 전쟁이 가속화되었다(Bowen, 2022: 202; Bahney and Pearl, 2019).

이라크전 이후 가시화된 우주기반 전쟁은 세계 각국이 정보체계, 지휘체계, 무기체계의 정보기술과 우주 시스템의 중요성을 인식하는 계기가 되었다. 세계 각국은 우주정보체계, 이에 기반하는 정찰-타격 체계, 그리고 우주-정보-지휘-타격을 통합하는 우주군을 편제하고 운용하는 우주의 군사화를 군사혁신의 핵심 목표로 추진했다. (1) 첫째, 우주-지상S2G 영역에서 우주에서 지상의 표적, 목표물을 탐지, 식별, 추적하는 우주기반 정보체계를 보완하는 것이다. 감시정찰 목적의 군사위성의 독자적인 보유, 운용이 시작되었다. 미국(1960), 소련

(1961)에 이어 1975년 중국이 감시정찰 목적의 인공위성을 보유했다. 이어 프랑스(1995), 일본(2003), 독일(2006), 인도(2009), 남아프리카(2014), 터키(2016), 이탈리아(2017)가 각각 독자적인 감시정찰 위성을 보유했다(Borowitz, 2021, 119). (2)둘째, 지상-지상G2G 영역에서 탄도미사일을 장사화, 고도화, 정밀화하는 것이다. 우주정보-미사일의 기술을 통합하여 정찰-타격 체계를 혁신하는 것이다. 탄도미사일 방어체계를 개발하거나 구축한 국가는 직접, 또는 동맹국의 우주기반 정보체계를 제한적으로 활용한다. (3)우주억지를 위한 지상기반 우주 무기G2S도 개발되었다. 그러나 우주기반 우주 무기S2S는 제한적 수준에서 개념화되고 개발되었을 뿐, 천문학적 비용과 기술적 제약으로 전력화되지 못했다.

올드스페이스 시기 미소 및 1970년대 이후 주요국이 참여한 우주군사전략적 특징은 세 가지로 요약할 수 있다. 첫째, 우주군사전략은 미소는 핵 군비경쟁을 위해 우주공간의 군사화를 주도하고 독점했다. 둘째, 우주공간의 군사화는 우주플랫폼-우주발사체-지상스테이션 등의 우주 시스템이 상호 통합되면서 핵전략으로 활용되었다. 정보 목적에서 시작된 우주 군비경쟁은 탄도미사일의 공격과 방어체계의 일부로 활용되었다. 그리고 우주정보체계가 핵 억지력을 변화시키면서 우주플랫폼을 직접 공격하는 우주체계 공격무기가 개발되고 전력화되었다. 셋째, 1991년 걸프전쟁 이후 우주 시스템은 핵무기는 물론 재래식 무기체계와 C4ISR체계로 통합되면서 작전적·전술적 효율성을 증대시키는 수단이 되었다. 중요한 것은 이 시기 사용되기 시작한 우주전쟁의 개념은 우주공간과 우주 무기가 점령·배타적인 점유 등의 전쟁 목적이 아니라, 전장 우위를 위한 수단으로 활용하는 우주기반 전쟁을 의미했다. 이를 위한 우주 무기도 미·중·러 등 일부 핵보유국으로 제한되었을 뿐이다.

4. 뉴스페이스와 우주군사전략

핵보유국은 물론 80여 개 국가와 기업이 경쟁적으로 참여하는 글로벌 우주 경쟁은 우주 군비경쟁의 지정학을 변화시키고 있다. 우주의 상업화가 진전될 수 있었던 것은 미소와 일부 국가의 주도로 개발된 우주기술이 상업적 목적에서 민간부분에 이전spin-off되고, 디지털 기술과 경제가 확장되면서 우주 시스템의 경제성이 향상되었기 때문이다. 우주의 상업화는 클린턴 행정부가 냉전 이후 우주 전략으로 추진한 두 가지 정치적 결정이 중요한 전환점이 되었다(이진기·손한별·조용근, 2020: 49~50). 가장 먼저 GPS의 상업화다. 국방부 프로그램이었던 GPS가 교통부로 이관되고 '선별적 활용' 제한이 해소되면서 세계항법 시스템으로 사용될 수 있었다. 그리고 1994년에는 행정명령을 통해 민간 기업이 고해상도 전자광학 인공위성을 개발하고 상업적으로 운용할 수 있도록 있도록 허용했다. 군사적 이유 때문에 제한되었던 고해상도 영상관측 위성의 개발, 운용 및 정보 활용에 민간 참여가 허용되면서 우주기술, 운용기수는 물론 인공위성을 활용하는 우주데이터 산업도 큰 폭으로 성장했다. 소수 국가가 독점하는 사유재였던 우주의 전략적·경제적 진입장벽이 낮아지고 공공재, 또는 공유재로 개방되면서 우주의 상업화가 진전되었다. 또, 센서, 통신, 네트워크 및 디지털 기술의 융합은 우주의 공간적 장벽을 해소하는 요인이 되었다. 뉴스페이스 시기 우주군사전략에서의 핵심 쟁점을 우주-지상의 영역 구분으로 요약하면 **표 3-5**와 같다.

첫째, 4차 산업혁명 기술이 우주 시스템과 통합되면서 전략적, 재래식 원거리타격무기의 정밀성이 고도화되고 있다. 센서혁명, 인지혁명, 속도혁명, 정밀혁명 등 무기체계에 적용되고 있는 4차 산업혁명 기술은 '생존성'이라는 억지경쟁의 원리를 본질적으로 붕괴시키고 있다(Lieber and press, 2017). 핵 억지의 원리는 양적 상호확증파괴 균형, 생존성에 기반하는 2차 공격능력, 그리고 탄도미사일 방어체계에 의한 거부적 억지력으로 변화되어 왔다. 그런데 우주 시

표 3-5 뉴스페이스 시기 우주 무기

구분	세부 영역 및 무기	비핵국가
지상-지상(G2G)	장거리탄도미사일(정밀혁명), 지상체계 공격무기	△
지상-우주(G2S)	ASAT(고고도 요격, 핵폭발), Uplink Jamming, 레이저	△
우주-지상(S2G)	우주 시스템의 센서혁명, Downlink Jamming, SBIs	○
우주-우주(S2S)	우주배치무기(물리적, 레이저, 전자기), 우주정거장	

스템에 기반하는 정밀혁명accuracy revolution이 전략표적을 타격할 수 있는 효과성을 획기적으로 증가시키고 있다. 1985년 54%에 불과했던 미국의 대륙간탄도미사일ICBN 명중률은 2017년 약 74%로 향상되었다. 역시 1985년 9%에 불과했던 잠수함발사탄도미사일SLBM 명중률도 2017년 80%까지 향상되었다(Lieber and Press, 2017: 19~21). 우주 시스템이 탄도미사일의 거부적 억지력을 붕괴시키면서 공격우위의 안보딜레마를 심화시킬 수 있다. 공격능력의 정밀성에 더하여 거부적 억지력을 무력화하는 다탄두각개목표설정 재돌입비행체MIRVs(다탄두미사일), 초음속미사일, 그리고 탄도미사일의 요격회피기술이 발전하고 있다. 다탄두미사일은 1960년대 후반 미국이 소련에 대한 보복적 억지를 위해 개발을 시작했지만 상호 불필요한 핵 군비경쟁에 의한 안보딜레마를 심화시켰다(Graser, 2004). 미국에 이어 러시아, 중국, 북한까지 고도의 정밀성을 가진 다탄두미사일을 전력화하게 되면서 방어할 수 없는 위협에 대응하고 선제공격해야 하는 모순을 심화시킨다(윤대엽, 2023).

한편, 부대구조 차원에서 우주를 전력화하고 작전적·전술적 수단으로 활용하는 부대가 재편되고 있다. 미국은 우주공간의 작전적·전술적 활용을 위해 2019년 I2CEWSintelligence, information, Cyber, Electronic Warfare & Space 대대를 창설하여 운용하고 있다. 정보 중대, 정보작전 중대, 사이버·전자전 중대 및 우주·신호중대 등 4개 중대와 장거리센서반Long Range Sensing Section을 담당하는 1개 직할반으로 구성된 I2CEWS 대대는 합동전영역작전 차원에서 우주공간을 활용하는 부대 편제다. 정보 중대Intelligence는 지형, 기상, 민간 요소 및 전장정보를 수집 및 분석하고 다영역 타격 자산을 분석, 정보를 제공하며 정보작전 중대information Company는 오픈소스정보 수집 분석, 기만정보 방첩 및 기만작전, 정보 심리전을 담당한다. 사이버·전자전 중대는 네트워크 해킹, 전자전 공격 및 UAV 감시 및 방어를 수행하고, 우주·신호 중대Space and Signal Company는 감시정찰 및 통신위성 관리, 핵심 표적 확보 및 C5ISR 운용, 대위성작전Anti-Satellite Operation, 장거리센서정보 관리 등의 기능이 통합되어 있다.

둘째, 보복적 억지, 거부적 억지의 모순이 심화되고 있는 것은 우주기반 감시정찰 능력의 혁신 때문이다. 인공지능 기술이 지원하는 센서기술은 우주정보체계를 활용하는 기술정보TECHINT의 수단, 영역, 성격과 함께 이를 통합하는 정보판단, 지휘결심을 본질적으로 변화시킨다. 인공지능이 우주정보체계와 통합된다면 감시정찰 및 정보판단의 일체성, 동시성, 신뢰성을 증가시키게 될 것이다. 탐지, 식별능력이 정밀타격수단과 결합하는 정찰-타격체계가 고도화되면 비닉, 엄폐, 기동 등 핵무기의 생존성은 매우 취약해진다. 더구나, 고도화된 정보 자산을 통해 수집된 정보가 인공지능에 의해 신속하게 분석되어 공격의 위험을 인지하고, 상대국의 핵전력을 일시에 무력화할 수 있는 능력을 보유하고 있다면 선제공격의 이익이 커질 수도 있다.

우주 시스템에 기반하는 선제공격 우위의 모순에 대응하는 거부적 억지의 혁신을 위한 군비경쟁도 추진되고 있다. 2020년 DARPA는 '블랙잭Project Blackjak' 저괴도LEO 위성정찰체계 구축사업을 시작했다. 블랙잭은 미국의 전 영역 통합작전을 위한 감시정찰, 통신지휘는 물론 초음속미사일에 대한 방어체계의 일부로 구축되고 있다. 정지궤도GEO의 기능을 대체, 보완하는 블랙잭 사업은 수적으로 매우 많은 저궤도 위성을 배치해야 하지만 위성체계를 무력화하는 위협으로부터의 회복력을 보완하는 것은 물론, 200kg 내외의 위성설계, 제작, 발사, 운용 측면에서 경제성이 높다(Lye, 2020).

셋째, 우주 시스템의 혁신, 그리고 이를 활용하는 무기의 고도화는 우주거부를 위한 군비경쟁을 가속화하고 있다. 우주기반 정보체계와 탄도미사일의 정밀화가 핵 군비경쟁의 거부적·보복적 억지균형을 붕괴시키고 선제공격의 모순을 심화시키는 그 본질적 원인은 생존성의 취약성 때문이다. 생존성을 보장하기 위해 추진되고 있는 것이 우주 시스템을 무력화하는 우주 무기다. 미·중·러는 모두 저궤도, 중궤도는 물론 고도 3만km 이상의 고고도의 정지궤도 위성을 파괴하는 대위성요격무기를 전력화하고 있다. 중국, 러시아 등이 대위성요격무기를 개발하고, 물리적 에너지, 레이저, 전자파 등의 공격기술이 고도화되면서 조기경보위성, 핵통제위성 등 핵 억지균형을 변화시킬 것이다. 대위성요격은 표적위성을 파괴할 뿐만 아니라 우주파편을 만들어 우주 시스템에 거대한 장애를 초래할 수 있다. 더구나, 대륙간탄도미사일, 우주발사체를 활용하여 고고도 핵폭발을 통해 우주 시스템을 파괴하는 무기는 우주와 지구에 광범위한 전자기 파괴와 혼란을 초래할 수 있다(DIA, 2022). 저궤도 위성의 경우 사이버 공격을 통해 탈취, 마비시키거나 레이저 무기를 통해 물리적으로 파괴하는 우주 무기가 개념화되고 개발되고 있다(DIA, 2022: 3; 김소연·이범석, 2022). 반위성counter satellite 위협에 대응하는 지상기반 무기체계도 개발되고 있다. 미국은 적대국의 지상 기반 통신방해 무기를 탐지하여 파괴하는 무기와 함께, 2020년에는 지상기반 위성통신무기인 CCSCounterr Communications System을 전력화했다(김종회, 2022).

넷째, 제한적이지만 사이버, 전자기 등의 기술을 활용하는 우주배치S2S 우주무기도 전력화되었다. 1980년대 미국은 SDI 계획을 통해 우주에서 우주체계를 무력화하는 무기개발을 추진했지만 비용과 기술의 한계로 지체되었다. 우주배치 우주 무기는 킬러위성, 그리고 사이버, 전자기 공격을 수행하는 위성으로 구분할 수 있다. 2013년 러시아가 우주영역인식을 목적으로 발사한 코스모스 위성(COSMOS 2491, 2499, 2504, 2515)은 우주플랫폼에 접근하여 의심스러운 활동을 수행했다. 2017년에 발사한 COSMOS-2519의 경우 2개의 초소형위성(2521, 2523)을 본체에서 분리했다(김소연·이범석, 2022: 673). 중국도 2008년 센조우 7호에서 BX-1을 분리하여 우주에서 기동하는 비행을 수행한 바 있다. 미국

DARPA는 피닉스Phoenix 프로그램을 통해 정지궤도의 용도 폐기된 통신위성을 우주에서 수거하는 데 성공한 바 있다. 미 국방정보국은 중국, 러시아가 운용하는 우주정거장이 군사적 목적으로 전용될 수 있다고 우려하고 있다(DIA, 2022: 18, 29).

올드스페이스 시기와 비교하여 뉴스페이스 시기 우주군사전략의 특징을 요약하면 다음과 같다. 첫째, 우주가 육해공 및 사이버 공간과 통합되면서 군사전략의 효과성과 효율성을 혁신하는 중요한 수단이 되었다. 우주 시스템이 C5ISR 체계에 통합되면서 감시정찰, 지휘통신, 상황인식, 정밀항법 및 UAVs 등의 무기체계 운용에 혁신적인 변화를 수반하고 있다. 육해공, 사이버-우주의 기술적·체계적system·공간적 통합은 5차원 공간을 작전적·전술적으로 통합하는 플랫폼이다. 둘째, 그럼에도 불구하고 핵보유국의 우주 군비경쟁과 우주군사혁신Space RMA은 분명히 구분된다. 우주의 상업화에 따라 우주공간은 과거 강대국의 사유재에서 공공재 또는 공유재로 전환되었다. 그러나 뉴스페이스 시대 우주 군비경쟁을 주도하는 것은 핵보유국인 미·중·러다. 미·중·러의 우주 군비경쟁은 우주를 군사적 목적에서 활용하기 위한 우주군사혁신에 그치지 않는다. 1991년 걸프전쟁 이후 우주를 군사적 목적에서 효과적으로 활용하기 위한 군비경쟁은 모든 국가의 공통적인 과제가 되었다. 우주를 작전적·전술적 효율성을 위한 수단으로 활용하기 위한 노력을 우주군사혁신으로 개념화할 수 있다. 그러나 미·중·러의 우주 군비경쟁이 우주군사혁신을 기반으로 핵 억지력을 위한 우주억지를 강화하는 것이다. 우주억지란 우주 시스템의 혁신적 우위 또는 적대국 우주 시스템의 마비, 파괴를 통해 억지력을 유지하는 것이다. 우주 무기 역시 미·중·러에 의해 주도되고 있다. 우주를 점령하는 것이 우주전쟁의 궁극적인 목표가 아니라, 전쟁 목표를 달성하기 위한 수단이라는 점도 올드스페이스와 변함이 없다.

셋째, 그러나 우주 리스크도 혁명적으로 증가했다. (1)우주체계(발사체, 비행체, 인공위성 등), (2) 지상체계(지상, 공중, 해상 등), (3)그리고 우주체계와 지상체계를 연결하는 통신체계, (4)개인, 기업, 국가는 물론 우주체계의 데이터를 직접 활용하는 유저체계로 구성되는 우주 시스템의 이용자와 체계가 복잡화되면서 취약성도 비례하여 증가했다. 2009년에서 2018년까지 우주 자산에 대한 공격은 이전 10년(2000~2008)보다 다섯 배 이상 증가했다(Peled et al., 2023). 미·중·러는 우주, 지상, 유저체계를 물리적으로 직접 공격하거나 사이버·전자적 수단으로 무력화할 수 있는 무기를 고도화하고 있다. 그리고 우주의 상업화는 우주 리스크의 비대칭을 심화시킨다. 사이버, 전자기 등의 기술을 통해 약소국은 저렴한 비용으로 우주 시스템을 무력화시킬 수 있다. 더구나, 군사적 목적보다 경제적·상업적 이해가 확대되고 있는 뉴스페이스 시대와 함께 우주경제의 핵심 요소인 빅데이터와 우주기반 통신체계를 무력화하거나, 또는 우주 및 지상 스테이션을 직접 파괴하는 경우 우주플랫폼에 의존하는 사회기반이 파괴, 마비, 오용될 위협 역시 증가한다. 대위성요격무기에 의해 생성된 우주파편은 케슬러 신드롬Kessler Syndrome을 일으켜 모든 위성을 파괴하고 우주비행이 불가능한 우주공간의 카오스를 만들 수도 있다. 초국경적 탈지정학의 공간인 우주공간이 결코 공공재public good 또는 공유재common goods가 될 수 없는 비대칭적 경쟁의 리스크 역시 우주공간이 가진 특징이다.

5. 우주군사혁신의 과제

우주공간의 상업화를 특징으로 하는 뉴스페이스 시기 우주공간은 기술, 경제, 산업은 물론 및 군사전략 등 국가 간의 협력, 경쟁, 이익이 결부되어 있는 세계질서의 새로운 경쟁무대가 될 것이다. 원칙적으로 우주공간은 비배타적·비배제적 성격을 가진 '공공재public goods'로서 1967년 외기권 조약 이후 평화적 활용 원칙이 공표되어 왔다. 그러나 냉전 시기 미소는 군사적 목적에서 우주를 독점 및 사유재로 활용했다. 우주의 상업화는 군사적 목적 이외 상업적·과학적 목적의 개발이익을 확대하고 있다. 다수의 국가가 비배제적·경합적으로 활용하는 우주공간이 자칫 공유재common goods, 또는 1967년 외기권 조약의 선언과 같이 공공재public goods로 인식될 수 있다. 그러나 우주지정학의 현실은 이와 다르다. 미·중·러가 주도하는 우주 군비경쟁이 목적은 우주에서의 우세를 통해 억지력, 특히 핵 군비경쟁의 균형을 유지하는 것이다. 우주전쟁이 우주주권, 우주영토를 점령·확보하는 것이 아니라 우주를 군사적 목표를 달성하는 수단으로 활용하는 우주기반 전쟁space-based warfare, 또는 우주활용 전쟁이다. 우주무기의 혁신경쟁도 우주 시스템의 파괴, 마비, 탈취 또는 우주 시스템을 통해 군사적 우위를 유지하기 위한 경쟁이다. 핵보유국의 전략적 우위를 위한 우주 군비경쟁은 미·중·러와 비핵 중견국의 우주 비대칭을 지속시키는 요인이기도 하다. 더구나, 우주의 상업화·시장화에 비례하여 증가하는 우주 리스크는 포괄적인 국가안보의 과제가 되었다. 미·중·러가 주도하는 우주 군비경쟁과 우주 군사전략, 그리고 우주 리스크를 고려하면 우주공간은 공공재, 공유재가 아닌 이익을 공유하는 국가 간의 배타적 협력을 통해 활용되는 클럽재club goods가 될 것으로 전망할 수 있다.

비핵 중견국의 우주군사혁신 과제는 무엇인가? 비핵 중견국이 우주군사혁신 또는 우주 무기를 통해 핵보유국 또는 강대국에 대한 비대칭적 우주우세를 달성할 수 있는가? 윤석열 정부는 2023년 우주항공청을 설립하는 한편 우주군사전략을 위해 국방우주력의 발전 목표를 제시했다(국방부, 2022: 121~127). 한국은 우주공간의 우세를 위해 (1)우주정보지원, (2)우주영역인식, (3)우주통제, 및 (4)우주전력투사를 위한 우주전력의 확보를 국방우주력의 목표로 설정하고 있다. 모험적 기술, 막대한 비용과 함께 비대칭적 리스크에 대응해야 하는 전략-비용 합리적인 우주군사전략의 과제는 세 가지 측면으로 요약할 수 있다.

첫째, 우주군사전략의 목표와 전략을 명확하게 정립하는 것이다. 우주군사전략의 목표에 대해서는 (1)우주경쟁space race, (2)우주통제space control, (3)우주패권space hegemony 등 세 가지가 경합한다(DeBlois et al., 2004). 우주패권론 우주공간이 미래전장은 물론 패권의 결정적인 수단이 될 것이라고 주장한다. 우주 통제론은 우주의 군사적 유용성이 투자비용보다 월등이 우세하다는 시각이다. 마지막으로 우주경쟁론의 시각은 우주의 무기화를 위한 불가피한 경쟁 우위를 주장한다. 이를 고려할 때 한국의 우주군사전략의 목표는 북핵 위협을 억지, 방어하고 유사시 최단시간에 종결하기 위해 우주를 활용하는 우주경쟁이다. 미·중·러의 우주군사혁신 과정이 대변하듯 우주 시스템이 C5ISR체계와 통합되면 감시정찰, 정보판단, 지휘결심 및 전쟁수행 등 군사체계를 포괄적으로 혁신시키게 될 것이다. 이 때문에 한국군도 우주인식, 우주통제, 우주정보, 우주무기 등 전 영역에서 연구개발 및 전력화하는 목표를 발표하고 추진하고 있다. 그러나 우주에서의 우세를 북핵 위협 억지에 어떻게 활용할 것인지 구체적인 전략은 부재한다. 북핵 위협이라는 실존적 과제를 최우선으로, 우주 시스템을 인공지능, 자율무기, 디지털군으로 전환하는 국방개혁의 맥락에서 우주군사전략이 수립되어야 한다.

둘째, 우주군사전략에 따라 비용 합리적인 전력구축 목표도 구체화되어야 한다. 한국의 국방우주 전략은 총체적인 우주 시스템을 구축하는 것을 목표로 제시하고 있지만 기술, 자원 및 안보자원 등의 수단을 고려하면 할 수 있는 일은 제한되어 있다. 2022년 세계 우주투자 규모는 총 1030억 달러로 국방 부문의 우주투자는 약 50%인 480억 달러다. 미국은 전체 우주예산의 60%인 620억 달러를 지출하고, 중국 120억 달러, 일본 48억 달러, 프랑스 42억 달러 등이다. 2022년 기준 한국의 우주예산은 7억 2400만 달러로 2027년까지 1조 5000억 원으로 증액하기로 결정했다. 일본은 2023년 우주안보전략에 따라 우주기술, 경제, 인재육성을 위해 10년간 1조 엔의 펀드를 조성하기로 결정했다(Beattlie and Osaki, 2023). 제한된 자원을 고려하면 우주기반 정보체계 구축과 함께 우주 시스템의 취약성을 보완하고 회복력을 강화하는 전력투자가 우선되어야 한다. 제한적으로 비물리적 수단을 통해 우주 시스템을 공격하는 우주 무기는 비대칭적 우주군사전략 수단이 될 수 있다.

셋째, 배타적인 클럽재인 우주공간에서 전략-비용 합리적인 경쟁을 위해서는 동맹 및 다자 협력을 적극 추진할 필요가 있다. 우주정보체계의 구축이 최우선과제가 되어야 한다면, 영역인식, 우주 무기 등은 동맹 또는 우주거버넌스를 통해 협력할 수 있다. '우주 클럽space club' 또는 우주 거버넌스 협력을 통해 우주군사혁신의 기술, 비용, 군사전략의 효과성을 증대할 필요가 있다. 동맹협력은 비용합리적인 우주 리스크의 관리에 있어서도 유용하다. 무한대의 우주공간에 비례하여 무한대의 기술, 비용과 리스크가 공존하는 우주공간을 군사적 목적에서 활용하는 것은 전통적 군사전략과 상이하다. 전통적인 군사혁신과 군사전략은 첨단 무기체계를 어떻게 활용하는가의 문제였다. 반면 우주군사전략은 무기가 아니라 공간을 지배하기 위해 무기체계를 활용하는 것이다. 육해공 및 사이버 전력은 물론 인공지능, 자율무기 등의 전력체계가 우주를 활용하는 공간 지배를 목표로 통합되어야 한다. 동맹 협력도 마찬가지다. 우주기반 정보체계를 중심으로 개발하되 제한적으로 전자기적·비물리적 우주체계의 방어를 위한 무기체계는 동맹국의 우주 자산과 상호 보완적인 우위를 가질 수 있다.

고봉준. 2007. 「공세적 방어: 냉전기 미국 미사일방어체제와 핵전략」. ≪한국정치연구≫, 16(2), 191~227쪽.

국방부. 2022. 『국방백서 2022』. 서울: 국방부.

김상배. 2019. 「미래전의 진화와 국제정치의 변환: 자율무기체계의 복합지정학」. ≪국방연구≫, 62(3), 93~118쪽.

김상배. 2021. 「우주공간의 복합지정학: 전략, 산업, 규범의 3차원 전쟁」. 김상배 엮음. 『우주경쟁의 세계정치: 복합지정학의 시각』, 17~46쪽.

김소연·이범석. 2022. 「우주무기체계 동향 및 전망」. 『2022년 한국산학기술학회 추계 학술발표논문집』, 670~673쪽.

김종하·김재엽. 2020. 「아시아·태평양 지역의 우주군사력: 한국안보에 관한 시사점.” ≪신아세아≫, 27(2), 110~139쪽.
김종회. 2022. 「미래 전장에서의 전자전 역할 및 발전방향」. ≪국방논단≫, 제1888호(22-9). 2022년 3월 4일.
나영주. 2007. 「미국과 중국의 군사우주 전략과 우주공간의 군비경쟁 방지(PAROS)」. ≪국제정치논총≫, 47(3), 143~164쪽.
박병광. 2021. 「미중경쟁시대 중국의 우주력 발전에 관한 연구」. INSS연구보고서 2021-09.
박상중. 2023. 「국방우주 안보체계 발전」. ≪우주정책연구≫, 7, 30~61쪽.
손한별·이진기. 2022. 「한국군의 군사우주전략: 우주영역인식을 넘어 분산전으로」. ≪전략연구≫, 29(3), 7~41쪽.
신성호. 2018. 「21세기 미중 핵 안보 딜레마의 심화: 저비스의 핵억제와 안보 딜레마이론을 중심으로」. ≪국가전략≫, 24(2), 5~29쪽.
신성호. 2020. 「21세기 미국과 중국의 우주개발: 지구를 넘어 우주패권 경쟁으로」. ≪국제·지역연구≫, 29(2), 65~90쪽.
유종규·최창국. 2022. 「우주력의 지상작전 활용방향에 대한 연구」. ≪한국군사학논집≫, 78(3), 123~146쪽.
윤대엽. 2020. 「안보위협, 정보능력, 민주주의와 정보개혁: 경쟁적 정보 거버넌스의 과제」. ≪미래정치연구≫, 10(2), 5~32쪽.
윤대엽. 2023. 「뉴스페이스 혁명과 우주국가전략」. 진창수 외. 『게임체인저와 미래국가전략』. 서울: 윤성사, 108~118쪽.
이강규. 2021. 「글로벌 우주 군사력 경쟁과 우주군 창설」. 김상배 엮음. 『우주경쟁의 세계정치: 복합지정학의 시각』. 한울엠플러스. 208~244쪽.
이기완. 2023. 「항공우주자위대 창설을 통해 본 일본 우주정책의 변화와 전망」. ≪국제정치연구≫, 26(4), 43~63쪽.
이수연. 2023. 「미일동맹과 일본의 구조적 공백 모색: 사이버-우주 넥서스로서의 데이터 안보」. ≪국제정치논총≫, 63(4), 125~160쪽.
이진기·손한별·조용근. 2020. 「미국의 우주전략에 대한 역사적 접근: 우주의 군사적 이용에 대한 쟁점과 함의」. ≪한국군사≫, 8, 33~72쪽.
임채홍. 2011. 「우주안보의 국제조약에 대한 역사적 고찰」. ≪군사≫, 80, 259~294쪽.
정해정. 2018. 「사드의 한국배치와 미중 우주군사전략과의 상관성 연구」. ≪중국학논총≫, 60, 107~125쪽.
지상현·콜린 프린트. 2009. 「지정학의 재발견과 비판적 재구성: 비판지정학」. ≪공간과사회≫, 통권 31호, 160~199쪽.
차두현·최원석. 2023. 「Asan Report: 한국의 우주전력 발전방향」. 아산정책연구원.
최정훈. 2021. 「트럼프 행정부 이후 미국 우주정책: 뉴스페이스와 신우주경쟁에 따른 변화의 추세」. 김상배 엮음. 『우주경쟁의 세계정치: 복합지정학의 시각』. 한울엠플러스, 48~93쪽.
한국과학기술기획평가원. 2023. 「주요국의 우주정책 트렌드 변화와 시사점」. ≪과학기술&ICT 정책·기술동향≫, No.238(5월 12일).
한은아. 2013.「일본 우주개발정책의 군사적 변화에 관한 연구」. ≪일본연구논총≫, 37, 97~164쪽.

Bahney, Benjamin and Jonathan Pearl. 2019. "Why Creating a Space Force Changes Nothing: Space Has Been Militarized From the Start." *Foreign Affairs*(Mar. 16) https://www.foreignaffairs.com/print/node/1124002 (검색일: 2022.10.10.)

Bateman, Aaron. 2022. "Mutually Assured Surveillance at Risk: Anti-satellite Weapons and Cold War Arms Control." *Journal of Strategic Studies*, 45:1, pp.119~142.

Borowitz, Mariel. 2021. "An Interoperable Information Umberella: Sharing Space Information Technology." *Strategic Studies Quarterly* (Spring), pp.116~132.

Bowen, Bleddyn E. 2020. *War in Space: Stategy, Spacepower, Geopolitics*. Edinburgh: Edinburgh University Press.

Bryce Tech. 2022. "Start-Up Space: Update on Investment in Commercial Space Ventures. https://brycetech.com/reports/report-documents/Bryce_Start_Up_Space_2022.pdf (검색일: 2023.7.10.).

DeBlois, Gruce M. Rechard L. Garwin, R. Scott Kemp and Jeremy C. Marwell. 2004. "Space Weapons." *International Security* 29:2, pp.50~84.

GAO. 1990. "Strategic Defense Initiative Program: Basis for Reductions in Estimated Cost Phase I." https://www.gao.gov/assets/nsiad-90-173.pdf (검색일:2024.02.20.).

Glaser, Charles L. 2004. "When Are Arms Races Dangerous? Rational Versus Suboptimal Arming." *International Security* 28:4, pp.44~84.

Government Accountability Office. 2022. "National Security Space: Actions Needed to Better Use Commercial Satellite Imagery and Analytics."(Sep.) https://www.gao.gov/products/gao-22-106106 (검색일: 2023.07.10.)/

Kalic, Sean N. 2012. *US Presidents and the Militarization of Space, 1946-1967*. TX: Texas A&M Univeristy Press.

Lieber, Keir A. and Daryl G. Press. 2017. "The New Era of Counterforce: Technological Change and the Future of Nuclear Deterrence." *International Security*, 41:4, pp.9~49.

Lye. Harry. 2020. "Project Blackjack: DARPA's LEO Satellites Take Off"(July 23). https://www.airforce-technology.com/features/project-blackjack-darpas-leo-satellites-take-off/ (검색일: 2024.3.10.)

Moltz, James C. 2019. "The Changing Dynamics of Twenty-First-Century Space Power." *Journal of Sttategic Security*, 12:1, pp.15~43.

Moltz, James Clay. 2019. "The Changing Dynamics of 21th Century Space Power." *Journal of Strategic Security*, 12:1, pp.15~43.

Patric, Stewart and Kyle L. Evanoff. 2018. "The Right Way to Archive Security in Space: US Nees to Champion International Cooperation." *Foreign Affairs*(Sep. 17) https://www.foreignaffairs.

com/articles/space/2018-09-17/right- way-achieve-security-space (검색일: 2023.7.10.).

Peled, Roy, et al. 2023. “Evaluating the Security of Satellite Systems.” https://ui.adsabs.harvard.edu/abs/2023arXiv231201330P/abstract (검색일: 2024.3.17.)

Sayler, Kelley M. 2023. “Defense Primer: The United Satates Space Force.” *CRS In Focus*(March 15) https://crsreports.congress.gov/product/pdf/IF/IF11495 (검색일: 2024.3.10.).

Space Foundation. 2021. *The Space Report: The Authoritative Guide to Global Space Activity*. Space Foundation.

Wilson, Krystal. 2019. “Impact of Newspace and Data Revolution.” Secure World Foundation https://swfound.org/media/206437/gwf_april2019_kw.pdf(검색일: 2024.1.20.)

宇宙開発戦略本部. 2023. “宇宙安全保障構想” https://www8.cao.go.jp/space/anpo/ anpo.html (검색일: 2023.7.10.).

4 러시아의 우주 무기화와 복합지정학

알리나 쉬만스카 | 서울대학교

1. 서론

이 글은 냉전기인 20세기부터 우크라이나전이 진행되고 있는 지금껏 러시아의 우주 군사 전략을 살펴보고 이를 지정학의 논리를 설명하고자 한다. 이처럼 이 글이 냉전기부터 탈냉전기까지의 러시아 국가 전략, 군사 전략 논리 속에서 우주 부문의 양상, 특히 2014년부터 이어진 우크라이나 사태 이후 진행해 온 우주 군사화, 나아가 러시아-우크라이나 전쟁에서 나타난 적극적 우주 무기화 현상을 복합지정학의 시각에서 분석하는 것에 목표를 둔다. 이에 대해 이 글은 다음과 같은 주장을 제시한다. 첫째, 우크라이나 전쟁에서 나타난 우주 군사화, 군용 위성 발사의 증가, 우크라이나 및 서방 국가들의 인공위성에 대한 재밍jamming 등의 작전, 러시아 우주군의 우크라이나 국가 기반 시설의 타격, 우주에 핵무기 탑재 시도 등의 현상이 실제 군사 작전에서 러시아의 전략적 이점을 강화하기 위한 목표와 밀접한 연관을 가진다는 점이다. 이를 고전지정학classical geopolitics의 틀에서 군사적 확산과 공격 및 방어 역량 강화의 맥락에서 분석할 필요가 있다. 둘째, 우크라이나전 발발 이후 우주 분야에서 전개된 서방 주도의 대러시아 제재 강화 조치가 자유주의와 관련한 비지정학anti-geopolitics의 쇠퇴를 의미한다는 것이다. 이는 우주에서 러시아의 재원을 타격하고 러시아의 우주력을 약화하려는 쇠퇴를 목표 아래 추진된 조치라는 점에서 우크라이나전에서 드러난 우주전의 양상을 분석하는 데 중요한 시사점을 제공한다. 즉, 최근에 그 양상을 더욱 강하게 드러내기 시작한 우주 분야 비지정학의 쇠퇴는 1990년대에 미국과 러시아 간 경제적 이익을 위한 우주 협력과 그로 인한 우주 지정학 경쟁의 소멸, 그리고 자유주의 논리를 지닌 비지정학의 등장과는 상반되는 추세이다. 마지막으로, 우크라이나군에 기술을 제공한 미국의 스타링크Starlink 등 비국가 행위자들의 등장, 우주공간에서 인공위성에 대한 사이버 공격 등의 우주-사이버 연계 등을 우주 무기화 차원의 비판지정학critical geopolitics과 탈지정학post-geopolitics의 시각으로 바라봐야 한다는 것이다. 이처럼 이 글은 우크라이나 전쟁에서 드러난 우주 무기화와 그에 대한 서방의 대응을 고전지정학, 비지정학, 비판지정학, 탈지정학 등을 아우르는 복합지정학complex geopolitics의 시각을 통해 설명하고자 했다.

이 연구는 위에 언급한 우주의 무기화와 복합지정학의 양상을 설명고자 하는 가운데 크게 세 부분으로 구성되었다. 먼저 2절은 복합지정학 이론의 논의를 냉전 시대부터 현재까지의 역사적 흐름에 비추어 미국과 러시아(소련) 등의 강대국 관계의 온도 변화와 그에 따른 지정학의 변화로 설명한다. 3절은 냉전 시기 미국과 러시아 사이에 드러난 고전지정학 차원의 군사적 경쟁, 나아가 1990년대 탈소비에트 시대 러시아와 미국의 우주 협력 및 경제 이익 추구를 비지정학 차원의 협력으로 설명한다. 특히 1990년대 미국의 클린턴, 러시아의 옐친 대통령 임기에 양국이 우주외교와 협력을 비지정학의 시각에서 바라보고, 구소련 시대에 미국과 러시아 간의 유화가 뉴스페이스New Space의 등장을 가속한 과정을 보이고자 했다. 나아가 이 글은 구성주의와 코펜하겐 학파Copenhagen School의 안보화securitization 이론의 시각에서 1990년대 시기가 우주 분야의 비판지정학 및 탈지정학의 도래기가 된 배경을 조명했다. 이처럼 냉전기는 군사를 중심으로 하는 고전지정학의 우주 1.0 시대인 반면에 1990년대는 경제 협력, 외교 협력을 위한 우주 2.0 뉴스페이스 시대를 열었으며, 우주 분야의 고전지정학의 소멸, 비지정학의 강화, 비판지정학과 탈지정학의 원기原基를 의미한다고 이 글은 주장한다. 하지만 4절에서 보이듯, 푸틴 대통령 임기부터 다시 시작된 미국과 러시아 간 우주 군사경쟁과 그로 인한 우주의 고전지정학적 부활은 우주 군사화를 가속하고 있다. 다만 이는 냉전기의 고전지정학 중심의 우주가 아닌 과학기술 발전과 뉴스페이스에서 비롯한 우주 상업화와 우주 행위자들의 다양화, 우주·사이버 안보, 우주·데이터 안보 연계를 내포하고 있다는 점에서 현재의 우주 무기화는 고전지정학적 성격은 물론 비판지정학과 탈지정학의 성격 역시 지닌다. 따라서 뉴스페이스와 우주 무기화로 이루어진 우주 3.0 시대는 국제안보 차원에서 과거의 위기보다 큰 도전이 될 수밖에 없다고 이 글은 결론을 내린다.

2. 복합지정학의 논의

1) 지정학 이론의 기원

지정학의 이론은 지리학과 군사학을 연계한 것으로 앨프리드 머핸Alfred Mahan의 이론으로부터 출발했다. 20세기 초반 머핸 등의 학자들이 시도한 지정학의 개념화에 따르면, 지정학은 국가의 지리적 위치geographical location, 물질적 자원material resources을 독립변수로 하여 그로 인해 발생하는 종속변수로서 방어적 역량defensive strength의 생산에 집중한다. 지정학은 20세기의 강대국을 해양 세력sea power과 지상 세력land power으로 구분하는 전통에서 시작되었다(Mahan, 1900; Mahan, 1914). 예를 들면, 머핸은 영국을 해양 세력으로 구분했고, 이어서 미국, 중국, 러시아 등의 지정학적 역할에 대한 다른 학자들의 담론이 등장했다

(Sprout and Sprout, 1966; Kaplan, 2010; Bizzilli, 1930).

하지만 탈근대 시대에 지정학의 의미는 국제정치의 발전 과정에서 다소 변동되었다. 머핸이 제시한 지정학의 개념과 탈근대 지정학의 의미를 고려하여 이 글은 다음의 몇 가지 측면에서 지정학의 논의를 해석했다. 첫째, 직업군인이었던 머핸의 개념화를 바탕으로 제시된 지정학의 핵심 목표는 국가가 보유하는 위치와 물질적인 자원 등의 속성capabilities을 바탕으로 해양 또는 지상에서 군사적인 우위를 얻는 데에 집중된다. 다시 말해, 초기의 지정학은 강대국의 군사력 추구와 행사를 중심으로 논의되었고, 20세기에는 특히 육陸·해海 등 군사 영역에서 전략적 이점strategic advantage을 얻는 데에 집중되었다. 하지만 과학기술의 발전은 머핸이 제안한 지정학의 틀을 대폭 확장함으로써 탈근대 지정학의 범위는 육·해를 넘어 공空, 우주宇宙를, 21세기에 접어들면서는 사이버cyber 영역까지 포함하는 정도로 확대되었다. 이는 영공력airspace power, 우주력space power, 사이버력cyber power 등의 개념을 낳았고, 그에 따라 해양 지정학, 지상 지정학과 나란히 영공 지정학, 우주 지정학, 사이버 지정학 등이 등장했다(Khalilzad and Shapiro, 2002; Oberg, 1999). 이처럼 강대국 패권 경쟁의 범위는 과학기술의 발전에 따라 크기 확대되었다.

둘째, 시간의 흐름과 따라 지정학의 개념은 단순한 군사적인 개념을 넘어 경제적·외교적 차원의 의미를 함축하게 되었다. 이는 특히 20세기 미국 국가 책략에서 강하게 드러났다. 헨리 키신저Henry Kissinger에 따르면, 냉전기의 지정학은 "공간의 개념에서 출발한 고전적인 의미로 더 이상 사용하지 않는다". 키신저에게 지정학의 새로운 의미는 "권력관계나 권력정치의 완곡한 표현이 된다"(Unterberger, 1995). 다시 말해, 지정학은 머핸이 설정한 강대국의 전통적인 패권 경쟁의 공간적 의미를 넘어 경제 전략, 외교 전략, 대전략의 의미를 지닌다. 이처럼 지정학이란 육·해·공·우주·사이버 공간에서 전쟁의 승리를 낳는 전략적 이점의 의미를 넘어 강대국이 육·해·공·우주·사이버 등에서 군사적·경제적·외교적 우위를 지니게끔 만드는 권력 게임이다.

2) 지정학의 발전과 복합지정학의 등장

흔히 국제정치학계는 머핸을 지정학의 이론적 선구자로 여기지만, 사실상 고전지정학의 논리를 소개한 최초의 저서는 투키디데스Thucydides의 『펠로폰네소스 전쟁사The history of the Peloponnesian War』라고 할 수 있다. 『펠로폰네소스 전쟁사』는 현실주의 이론 시각의 생리적인 진화론적 생존을 위한 투쟁과 유사한 국가 간 영토와 자원을 중심으로 하는 경쟁으로서 권력정치power politics를 개념화했기 때문이다. 이러한 논리는 20세기 내내 강대국 경쟁의 정당화에 큰 기여를 했다. 하지만 앞선 키신저의 발언에서 볼 수 있는 것처럼, 이미 냉전 시대에 소련 주도의 공산권과 서방의 자본권 간의 이념적인 경쟁이 등장하게 되었고 지정학의 논리는 해양·지상에서 이념의 맥락으로 옮겨졌다. 더 나아가 소련 붕괴와 냉전 종식을 비롯한 서방 진영과 탈소비에트 진영 간 협력이 등장하면서 지정학에 관한 개념화 재고를 요구했다. 이러한 맥락에서 1990년대에 비판지정학, 비지정학 등의 개념이 등장하게 되었다(Kuus, 2017).

비판지정학의 개념은 1970년대와 1980년대에 활동했던 현존위험위원회Committee on Present Danger의 대표 전략 분석에서 등장했다.[1] 이는 사이먼 댈비Simon Dalby의 연구에 뿌리를 내리고 있다. 댈비에 따르면, 냉전 시대 미국의 정치집단인 현존위험위원회는 고전지정학의 맥락에서 소련의 위협보다 공산주의 이데올로기의 위협을 강조하면서 미국의 고위 공무원을 중심으로 이념적인 안보에 대한 인식을 퍼트리고자 했다. 특히 1976년 미국 대선에서 지미 카터Jimmy Carter가 승리한 후, 현존위험위원회의 활동이 활발해졌고 미국·소련 데탕트detente와 SALT II 협정에 반대하는 로비를 벌이면서 소련위협론을 강하게 내세웠다. 안보화 담론을 통해서 국제정치를 바라본 현존위험위원회의 시각은

1 현대위험위원회(Committee on Present Danger)란 미국의 네오콘 대외 정책 로비활동 단체이며 일반적으로 레이건 대통령의 임기에 강한 반공산주의 담론으로 많은 주목을 받았다.

"우리 대 그들us against them"이라는 이념상 강대국 경쟁의 논리에 해당하며, 이는 영토적인 개념을 벗어난 비판지정학의 논리에 해당한다고 볼 수 있다(Dalby, 1990). 공산주의 이념의 위협론을 중심으로 하는 미국의 담론적인 시각을 설명하고자 한 제로이드 오투아테일Gearoid O'Tuathail과 존 애뉴John Agnew의 연구에 따르면, 카터 시기 미국의 안보담론에서 소련은 "비서방적anti-Western"이고 대외적인 공격성을 지닌 위협적 행위자로 등장했고 이는 곧 군사 위협의 여지를 지녔다(Tuathail and Agnew, 1990). 다시 말해, 공산주의 이념이 냉전 시대의 미국 정치인들에게 있어 비군사적 위협의 형식을 지녔다고 봐도 무방하다. 이처럼 비판지정학의 시각을 담은 기존 연구들은 서부권과 동구권 진영 간 이념적인 갈등, 자유와 독재의 투쟁 등의 문제를 다루었으며, 서부권 자유화 모델과 소련의 비자유적 사회 질서 간의 갈등에 대한 담론을 내세우면서 이를 지정학의 맥락으로 바라보려고 했다. 1990년대에 비군사적인 위협 요소가 확산하면 국가안보, 더 나아가 국제안보의 의미를 지닌다는 맥락에서 안보화의 이론적 고찰을 제시한 코펜하겐 학파의 논리는 댈비의 비판지정학의 틀과 많은 공통점을 가졌다는 점에서 이 또한 비판지정학의 시각에 해당한다고 볼 수 있다.[2]

1990년대는 소련 해체를 비롯한 군비경쟁의 쇠퇴와 미국과 러시아 간의 경제적 협력이 강화되는 상황에서 민주주의 자유 시장 승리의 희망을 제공했다. 이 시기는 우주와 핵비확산 프로세스에서 미국과 러시아 사이에 국제 협력, 경제 이익을 위한 협력을 의미한 시기로 냉전기 고전지정학의 소멸을 의미했다. 이처럼 비지정학이 우세하는 상황 가운데 소련의 위협에 대응하기 위해 등장한 북대서양조약기구North Atlantic Treaty Organization: NATO의 향후 필요성에 대한 논의가 등장했고, 일각에서는 NATO의 해체 및 러시아와의 경제협력 강화를

2 김상배는 사이버 안보 기술의 과잉 안보화를 비판지정학의 각도로 바라봐야 한다고 주장을 내세웠다(김상배, 2015).

요구하는 목소리가 나타나기도 했다(Duffield, 1994). 또한 일부 미국 학자들은 러시아와 중국 등의 세력들이 미국의 우방국이 아니더라도 탈냉전기의 국제질서 논리에 따라 더 이상 경쟁국으로 치부되어서는 안 됨을 강조하기도 했다(Ikenberry, 2014). 이처럼 1990년대에 비판지정학과 비지정학의 이론적 고찰이 등장하면서 지정학의 소멸이 사실화되는 듯했다. 하지만 2014년 우크라이나 사태 발발에서 비롯된 러시아와 서방 간의 갈등은 다시 지정학을 되살리는 계기가 되었다(Mead, 2014).

위에 언급한 지정학의 이론적 발전을 기반으로 복합지정학의 이론이 등장했다. 특히 국내 학계에서 사이버 안보를 중심으로 하는 복합지정학의 이론은 고전지정학, 비판지정학, 비지정학, 탈지정학 등의 맥락에서 사이버 공간을 분석하면서 신흥안보의 지정학에 대한 최초 이론적 분석틀을 제기했다(김상배, 2015). 사이버 공간 등 신흥안보를 머핸이 제안한 전통적인 지정학의 시각으로 이해할 수 없음을 강조한 복합지정학의 이론은 사이버 공간을 다차원으로 바라본다. 이는 특히 사이버 공간의 비국가적non-state, 비인간적non-human 성격을 강조하는 탈국가 중심적 시도로서 개발되었다. 이는 국제정치학 내 현실주의 이론에 해당하는 고전지정학, 자유주의 시각에 기인한 비지정학, 코펜하겐 학파의 안보화 이론 등 구성주의 시각에서 발전한 비판지정학, 더 나아가 네트워크 이론에 기반을 두는 탈지정학 등 다양한 각도를 담아내며 발전했다. 이처럼 복합지정학의 다면적이고 복합적인 논의는 사이버 안보 등의 신흥안보 문제를 다루는 데에 크게 유용하다. 뉴스페이스 등장으로 신흥안보의 성격을 지니게 된 우주의 신흥 안보적인 특징을 고려하면서 이어서 이 글은 러시아·우크라이나 전쟁에서 벌어지고 있는 우주의 무기화 양상을 복합지정학의 시각으로 분석하기 위해 고전지정학을 통한 러시아·우크라이나 우주전의 과잉 군사화와, 비지정학으로 보는 서방의 러시아 우주 군사화 제재를 살펴보고자 했다.

3. 20세기의 우주 복합지정학

1) 20세기 우주의 고전지정학: 미국·소련 사이 우주 군비경쟁

군사경쟁과 군사적인 우위를 위한 공간의 확장이라는 측면에서 우주의 고전지정학적 성격은 강대국 중심의 군사경쟁으로 나타났다. 이는 특히 냉전기의 미국·소련 우주경쟁을 통해 잘 드러난다. 미국의 민간 우주 프로그램의 담당기관으로 1958년에 설립된 항공우주국National Aeronautics and Space Administration: 이하 "NASA"의 전임 기관인 항공자문위원회National Advisory Committee for Aeronautics: NACA는 항공·우주에서 군사 우위를 보장하려는 구상에서 비롯되었다. 즉, 지정학의 공간인 항공은 제1차 세계대전 당시 군사력의 핵심이 되었고 유럽에서 항공기 기술의 발전을 촉진했다. 동시에 미국은 자신이 유럽 국가들에 비해 항공·우주 분야에 매우 뒤처진다는 사실을 발견하게 되었다. 이에 1915년에 군·산·학 복합체로 설립된 항공자문위원회는 유럽·미국 간의 기술적 격차를 줄이도록 미국 대통령에게 직접 보고했다. 미국 조지 스크리븐George Scriven 육군 준장이 국가항공자문위원회의 최초 소장으로 선정되어 이 기관은 군사와 밀접한 협력을 이루었고 미국 군사 전략 발전 촉진에 기여했다(NASA, 2023). 하지만 1950년대에 미국은 우주 분야의 민간 프로그램과 군용 프로그램 사이에 확실한 구분을 뒀다. 1954년에 미국 공군 내부에 우주 사령부의 원조로 서부개발과Western Development Division가 등장했고 NASA를 비롯한 민간 프로그램을 1958년부터 운영하게 되었다. 아이젠하워 대통령 임기 때 우주공간에 대한 미국군의 주요 과제 중에는 관찰 위성을 활용한 소련의 군사 발전에 대한 스파이 활동이 있었다. 더 나아가 레이건 대통령의 임기에 탄도미사일의 개발이 미국군의 중요한 과제로 떠올랐다(Mowthorpe, 2001). 이는 우주공간에서 군사적 우위를 추구하는 미국 원조 유형의 지정학 양상이었다.

우주 지정학의 이러한 양상은 소련에서도 역시 두드러지게 나타났다. 우주공간을 민간용, 군용으로 구분하는 미국과 달리 소련의 우주공간에서 군사 우위의 모색은 더 필수적인 과제로 나타났다. 이는 소련에서 우주 분야가 군사기관 운영 체계로 운영된 것을 통해 확인할 수 있다. 우주에 대한 소련의 탐색은 스푸트니크 1호 인공위성 발사를 준비하는 과정에서 인공위성 제어 군사기관으로 우주장비지휘국(러시아어: Командно-измерительный комплекс управления космичес кими аппаратами)이 등장하면서 시작되었다. 우주장비지휘국은 당시 군사부대 규모의 기관이었고 보조적인 역할을 했을 뿐 소련의 군사 독트린과 군사 전략의 차원에서 의사 결정권을 지니지 못했다(РИА Новости, 2020). 하지만 미국·소련 간의 군비경쟁에서 우주의 비중이 증대되어 우주 분야를 담당하는 소련 군사기관의 규모, 역할, 자율성과 의사 결정권이 커지게 된 것이다.

1964년에 설립된 소련의 중앙우주시설국(러시아어: Центральное управление косм ических средств, ЦУКОС)은 어느 정도 전략적 자발성이 있는 최초의 우주 담당 기관이었다. 이는 당시 소련 로켓군 산하 기관이었는데, 1970년 시설국보다 한 단계 높은 우주시설본부(러시아어: Главное управление космических средств, ГУКОС)로 승격되었다. 그만큼 소련의 군사 전략에서 우주 작전의 비중이 확장된 것을 의미했다. 한편 우주시설본부가 이전의 중앙우주시설국보다 상대적으로 더 큰 자발성을 가졌음에도 이는 여전히 로켓군 예하의 기관이었다. 이처럼 그 당시 소련 군사 전략에서 우주 영역은 자발적인 전쟁의 영역이라기보다는 관찰을 위한 공간, 더 나아가 핵무기 배치를 위한 핵-우주 연계 속에서 존재했다고 추론할 수 있다. 하지만 1981년에 우주시설본부가 소련 국방부의 직할 기관으로 등장했고, 소련의 이 같은 내부적 변화는 미국에서 큰 우려의 대상이 되었다. 이 시기 소련의 우주 군사 독트린의 등장에 대한 미국 군사 전문가들의 언급이 증가한 것은 이를 방증한다. 하지만 이는 소련의 군사적인 우주 사용에 대한 독립적인 문서가 아니었으며 1980년대 초반에 다양한 소련의 군사 전략 문서에서 나타난 우주 부문에 대한 언급, 그에 대한 깊은 분석을 중심으로 미국 전문가들이 제기한 개념이었다. 그 증거는 1984년에 미국 국방정보국이 집필한

「소련의 군사적 우주 독트린Soviet Military Space Doctrine」이라는 제목의 보고서에서 확인할 수 있다. 해당 보고서에 따르면 소련의 군사 전략에 있어 우주는 육·해·공의 보조를 위해 군사적인 이점을 제공하는 중요한 요인으로서 군사 작전에서 빠져선 안 되는 영역으로 등장한다(Defense Intelligence Agency, 1984). 이러한 맥락에서 이 글은 군사 우위를 위해 우주공간을 활용하고자 한 냉전기의 미국과 소련의 우주 전략을 우주 사용의 아날로그 시대로 보고 이를 우주 1.0으로 상정했다.

하지만 1990년대 소련의 붕괴에서 비롯된 전 세계적인 민주화 발전으로 인해 우주 영역을 고전지정학이 아닌 경제 이익의 비지정학의 시각에서 바라보는 경향이 나타났다. 이는 특히 1990년대 미국·러시아 사이의 우주 협력과, 그 강화를 위한 우주 민간 부문의 등장을 통해 드러난다. 그런데도 우주의 고전지정학적 사용이 완전히 사라지지는 않았다. 즉, 1990년대 위성통신이 유고슬라비아 전쟁과 아프가니스탄 테러와의 전쟁에서 미국의 군사 작전을 지원하는 데에 중요한 역할을 했기 때문이다(Pike, 2002). 그럼에도 탈냉전기는 무엇보다 국제 협력과 그에 비롯한 국제 이익 추구의 시기로 고전지정학의 군사경쟁에 매여 있지 않았다는 점에서 그 당시 많은 국제정치 전문가가 지정학의 소멸 가능성을 제기하고 나선 것이다.

2) 20세기 우주의 비지정학: 1990년대에 뉴스페이스의 출발

1990년대는 우주공간의 비지정학적 도래의 출발점이 되었다. 이의 가장 큰 원인은 소련 해체와 미국·소련 간 군비경쟁의 종식이었다. 더 나아가 구소련 러시아의 1대 옐친 대통령이 전반적으로 민주주의 변화를 추구하는 친서방의 대외전략을 선호하여 자발적으로 미국을 포함한 서방 국가들과 협조를 모색한 것도 중요한 계기가 되었다. 옐친은 소련 공산당 출신의 정적들을 물리치는 등 개인적인 동기와 더불어 소련 해체로 커다란 타격을 입은 러시아의 경제를 살리고자 하는 동기에서 적극적인 친서방 외교를 진행하게 되었다(Felkay, 2002). 이처럼 냉전기에는 러시아의 우주 전략이 군사기관에 의해 독점되었다면 1990년대는 미국·러시아의 협력을 통해 비국가적 행위자들이 나타나기 시작했다. 예를 들어, 1995년에 흐루니체프Khrunichev, 에네르기아Energia 등의 러시아 국영 기업이 미국의 사립 기업 록히드 마틴Lockheed Martin Corporation과 협력하여 민영 국제 기업 국제우주발사서비스International Launch Services를 출범시킨 사례가 있다.

즉, 냉전 시기는 소련의 우주 부문이 일반적으로 소련군을 위한 것이었으므로 우주기술 국영 업체들이 국방부부터 자금을 받아 활동했다. 국방부의 주문을 받아 연구개발을 진행한 과정에서 소련의 우주 공학자들이 인공위성과 로켓 발사체 등과 관련한 많은 연구성과물을 내는 데에 성공했다. 특히 1970년대에 대륙 간 단거리 미사일 개발 노력 끝에 프로톤Proton 우주발사체를 개발하게 되었다. 하지만 냉전 종식을 의미하는 소련의 해체는 우주기술에 대한 국방부의 주문이 단절되는 결과로 이어졌다. 1990~1992년의 시기에 러시아 연방의 우주 국가 예산이 40% 감소했다. 1990년대 중반으로 갈수록 깊어지는 물가 상승과 그에 따른 경기 침체를 감안할 때, 러시아의 우주 분야 전문가들에게는 국방부의 주문이 없는 상황에서 적자가 된 국영 기업에서 연명하거나 해외에서 더 좋은 일자리를 구하는 두 가지의 선택지만이 존재했다(Lardier and Barensky, 2018).

이처럼 구소련 러시아의 우주 공학 국영 기업들은 주군 기반에서 시장 기반 거버넌스 모델로 전환해야만 했다. 이와 같은 과정에서 시장 기반의 민영 전환을 추구했던 러시아 옐친 대통령이 자연스럽게 미국의 지원을 구하게 되었다. 미국 정부 측도 소련 해체 이후 핵보유국이 된 러시아 연방, 우크라이나, 카자흐스탄, 벨라루스 등의 구소련 국가에는 핵비확산 체제에 가입하는 대신에 당사국들의 경제적인 부담을 덜기 위해 다양한 경제지원 정책을 도입했다. 특히 소련의 핵, 우주 등의 핵심 과학기술 기반 시설이 위치했던 러시아 연방과 우크라이나에 대한 미국의 지원이 커졌다(Zaborskiy, 2006). 이 같은 경제지원의 일례로 NASA와 1992년에 설립된 로스코스모스 러시아 우주국이 국제 우주 정거장 활동에 러시아의 참여를 제공하는 협정을 1994년 6월에 체결했다. 이 협정의 목표는 군사 중심적인 러시아의 우주활동을 국제 우주 탐사 활동으로 변환함으로써 러시아 기업들의 생산을 늘리는 것이었다. 더 나아가 위에 언급한 1995년 설립된 미국·러시아 국제 기업인 국제우주발사서비스의 등장은 러시아 우주 부문의 국제화와 민영화를 목표로 뒀다. 국제우주정거장 프로젝트와 국제우주발사서비스의 창설은 사실상 같은 목표를 지녔고, 이는 바로 러시아산 프로톤 우주발사체를 이용하여 우주비행의 대중화를 통해 러시아의 우주 부문에 대한 해외 투자를 끌어오는 것이었다(Logsdon and Millar, 2001). 이러한 맥락에서 러시아산 프로톤이 국제 우주 정거장에 우주비행사를 인도할 로켓이 되기로 합의되었다. 또한 국제우주발사서비스는 앙가라Angara와 프로톤 우주발사체 전 세계 판매에 대한 독점적인 권리를 지닌 벤처 기업이 되었다.

러시아의 우주 부문의 민영화와 국제화에 따라 소련 시대에 유치했던 우주 군사 운영 체계의 필요성이 쇠퇴했다. 따라서 소련 국방부 직할 우주 시설 본부에서 1992년에 등장한 러시아 연방의 우주 전투군(러시아어: Военно-космические силы)은 1997년에 결국 분할되었다. 다시 말해, 1997년부터 블라디미르 푸틴Vladimir Putin 첫 임기 때까지 러시아에는 독립 우주 국방조직이 없었다. 그만큼 러시아의 옐친 대통령 임기의 우주는 더 이상 군사경쟁의 공간이 아닌 경제 이익을 위한 타국 협력과 민영화를 위한 공간이었다. 미국도 1990년대의 세계적인 흐름을 반영하면서 "1996년 국가우주정책National Space Policy 1996"을 도입하게 되었고, 이 정책은 우주가 군사 작전이 아닌 과학적 목적을 위한 평화 탐사의 공간임을 강조했다. 이어서 같은 해 미국 "우주 상업화 촉진법Space Commercialization Promotion Act 1996"이 도입되면서 GPS 위성항법의 민간 사용을 허용했다(Blanc et. al, 2022; 쉬만스카, 2020). 이는 우주에서 고전지정학의 사실상 소멸을 의미했으며 러시아, 미국과 세계 곳곳에서 우주 2.0의 뉴스페이스New

Space 시대의 도래로 이어졌다.

3) 20세기 우주의 비판지정학 및 탈지정학의 등장

뉴스페이스 시대의 도래에도 불구하고 1990년대의 미국과 러시아 우주 협력을 단순히 경제적 이익의 각도로 바라보는 것은 적절치 않다. 이는 무엇보다 양국이 서로에 대해 보여준 비非-공격성의 표현 때문이다. "우주에서 무기를 탑재하는 대신, 러시아 과학자들은 국제우주정거장을 건설하는 것을 도와줄 것"이라고 1994년에 선포한 미국 클린턴 대통령 임기의 대러시아 우주 협력은 "외교를 위한 우주space for diplomacy", 그리고 더 나아가 "평화를 위한 우주space for peace" 구호로 이루어지고 있었다.[3] 즉, 1990년대의 미국·러시아의 우주 협력은 외교, 평화의 도구로 활용되었다. 이는 반대로 협력의 결핍이 양국 간의 외교관계의 악화, 평화의 상실을 일으킬 여지가 있었다는 해석을 가능하게 해서 미국, 러시아 양자 간의 우주외교는 코펜하겐 학파 안보화의 각도로 바라볼 수 있다. 다시 말해, 이러한 비판지정학의 차원에서 국제우주정거장 건설 등 미국·러시아 양국 간 우주 협력과 우주외교는 군사활동과 거리가 멀지만, 안보화의 여지가 전혀 없지는 않다. 이처럼 과잉 군사화된 러시아의 우주 능력이 비군사적 용도로 활용될 수 있도록 조절하고자 한 미국의 외교적인 시도는 어느 정도 비판지정학의 의의가 있다.

더 나아가 1990년대에 우주공간은 냉전기에 우주 시대의 장거리 미사일과 관련이 있는 전통 안보의 핵-우주 연계를 벗어나 인터넷 등 정보통신을 만나게

3 "*Instead of building weapons in space, Russian scientists will help us to build the international space station.*"참조. Space for Diplomacy: The Clinton's Administration Relationship with NASA. (n.d.). https://clinton.presidentiallibraries.us/exhibits/show/space4diplomacy/space4diplomacy-partnering (검색일: 2025년 5월 15일).

되었다. 즉, 1980년대부터 서방에서 인터넷 도입을 비롯한 정보혁명이 일어났고 1996년 미국 "우주 상업화 촉진법"이 더해지면서 1999년부터 위성을 통한 인터넷 기술 발전이 촉진되었다(Lash, 1999). 이는 1990년대 말부터 흔해진 사이버 공격이 우주를 배경으로 이루어지는 결과를 초래했으므로 우주의 탈지정학적 도래의 출발점이 되었다. 물론 1990년대에는 우주 활용이 매우 제한적이고 우주공간에 진입하는 행위자와 자원에 제한이 있었다. 따라서 1990년대 우주공간의 비판지정학적이고 탈지정학적인 성격은 그 당시 21세기와 비교할 때 잘 드러나진 않았지만 이를 간과해선 안 된다. 오히려 우주의 복합지정학적 도래가 시작된 지점으로 생각해야 할 것이다. 이처럼 1990년대의 말은 21세기 우주 3.0의 출발점이 되었다.

4. 21세기 우주의 복합지정학과 러시아·우크라이나 전쟁

1) 21세기 미국·러시아 사이 우주 고전지정학의 부활과 우주 비지정학의 쇠퇴

(1) 2014년 우크라이나 사태 전

러시아·우크라이나 전쟁은 우주전 양상의 가장 최신 사례로 볼 수 있다. 이는 1990년대 소멸한 지정학의 부활은 물론 우주공간에서 드러난 지정학 및 우주 군사화에 대한 담론을 초래했기 때문이다(Chabert, 2023). 하지만 이 글이 주장하는 바와 같이, 우주에서 지정학의 발상은 뜻밖에 나타난 것이 아니라 2000년대부터 이어져 온 러시아와 미국 간 긴장 상승세에 따른 현상이다. 즉, 2000년에 시작한 푸틴 대통령 첫 임기 때부터 러시아에게 우주활동은 소련 해체로 쇠퇴한 국가에서 강대국으로의 재등장을 상징했다(Barry, 2006). 우주 분야에서 러시아의 쇠퇴를 예방하고 우주 강국으로 그 지위를 회복하기 위해 2000년대에 러시아에 "GLONASS 연방 프로그램 2002-2011"(러시아어: Федеральная програм ма "Глобальная навигационная система 2002-2011"), "2006~2015년 러시아 연방 우주 프로그램"(러시아어: Федеральная космическая программа России на 2006-2015 гг.), 연방 세부 프로그램 "러시아 연방의 우주활동의 보장을 위한 2006~2015년간 우주기지 개발"(러시아어: Федеральная целевая программа "Развитие российских космодромов на 2006-2015 годы") 등이 도입되었다. 이는 하락한 러시아의 위성항법 기술의 회복, 수입으로부터 자유로운 러시아 부품 기반의 우주발사체의 개발, 우주 발사기지 건설 등의 목적을 지니고 있었다(쉬만스카, 2019).

물론 2000년대에 러시아 연방 우주 예산은 미국의 우주 예산의 5%에 불과했지만, 러시아 국가 우주 예산은 2003년 2억 6300만 달러에서 2006년 7억 9300만 달러로 세 배 이상 증가했다. 이러한 배경에서 러시아 우주 부활을 위한 우주 능력 개발 프로그램의 진행이 이루어졌다. 이는 옐친 대통령 임기에 설립한 미국·러시아 우주 협력에서 비롯했다(Barry, 2006).

2000년대의 러시아 우주 전략은 국방 우주 조직의 부활을 동반하므로 2001년 "러시아 연방군의 건설 및 개발, 구조 개선에 관한 사항" 대통령령 (러시아어: Указ Президента Поссийской Федерации Об обеспечении сроительства и развития Вооруженных Сил Российской Федерации, совершенствовании их структуры)에 따라 독립적인 기관으로 우주군(러시아어: Космические войска)을 등장시켰다.[4] 푸틴 대통령의 첫 임기는 미국과 러시아의 사이가 아직 위기의 지점에 이르기 전이었으니 2001년 우주군의 창설 그 자체가 우주공간을 강대국 간의 패권 경쟁 공간으로 활용하려는 의도나 우주 지정학의 부활로 보기 어려웠다. 그보다는 강대국으로 러시아의 위신에 대한 모색을 의미한 것으로 보인다. 하지만 푸틴의 두 번째 임기 때부

4 Указ Президента Поссийской Федерации Об обеспечении сроительства и развития Вооруженных Сил Российской Федерации, совершенствовании их структуры(2001), https://web.archive.org/web/20180517153245/http://www.szrf.ru/szrf/doc.phtml?nb=100&issid=1002001014000&docid=151 (검색일: 2024년 5월 13일).

터 나타나게 된 미국·러시아 관계의 악화는 곧 러시아의 국방 우주 조직의 역할 강화와 우주공간의 고전지정학적 변화를 초래했다. 다시 말해, 러시아의 처지에서 1999년에 탈바르샤바 조약기구의 국가, 2004년에 발트 3국 등 과거 소련 영향권 국가들의 북대서양조약기구NATO 가입, NATO 회원으로 러시아를 거부하는 서방의 태도가 문제였다(Baker, 2002). 반면에 미국과 다른 민주주의 진영 국가들의 입장에서 주변국의 국가 전략에 대한 러시아의 지나친 간섭과 영토보전 위협, 체첸 전쟁 등에서 드러난 심각한 인권 침해(Gilligan, 2010), 끊임없는 반대파의 암살(Politkovskaya, 2010), 국가보안위원회(러시아어: Комитéт государственной безопáсности, КГБ) 출신인 푸틴 대통령의 개인 국가 운영 스타일을 비롯한 러시아의 권위주의 부활 등은 러시아를 NATO 회원국은커녕 파트너국으로조차 상대하기 어려운 상황이었다(Lewis, 2020). 나아가 2008년에 발발한 러시아·조지아 전쟁과 그에 대한 서방의 비판은 미·러 우주 협력을 중단한다는 러시아의 일방적인 결정으로 이어졌다. 이어서 러시아와 우주 협력을 중단하기로 한 록히드 마틴이 국제우주발사서비스의 미국 지분을 러시아에 팔아 국제우주발사서비스는 미국에 본부를 가지면서도 사실상 러시아의 기업이 되었다. 이는 미국·러시아 사이의 비지정학적 우주 시대의 완전한 쇠퇴와 우주지정학의 부활을 의미했다. 또한 국제 우주 발사 서비스는 옐친이 기대했던 민간 우주비행 사업에 실패했으며 현재 러시아 군용 인공위성 발사 등을 실시하고 있다. 다만 2021년 이후 진행 중인 과제는 없는 것으로 보인다(ILS, n.d.).

(2) 2014~2022년

국제질서와 관련한 미국·러시아의 입장이 매우 다르므로 양국 관계에서 지정학의 메커니즘은 갈수록 깊어지기만 했다. 일례로 2014년 우크라이나의 크림반도 합병과 우크라이나 사태의 발발로 인해 러시아의 공세적인 대외전략은 미국과 그 동맹국·파트너국의 엄격한 비판의 대상이 되었다. 이에 대한 반응으로 러시아는 2014년 러시아 안보 독트린을 출간했다. 2014년 러시아 안보 독트린은 미국이 개발 중인 "전 세계 신속 타격Prompt Global Strike" 무기 등을 비롯한 미국 측의 우주 무기화 시도들이 사실상 러시아에 대한 중대한 군사안보 위협임을 강조했으며, 이는 우주공간에서 미국과 러시아의 지정학적 양극화, 더 나아가 우주공간에서 적극적인 양국의 군사 패권 경쟁의 재등장을 의미했다(쉬만스카, 2019). 이 같은 우주 양극화 상황에서 러시아는 우주군의 전장 경험 역량 강화를 위해 실제 참전의 가능성을 발굴하게 되었다. 그 결과로 2015년 러시아 우주군이 시리아에서 실제로 참전하게 되었다. 러시아 보도들에 따르면 항공우주군 인력의 약 80%가 2015년 시리아 전쟁을 비롯해 실제 참전 경험을 얻게 되었다(AEX.RU, 2016).

더 나아가 2014~2022년 이전 시기는 러시아 내부에서 우주군에 대한 군사 전략적인 담론 발전의 시기였다. 이에 많은 러시아 군사 전문가들이 논평을 내놓았다. 이는 "군사사상"(러시아어: Военная мысль) 군사학 장기 간행물에서 확인된다. 2020년 "군사사상" 9호에서 나온 한 논평에서는 우주공간에서 미국만을 적국으로 바라보는 것보다 미국과 동맹 관계를 유지하는 일본, 프랑스, 이스라엘, 캐나다, 영국, 독일 등 나라들에도 초점을 둘 필요성을 강조하면서 러시아 우주군을 위한 전략적인 함의를 제기한다. 한국이 이 목록에서 빠진 이유는 2010년대 한국이 국산 우주발사체를 개발하면서 러시아와의 밀접한 협력을 했기 때문으로 추측해 볼 수 있다.[5] 다시 말해, 이 논평은 러시아 우주 부문에 있어 미국뿐만 아니라 미국의 동맹 네트워크 그 자체가 위협인 것을 새겨 둬야 함을 주장했다. 반면에 중국과 인도는 우주 분야의 군사적 준비도가 매우 높음에도 실제로 러시아를 공격할 가능성이 적은 나라로 평가되었다(Романов, Черкас, 2020).

우주공간에서 러시아에 대한 서방 진영의 공격적인 태세와 그에 대한 러시

5 한국·러시아 우주 협력과 관련하여 다음을 참조. 발렌테이 외(2022).

아 우주군의 상쇄 전략은 2021년 "군사사상" 11호에서 주요 논점이 되었고 저자들이 서방 진영에 대한 항공우주군의 억지 전략(러시아어: стратегическое сдерживание)을 제기했다. 이러한 억지 전략의 핵심은 평시에 서방을 상쇄하는 외교·안보 전략에 있다. 반면에 전시에는 적국에 대한 인공위성을 활용하는 작전적 정찰, 러시아 항공우주군의 강화된 운영 체계와 높은 준비도, 사이버 기술 등의 신기술 사용에 있다(Мещеряков, Кайралапов, Сиников, 2021). 특히 우주에서 사이버 기술의 활용은 아래 더 자세히 설명할 우주-사이버 연계화space-cyber nexus의 양상으로 보면 무방하다. 해당 글의 저자들이 주장하는 바와 같이, 우주에서 러시아에 대한 주요 위협은 미국 주도의 우주 외교·안보 정책, 미국과 동맹국의 우주 군사 작전의 기술 개발, 거기에서 비롯한 우주에서 핵무기 및 기타 첨단 무기 배치 가능성에 있다(Мещеряков, Кайралапов, Сиников, 2021). 이처럼 2014~2022년 사이 미국·러시아 간의 우주 지정학 경쟁 양상은 러시아 우주 국방조직의 강화, 실제 참전 경험, 전략과 사상의 개발로 정리된다.

이 시기는 또한 러시아 우주 부문 비지정학의 완전한 쇠퇴와 뉴스페이스 시대에 대한 러시아의 적응 실패를 의미했다. 즉, 뉴스페이스란 우주개발을 군사 중심의 하드파워hard power로 보는 올드스페이스와 다른 개념으로 시장 경제의 논리에 따른 민간용 우주기술의 발전, 민간 부문의 비국가 행위자들의 등장, 캐나다, 호주, 일본, 인도, 한국 등 비강대국의 우주 진입과 다자간 우주 협력과 같은 메커니즘에서 비롯했다. 러시아 정부가 올드스페이스에서 뉴스페이스로의 전환을 추구했다면 이를 위해 러시아 우주산업에서 민간 부문 행위자들의 양성과 다양화, 국제 협력, 소프트파워soft power 양성을 모색했을 것이고 이는 특히 옐친 임기 때 강하게 드러났다. 하지만 위에 언급한 것처럼, 푸틴 대통령의 두 번째 임기부터 미국과 러시아 사이의 우주 협력의 가능성은 사실상 중단에 가까웠다. 더 나아가 2014년 우크라이나 사태의 발발 원인이 된 러시아는 미국과 유럽연합EU 측에서 민군 이중용도 기술과 그 부품에 대한 대러시아 금수조치의 대상이 되었다. 특히 러시아의 위성 부품 주요 공급자였던 에어버스

그룹Airbus Group과 탈레스 알레니아 스페이스Thales Alenia Space와의 거래 중단은 러시아 우주 부문에 큰 타격을 가했고 위성 생산과 발사를 불가능하게 만들었다. 더 나아가 2019년 미국 국방부는 러시아산 위성과 러시아 우주 부문의 핵심 결과물인 우주발사체를 구매 금지품으로 등록했고 이는 러시아 우주 국가 예산을 감소시켰다(쉬만스카, 2019).

소련 해체 이후 수년간 러시아의 핵심 구매자였던 미국과 유럽에서 발사체와 발사체 부품을 판매할 수 없었기 때문에 러시아는 한국과, 인도, 중국과 같이 우주 분야에 야심을 가진 아시아 국가들과의 우주발사체 개발 협력 가능성을 모색하게 되었다. 이는 2010년대 후반에 러시아 발사체 수입의 핵심 대상이 되었고 이를 통해 러시아 우주 국가 예산을 어느 정도로 확보할 수 있게 되었다. 하지만 이는 미국, 유럽과의 우주 협력 시기의 수준만큼 만족스럽지 못했다(Aliberti and Lisitsyna, 2018: 91, 119). 따라서 무엇보다 서방 진영 국가의 외면을 받게 된 러시아가 교육과 민간 부문에서 외부로부터 고립된 상황 가운데 뉴스페이스에 적응하기 불가능하다는 주장이 제기된다(Luzin, 2022).

러시아의 뉴스페이스 전환 실패의 두 번째 원인은 러시아 우주 분야에서 민간 부문의 부재 그 자체이다. 다시 말해서, 우주기술을 전문적으로 하는 대다수 러시아 기업은 국영 기업이고 2015년에 러시아 우주국에 등장하게 된 로스코스모스 국영 상사 또한 마찬가지다. 1995년에 미국과 협력하게 된 흐루니체프, 에네르기아 등의 기업들이 현재 로스코스모스 산하 기관이며 국영 기업으로 활동하고 있다. 여기에는 로스코스모스가 러시아 우주 부문을 담당하면서 우주기술 생산에 대한 국가 주문을 내리고, 또다시 로스코스모스가 이 주문을 시행해야 하는 모순적인 상황을 낳는다는 비판이 있다(Vidal and Privalov, 2023). 이처럼 전문가들은 러시아의 국영 기업·군사 중심적인 우주 분야 운영 체계가 러시아를 사실상 뉴스페이스에 적합한 국가로 전환을 어렵게 만든 주된 원인이라고 지적한다.

(3) 2022년 러시아의 우크라이나 침공 이후

우크라이나 전쟁에서 우주 무기 사용의 최초 사례는 2021년 11월 러시아가 자국의 위성을 대상으로 DA-ASAT 미사일을 테스트한 사례이다. 이에 따라 추적이 가능한 1500개 이상의 우주 파편물이 타국의 위성을 충돌할 가능성이 높아져 상황을 위태롭게 했다(U.S. Space Command, 2021). 더 나아가 2022년 24일에 러시아는 비아샛Viasat KA-SAT 위성에 사이버 공격을 시행하여 통신을 단절시켰다. 우크라이나 전쟁에서 러시아 항공우주군이 가장 많이 사용한 우주 작전에는 위성항법 재밍jamming, 우크라이나 통신 부문의 물리적 공격 등이 있다(최성환, 2022). 또한 러시아 항공우주군이 우크라이나 영토에 있는 국가 기반 시설에 대해 미사일 공격을 시행해서 전쟁법jus in bello에 대한 전 세계 국가들의 우려를 유발하기도 했다. 그 때문에 미국(2023년 10월 18일 제재 도입), 유럽연합(2022년 12월 16일 제재 도입), 스위스(2022년 12월 18일 제재 도입), 뉴질랜드(2022년 8월 2일 제재 도입) 등의 국가들이 러시아 항공우주군을 중심으로 제재를 도입함으로써 항공우주군이 제재의 대상이 된 역사상 최초의 사례를 남겼다(War and Sanctions, n.d.).

2022년 2월 러시아의 우크라이나 대규모 침공이 발발한 이후 미국의 안보 동맹 네트워크 또는 파트너국 네트워크에 속하는 많은 국가가 러시아의 우주 프로그램의 총괄 기관인 국영 기업 로스코스코스와의 오랜 협력을 중단하게 되었다. 이는 우크라이나 전쟁에서 점점 드러나고 있는 러시아의 군사화를 막기 위한 서방 진영의 제재였다. 우크라이나 침공이 시작된 이후 나로호, 누리호 등 국산 발사체에 러시아의 기술을 많이 활용한 한국도 서방 주도의 대러시아 제재의 참여국이 되었고 2024년 현재 로스코스모스와 협력을 시행하지 않고 있다. 과거보다 강력하고 많은 행위자가 포함된 제재로 인해 로스코스모스는 서방의 제재로 2300억 루블(25억 달러) 중 1800억 루블(19억 달러) 규모의 계약을 잃은 것으로 알려졌다(Brugen, 2024). 이는 단순한 경제적인 상실의 의미를 넘어 우주 분야의 러시아 무기 무력화 효과를 목표로 하는 서방의 전략이 작동하고 있음을 뜻한다. 로스코스모스를 타격한 대러시아 민주주의 진영의 제재는 결국 러시아의 군용 위성 발사를 막는 것을 목표로 한다는 주장도 등장했다(Luzin, 2022). 러시아·우크라이나 전쟁에서 무인기 사용의 변수를 고려하여 통신 위성과 위성항법에 대한 필요성이 커졌기 때문이다.

2022년 러시아 우크라이나 침공 본격화에 이어서 군용 위성 발사는 2022년 이후 러시아에 매우 중요해졌다. 즉, 2014년 이후 연례에 2~3개의 군용 인공위성을 발사했던 러시아가 2022년에는 총 14개를 발사한 것으로 알려졌다. 이 중에는 GLONASS-K1 위성항법용 위성 2개, GLONASS-M 위성 1개, 전자 정보 수집 위성 Lotos-S1 2개, 관찰 위성 Cosmos 3개, 다양한 모델 ISR 위성 3개, 통신 위성 Meridian-M 1개, 조기 경보 위성 Tundra 1개 등이 있다. 하지만 민간 부문을 결여한 채로 오직 국영 로스코스모스 힘으로만 군용 위성 발사 빈도와 위성의 질 관리가 이루어지고 있어 이는 러시아에 부담이 되고 있다. 국영 GLONASS 위성항법과 러시아 국산 관찰 위성들이 때때로 비효율성을 드러내고 있기 때문이다. 이 점에서 러시아의 우주 전문가들은 뉴스페이스에 적응하지 못한 러시아 우주 역량의 군사적 한계점에 대해 비판점을 제시한다. 한편 러시아군이 중국 민간 부문 기업들의 위성 데이터를 활용하게 된 경우도 흔해졌다(Luzin, 2022). 이처럼 러시아·우크라이나 전쟁은 인공위성 작전을 중심으로 전개되었고 이는 이어서 설명할 우주의 탈지정학적 도래를 통해 드러났다.

2) 21세기 우주의 비판지정학과 탈지정학의 양상

비판지정학의 시각은 코펜하겐 학파의 안보화 이론에 기반을 두고 있다. 이는 비군사적 문제가 곧 안보화되어 군사적인 차원에서 국가안보, 국제안보에 영향을 끼칠 수 있다는 시각을 중심으로 한다. 이처럼 외교 갈등, 보건안보 문제, 악성 코드의 확산 등의 비군사적 변수가 곧 군사안보 맥락으로 옮겨질 수 있다는 것이다(윤정현, 2019: 31). 탈지정학의 개념화는 사이버 안보에 관한 연구에서 출발해 국경 없는 사이버 공간의 특성과 더불어 국가 행위자와 나란히 비국가·비인간 행위자들이 등장하는 양상 등을 고려한다(김상배, 2015).

먼저, 스타링크Starlink와 맥사Maxar Technologies 같은 우주 전문 기업들이 우크라이나군에 원조를 제공하게 되어 비국가적 행위자들이 우주 무기화에 적극적으로 참여했다. 맥사의 위성사진은 대부분의 국영 위성항법보다 훨씬 더 나은 고해상도 이미지와 영상을 제공하므로 러시아 군대 탈구 위치를 찾는 데 성공했으며 우크라이나군 순찰에 매우 도움이 되었다는 보도들이 많다. 유지비도 많이 들고 기능적으로도 쇠퇴한 GLONASS 위성항법 시스템과 홀로 남겨진 러시아군 관계자들은 결국 중국 위성 공급업체가 제공하는 모든 민간 기업 위성 이미지를 선택하기로 했다. 이처럼 룩셈부르크에 본사를 둔 중국 기업 스페이시티Spacety가 제공한 위성 이미지를 사용한 러시아 무장세력 바그너 그룹Wagner Group에 대한 뉴스 보도도 나온 바 있다. 이는 미국 정부가 스페이시티에 대한 경제체제를 도입하는 결과를 낳았다(Jones, 2023). 결국 빅테크 우주 기업들이 러시아·우크라이나 전쟁에서 중요한 행위자로 등장한 것을 확인할 수 있다.

이러한 사례를 보면 우주기술의 빅테크 등장은 비판지정학의 함의가 있으면서 탈지정학의 함의도 있다. 즉, 스타링크는 미국 기업이지만 미국 국가의 대외전략과 상관없이 우크라이나 지원을 시작할 수 있다는 관점에서 이 문제를 바라보면 이는 곧 비국가 행위자 등장의 탈지정학적 양상으로 이해될 수 있는 부분이다. 더 나아가 공식적인 미국 국가의 대외전략과 상관없이 스타링크가 우크라이나군에 대해 순간적으로 서비스를 중단할 수 있다는 점에서 군사안보의 의미 역시 크다.

우크라이나 스타링크 위성 지원에서 일론 머스크가 보인 입장 전환은 전쟁 시 성공적인 작전 지원에 있어 자국의 위성 항법 시스템 보유의 필요성을 증명한다. 즉, 일론 머스크는 2022년 우크라이나군이 크림반도에 있는 러시아 흑해 함대를 대상으로 준비하고 있는 공격을 방해하기 위해 크림반도 해안 근처의 스타링크 위성통신 네트워크를 중단한 바 있다. 앞서 그는 러시아의 우크라이나 침공이 발발하자 즉시 우크라이나에 통신을 위한 스타링크 위성과 휴대용 지상관제 시스템을 제공했으나 다시 정반대의 행보를 보인 것이다. 이에 따라 많은 우크라이나 정부 관계자와 일반 주민들은 머스크를 배신자라고 부르면서 트위터를 통해 비판의 날을 세웠다(Podrobnosti, 2023). 이에 대해 머스크는 자신이 제공한 위성통신이 우크라이나 방어를 위해 사용되는 것은 좋지만 러시아에 대한 공격용으로 사용되어서는 안 되며, 본인은 우크라이나 국민도 아니고 미국 국민으로서 배신한 것도 아니라고 변명했다. 더 나아가 미국 정부가 만약에 크림반도나 러시아 영토에 대한 우크라이나 공세에 동의했어도 이는 스타링크라는 기업 철학에 맞지 않으므로 미국 정부의 의사와 관련 없이 통신 중단을 할 수 있다고 강조했다(Media, 2023). 이 사건은 빅테크 등의 비국가 행위자가 한 국가의 군사 공세를 막은 역사상 최초 사례인 셈이고 현대 국제정치에 비국가 행위자들의 역할을 잘 보여 주는 사례이다. 이는 우크라이나 매체에서 국가 운영의 위성항법 시스템 개발에 찬성하는 논쟁을 불러일으켰고 우주 군사화 프로세스에서 드러난 비국가적 행위자들의 힘을 보여 줬다. 다시 말해, 이 사건은 우주 분야에 있어 비국가 행위자가 국가 행위자의 국가안보·군사 전략에 부정적인 영향을 미칠 수 있다는 신흥안보의 고찰을 잘 보여준다.

또한 최근에 우크라이나 전쟁에 있어 데이터 안보가 우주 안보 차원에서 많이 언급되었다. 현대인들의 생활 속에서 차량 내비게이션, 음식 배달 앱과 소개팅 앱 등에서 위성통신을 통해 개인의 휴대전화 데이터를 수집하고 보관하는 경우가 흔하다. 개인의 위치에 대한 이러한 위성 데이터의 사용은 러시아의 우크라이나 침공 시작 이후 우크라이나 국민을 타격하는 데에 활용된 경우가 있었다. 이에 따라 구글 맵 등의 기업들은 우크라이나 영토를 중심으로 군사와 민간의 이동에 대한 무단 데이터 수집을 막도록 조처했다(OECD, 2022). 2023년 1월 인공위성을 통해서 러시아군의 휴대전화 신호를 수집해 그의 위치에 정확한 미사일 공격을 가한 우크라이나 공격의 사례도 있다(AlJazeera, 2023). 이는 데이터 등의 비군사적 변수의 안보화와 비판지정학, 이에 대한 빅테크 등의 비국가적인 행위자들의 역할을 보여 주는 사례이다. 다시 말해, 우주의 비판지정학 및 탈지정학적 성격으로 인해 국가 행위자들이 비국가적 행위자들을 무시할 수 없는 시대가 도래한 것으로 볼 수 있다.

5. 결론

냉전기를 비롯하여 우주 영역이 장거리 미사일과 핵무기 배치를 위한 공간으로 인식된 역사는 길다. 미국과 소련 군비경쟁 시대를 배경으로 핵-우주 연계의 시각에서 바라본 우주는 전통안보의 영역에 해당하는 강대국 간 군사경쟁의 영역이었다. 다시 말해, 20세기 내에 벌어지고 있던 미국과 소련 내부 우주 국방조직의 창설과 운영, 우주 무기 개발 등은 고전지정학 맥락에서의 전통지정학 게임의 양상이었다. 이는 20세기 초반에 발전된 지정학에 기반을 둔 논리에 따라 이뤄졌다.

하지만 이러한 우주의 고전지정학 게임이 소련 해체와 냉전의 종식에 따라 쇠퇴하게 되었다. 1990년대의 미국과 구소련 러시아 연방 간에 이루어진 우주 분야의 경제 협력은 우주의 비지정학적 변화를 의미했다. 1990년대 중반 러시아 우주 국방조직의 부활, 러시아와 미국 사이에 국제우주발사서비스 등의 국제 민간 협력 기업의 설립, 국제우주정거장의 건설 등은 상호 의존성과 상호적 경제 발전을 위한 노력이었다. 이는 우주의 고전지정학적 게임이 막을 내림을 의미했다. 다시 말해 우주 1.0에 해당하는 올드스페이스의 소멸과 우주 2.0인 뉴스페이스의 등장이었다. 1990년대 후반의 인공위성 인터넷 도입은 우주-통신, 우주-사이버 연계에 길을 열어 우주의 탈지정학적 도래의 시발점이 되었다. 따라서 1990년대는 사실상 복합지정학적 공간으로서 우주가 탄생한 시기로 바라봐도 무방하다.

하지만 2000년대에 접어들면서 러시아 푸틴 대통령의 권위주의가 강화하고 공세적인 대외전략이 추진되면서 미국·러시아 사이에 비지정학적 우주 협력은 쇠퇴의 길을 걷게 되었다. 2008년에 국제우주발사서비스 등의 양국 소속 민간 기업의 완전한 러시아 귀속화와 양국 간 우주 분야 경제 협력 쇠퇴, 더 나아가 2014년 우크라이나 사태 발발 이후 서방 진영이 도입한 대러시아 제재가 러시아 우주 부문에 큰 타격을 줬고 러시아 뉴스페이스 발전에 걸림돌이 되었다. 이 시기를 기점으로 러시아 정부는 우주 부문의 군사화를 강화하여 2015년에 새로 등장한 러시아 항공우주군이 시리아 전쟁을 통해서 참전의 경험을 얻게 되었고 DA-SAT 등의 우주 무기에 몰입했다. 이는 다시 냉전 시대와 유사한 우주 무기화 시대를 여는 계기가 되었다. 하지만 2022년 러시아의 우크라이나 침공에서 볼 수 있는 것처럼, 인공위성에 대한 사이버 공격과 같은 우주-사이버 연계, 위성 신호를 통해 민간인과 군인 이동을 추적할 수 있게 하는 우주-데이터 연계, 더 나아가 중국 스페이시티, 미국 스타링크 등 비국가 행위자들의 군사적 기여 등이 기존의 우주 무기화를 비판지정학, 탈지정학의 패러다임으로 이동하게 만든다. 이 점에서 2000년대부터 가속화된 우주 무기화는 복합지정학 시각으로 바라볼 때 가장 명확히 이해될 수 있을 것이다.

국문 문헌

김상배. 2015.「사이버 안보의 복합지정학」. ≪국제·지역연구≫, 24(3).

발렌테이, 세르게이 외. 2022.「러시아의 우주산업 발전 동향과 국제협력 전망」. 대외경제정책연구원 보고서.

쉬만스카, 알리나. 2019.「러시아의 우주 전략: 우주 프로그램의 핵심 과제와 우주 분야 국제 협력의 주요 현안에 대한 입장」. ≪국제정치논총≫, 59(4).

쉬만스카, 알리나. 2020.「미·러 우주 항법체계 경쟁에 대한 러시아의 대응: 복합지정학의 시각으로」.『세계지역연구논총≫, 38(4).

윤정현. 2019. 「신흥안보 거버넌스」. 서울대학교 대학원 박사학위논문.
최성환. 2022. 「러시아-우크라이나 전쟁(러시아의 우크라이나 침공)의 우주전 분석 및 양상 그리고 우주기술 개발 시 고려사항」. ≪우주기술과 응용≫, 2(2).

영문 문헌

Aliberti, Marco and Ksenia Lisitsyna. 2018. *Russia's Posture in Space: Prospects for Europe*. Springer.
AlJazeera. 2023. "Russia now says 89 killed in Ukraine attack, blames mobile phones." January 4, https://www.aljazeera.com/news/2023/1/4/russia-now-says-89-killed-in-ukraine-attack-blames-mobile-phones (검색일: 2025.5.15.)
Baker, James. 2002. "Russia in NATO?" *The Washington Quarterly*, 25(1).
Barry, William. 2006. "Russian Space Policy Update." *Space and Defense*, 1(1). September.
Bizzilli, P. 1930. "Geopolitical Conditions of the Evolution of Russian Nationality." *The Journal of Modern History*, 2(1).
Blanc, Alexis et. al. 2022. *Chinese and Russian Perceptions of and Responses to US Military Activities in the Space Domain*. RAND.
Chabert, Valentina. 2023. "The Outer-Space Dimension of the Ukraine Conflict: Toward a new paradigm for orbits as a war domain?" *Journal of International Affairs*, 75(2).
Dalby, Simon. 1990. *Creating the Second Cold War: The Discourse of Politics*. New York: Guilford.
Defense Intelligence Agency. 1984. "Soviet Military Space Doctrine."
Duffield, John. 1994. "NATO's Functions after the Cold War." *Political Science Quarterly*, 109(5).
Felkay, Andrew. 2002. *Yeltsin's Russia and the West*. Bloomsbury Publishing.
Gilligan, Emma. 2010. *Terror in Chechnya Russia and the Tragedy of Civilians in War*. Princeton University Press.
Ikenberry, John. 2014. "The illusion of geopolitics: The enduring power of the liberal order." *Foreign Affairs*, 93(80).
ILS (n.d.). https://www.ilslaunch.com/launch-archives/ (검색일: 2025.5.14.)
Jones, Andrew. 2023. "U.S. sanctions Chinese satellite firm for allegedly supplying SAR imagery to Russia's Wagner Group." *Space News*. February 27. https://spacenews.com/u-s-sanctions-chinese-satellite-firm-for-allegedly-supplying-sar-imagery-to-russias-wagner-group/ (검색일: 2025.5.15.)
Kaplan, Robert D. 2010. "The Geography of Chinese Power: How Far Can Beijing Reach on Land and at Sea?" *Foreign Affairs*, 89(3).
Khalilzad, Z., D. Ochmanek, and J. Shapiro. 2002. "Forces for What?: Geopolitical Context and

Air Force Capabilities," in Z. Khalilzad and J. Shapiro(eds.), *Strategic Appraisal: United States Air and Space Power in the 21st Century*. RAND Corporation.

Kuus, Merje. 2017. "Critical Geopolitics." *Oxford Research Encyclopedia*. https://oxfordre.com/internationalstudies/display/10.1093/acrefore/9780190846626.001.0001/acrefore-9780190846626-e-137 (검색일: 2024.5.14.)

Lardier, Christian and Stephan Barensky. 2018. *The Proton Launcher: History and Developments*. Wiley.

Lash, Alex. 1999. "Sattelite Access Comes to Earth," *CNN*. http://edition.cnn.com/TECH/computing/9902/02/satellite.idg/ (검색일: 2025.5.14.)

Lewis, David. 2020. *Russia's New Authoritarianism: Putin and the Politics of Order*. Edinburgh University Press.

Logsdon, John and James R. Millar. 2001. "US-Russian cooperation in human spaceflight: assessing the impacts." *Space Policy*, 17(3).

Luzin, Pavel. 2022. "Russia's space program in wartime and beyond." *Eurasia Daily Monitor*. December 15.

Mahan, Alfred. 1914. *The influence of sea power upon history, 1660-1783*. Massachusetts: Little, Brown, and Company.

Mahan, Alfred. 1900. *The problem of Asia and its effect upon international policies*. Massachusetts: Little, Brown and company.

Mead, Walter. 2014. "The Return of Geopolitics: The Revenge of the Revisionist Powers." *Foreign Affairs*, 93(3).

Mowthorpe, Mathew. 2001. "The United States Approach to Military Space During the Cold War." *Air and Space Power Chronicles*, 8(2).

NASA. 2023. "The National Advisory Committee for Aeronautics." May 11 update. https://www.nasa.gov/reference/the-national-advisory-committee-for-aeronautics/ (검색일: 2024.4.10.)

Ó Tuathail, Gearóid and John Agnew. 1990. "Geopolitics and discourse: practical geopolitical reasoning in American foreign policy." *Political geography* 11(2).

Oberg, Jim. 1999. *Space Power Theory*. US Air Force Academy.

OECD. 2022. *A New Landscape for Space Applications: Illustrations from Russia's War of Aggression Against Ukraine*.

Pike, John. 2002. "The military uses of outer space." in *SIPRI Yearbook 2002: Armaments, Disarmament and International Security: Armaments, Disarmaments and International Security* (Stockholder International Peace Research Institute).

Politkovskaya, Anna. 2011. *Is Journalism worth Dying For: Final Dispatches*. Melville House.

Space for Diplomacy: The Clinton's Administration Relationship with NASA.(n.d.). https://clinton.presidentiallibraries.us/exhibits/show/space4diplomacy/space4diplomacy-partnering (검색일: 2025.5.15.)

Sprout, Harold and Margaret Sprout. 1966. *The Rise of American Naval Power, 1776-1918.* Princeton University Press.

U.S. Space Command. 2021. "Russian direct-ascent anti-satellite missile test creates significant, long-lasting space debris." November 15. https://www.spacecom.mil/Newsroom/News/Article-Display/Article/2842957/russian-direct-ascent-anti-satellite-missile-test-creates-significant-long-last/ (검색일: 2025.5.15.)

Unterberger, Betty Miller. 1995. "Review of *Power Politics and Statecraft: The World According to Kissinger*, by Henry Kissinger." *Reviews in American History*, 23(4).

van Brugen, Isabel. 2024. "Russia's Space Agency Forced to Sell Off Assets as Sanctions Take Toll." *Newsweek*. February 28. https://www.newsweek.com/roscosmos-russia-space-agency-sell-assets-sanctions-1874100 (검색일: 2025.5.14.)

Vidal, Florian and Roman Privalov. 2023. "Russia in Outer Space: A Shrinking Space Power in the Era of Global Change." *Space Policy*.

War and Sanctions, "Russian Airspace Forces"(n.d.) https://sanctions.nazk.gov.ua/en/sanction-company/7088/ (검색일: 2025.5.14.)

Zaborskiy, Victor. 2006. "Space Engagement with Russia and Ukraine: Preventing Conflicts and Proliferation." *Astropolitics*, 4(2).

러시아어 문헌

AEX.RU. 2016. "Сергей Шойгу: Более 80% летного состава ВКС России получили боевой опыт в Сирии." December 22. https://www.aex.ru/news/2016/12/22/163937/ (검색일: 2025.5.15.)

Мещеряков, Сергей, Максут Кайралапов & Алексей Сиников. 2021. "ВОЗДУШНО-КОСМИЧЕСКИЕ СИЛЫ В СТРАТЕГИЧЕСКОМ СДЕРЖИВАНИИ: НЕОБХОДИМОСТЬ И ДОСТАТОЧНОСТЬ." *Военная мысль* 11.

РИА Новости. 2020. "*Космические войска ВС РФ: история создания и задачи. Справка.*" February 29), https://ria.ru/20081004/151863301.html (검색일: 2025.5.14.)

Романов, Алексей, Сергей Черкас. 2020. "ПЕРСПЕКТИВЫ РАЗВИТИЯ КОСМИЧЕСКИХ ВОЙСК РОССИЙСКОЙ ФЕДЕРАЦИИ В УСЛОВИЯХ СОВРЕМЕННЫХ ТЕНДЕНЦИЙ ВОЕННО-КОСМИЧЕСКОЙ ДЕЯТЕЛЬНОСТИ." *Военная мысль* 9.

Указ Президента Поссийской Федерации Об обеспечении сроительства и развития Вооруженных Сил Российской Федерации, совершенствовании их структуры. 2001. https://web.archive.org/web/20180517153245/http://www.szrf.ru/szrf/doc.phtml?nb=100&issid=1002001014000&docid=151 (검색일: 2025.5.13.)

우크라이나어 문헌

Detector Media. 2023. "Самі ви зрадники! Маск відповів тим, хто звинуватив його у зраді через вимкнення starlink для українських військових." September 11. https://detector.media infospace/article/216709/2023-09-11-sami-vy-zradnyky-mask-vidpoviv-tym-khto-zvynuvatyv-yogo-u-zradi-cherez-vymknennya-starlink-dlya-ukrainskykh-viyskovykh/ (검색일: 2025.5.15.)

Podrobnosti. 2023. "Ілона Маска звинуватили у державній зраді: мільярдер жорстко відповів." September 11. https://podrobnosti.ua/2480851-lona-maska-zvinuvatili-u-derzhavnj-zrad-mljarder-zhorstko-vdpovv.html (검색일: 2025.5.15.)

제2부

뉴스페이스의 부상

5 우주의 상업화와 뉴스페이스

미중경쟁의 맥락

홍건식 | 국가안보전략연구원

1. 서론

달을 향한 경쟁이 첨예하다. 냉전기 미국은 아폴로 프로그램Apollo Program을 통해 달에 도달할 수 있었다. 그러나 지난 50여 년간, 달에 도달한 미국의 우주 비행사는 전무하다. 반면 중국은 2007년과 2010년 달 궤도선을 쏘아 올린 이후, 2013년에 무인 탐사선 '창어嫦娥 3호'를 달에 착륙 시켰다. 2024년 2월에는 미국 우주 기업 인튜이티브 머신스Intuitive Machines Inc의 무인 달 탐사선 '오디세우스Nova-C'가 달 착륙에 성공하며, 민간이 우주개발을 주도하는 뉴스페이스New Space 시대의 또 다른 장을 열었다. 한편 우리나라는 2022년 8월 한국 최초의 달 궤도선인 다누리를 발사해 세계 일곱 번째로 달 탐사국 지위에 올랐다.

'뉴스페이스'에 대한 명확한 정의는 없지만, 민간 주도의 우주개발, 혁신적인 우주 상품이나 서비스를 통한 이익 추구를 목표로 하는 글로벌 민간 산업, 또는 인간의 거주 영역을 우주로 확장하기 위해 경제 활동을 하는 인력, 사업 조직 등을 총칭한다. 결국 기존 국가 또는 정부 중심의 우주개발에서, 정부가 민간 우주 기업의 상품과 서비스를 구매하는 우주개발 방식으로의 변화를 의미한다. 미 항공우주국NASA은 유인 수송개발을 위해 오비탈 사이언스 Orbital Sciences Corporation, 오비탈 ATKOrbital ATK, 스페이스XSpace X와 같은 신생 우주 기업에 투자 했으며, 스페이스X사의 재사용 로켓 팰컨9Falcon9을 활용해 우주개발을 진행했다. 결국 뉴스페이스는 우주개발의 상업화와 민간 참여의 확대를 넘어 우주산업 생태계 전반의 변화를 뜻한다(안형준 외, 2019).

트럼프 행정부 이후 미중 통상 갈등은 이슈와 이슈, 지역과 국제 등 전 영역에서 충돌 양상을 보인다. 공간적 차원에서 미중 경쟁은 기술의 안보화, 안보 문제의 다층화와 복합화를 만들며 다차원적 복합 게임을 만들고 있다(김상배 외, 2011: 1~6; 김상배, 2012; 민병원, 2006; 이승주, 2019). 탈경계를 특징으로 하는 우주공간에서도 미중 전략 경쟁은 심화하고 있으며, 이제는 우주도 안보 갈등의 공간으로 급속히 전환하고 있다. 무엇보다도 미국과 중국이 추진하고 있는 우주산업의 상업화는 우주산업 분야의 패권력과 기술 주권 확보를 위한 경쟁에서 안보 경쟁으로 이어지고 있다. 탈냉전 이후 미국의 우주공간에 대한 리더십 약화 그리고 우주공간의 상업화는 국가 이외의 비국가 행위자가 우주산업에 참여할 수 있는 공간을 만들어냈다. 특히 4차 산업혁명 이후 신기술을 접목한 민간 영역의 우주 서비스 제공은 우주산업의 확대를 만들어내고 있다.

미국과 중국은 우주 자산의 이중사용 용도 특성에 대한 이해를 바탕으로 타국의 우주력 향상이 군사적으로 전용될 수 있다고 우려하고 있으며 이를 위협으로 인식한다. 양국은 상업 우주 발사체 수요에 맞게 고객에게 필요한 구성을 제공하고 있으며, 발사 비용을 낮추기 위해 기술 개발도 지속하고 있다. 이는 한편으로 우주기술에 대한 군사와 민간의 경계를 모호하게 한다. 실제로 중국은 2019년에는 해상에서 발사체 발사를 성공시키며 미국, 러시아에 이어 세 번째로 해상에서 우주 발사를 성공시킨 국가가 되었다(Mingmei, 2019). 결국 미국과 중국의 우주산업의 상업화 전략은 경쟁으로 나타나고 있으며, 향후 안보 문제로 확대될 가능성이 상존한다.

우주산업의 발전과 상업화를 설명하는 기존 연구는 다양하다. 상업 우주 시대의 특성에 대한 논의(Weinzierl and Sarang, 2021; Thomas et al., 2024), 미국과 중국의 우주 상업화 연구(Odom, 2019; Ahlers, 2018; Zenglein and Holzmann, 2019; Pollpeter et al., 2015; 李浙, 2024) 등이 있으며, 뉴스페이스 시대 스타트업에 대한 연구(박준우, 2018), 중국의 '우주 굴기'에 대한 정치 경제적 해석(이승주, 2021) 그리고 미국의 우주산업화 정책과 공공-민간 파트너십에 대한 연구(최남미, 2023: 42~50) 등이 있다. 그러나 기존 연구는 상업 우주 시대에 대한 정의와 설명 그리고 개별 국가를 사례로 하는 연구에 초점을 두고 있어 미중 전략 경쟁 이후 우주공간을 둘러싼 미국과 중국의 우주 상업화와 안보 경쟁에 대한 설명은 제한적이다.

이 연구는 우주의 상업화와 뉴스페이스를 미중경쟁 맥락에서 분석하고 저궤도 위성 구축 경쟁과 달 탐사·개발 경쟁에 대한 사례 분석으로 이들의 경쟁 양상을 확인한다. 뉴스페이스 시대 우주공간을 둘러싼 미중 글로벌 패권 경쟁 분석은 향후 한국의 우주산업 전략 방향성 도출에도 도움을 줄 수 있다. 2절에서는 뉴스페이스 시대 도래에 영향을 미친 우주공간의 다극화와 상업화를 확인한다. 3절에서는 미중 우주 전략과 상업화, 4절에서는 우주공간의 상업화에 따른 미중 경쟁을 저궤도 위성 체계 경쟁과 달 탐사·개발 사례를 통해 확인하고 결론을 통해 한국의 우주 전략에 주는 함의를 도출한다.

2. 탈냉전 이후 우주공간의 복합화

1) 우주공간의 다극화

우주공간은 비경계를 기반으로 하는 무정부적 공간이다. 냉전기 미국과 소련의 체제경쟁은 우주로 이어졌으며, 군사적 목적에 기반했다. 우주공간은 지구에서와 같이 미국과 소련이라는 두 체제에 의해 양극화되었으며, 우주개발 프로그램도 국가에 전적으로 의존했다. 21세기에 들어 미국의 우주개발에 대한 관심 약화와 우주개발 동력 상실로 미국의 우주 리더십은 점차 약화되는 반면에, 반사이익으로 중국과 러시아가 상대적 이익을 얻으며, 우주공간의 다극화는 시작되었다.

2000년 초반 9·11 테러, 미국의 컬럼비아호 우주 왕복선 참사 그리고 우주개발을 위한 투자 축소로 미국의 우주 리더십은 약화되었다. 2003년 전 세계가 모두 시청하는 가운데 우주왕복선 컬럼비아호가 대기권 재진입에 실패하며, 탑승했던 모든 우주비행사가 사망하는 사고가 발생했다. 사고 직후 당시 부시George W. Bush 대통령은 "오늘은 비극의 날이지만, 앞으로도 우주 계발은 계속된다"(Bush, 2003)고 발표하며 우주개발의 지속성을 강조했다. 그럼에도 불구하고 미국의 우주개발 동력 중 하나였던 국민의 우주개발에 대한 관심은 낮아졌으며, 부시 행정부도 아프가니스탄전과 이라크 전쟁으로 인한 재정적 한계로, 우주개발 프로그램은 점차 축소되었다. 부시 행정부의 우주개발 프로그램에 대한 국민적 지지 감소와 재정적 한계는 우주개발 정책에도 변화를 주었다. 2004년 부시 대통령은 '우주 탐사 프로그램에 대한 새로운 비전New Vision for Space Exploration Program'을 발표하며(NASA, 2004), 기존 미국의 독자적인 우주 왕복선 중심의 우주개발보다 국제 파트너십을 바탕으로 하는 국제 우주 정거장 완성을 전략으로 내세웠다. 이와 함께 우주개발의 방점도 기존 화성에서 달로 전환하며 우주개발의 유연성을 높이는 시도를 했다.

오바마Barack Hussein Obama 행정부는 미국의 우주 자산에 대한 위협 증가를 반영한 새로운 우주 전략을 제시했다. 오바마 행정부는 국가우주정책National Space Policy(2010)과 국가안보우주전략National Security Space Strategy(2011)을 공표했으며, 동맹국과 작전 협력 강화 그리고 우주 협력의 국제화를 추진했다. 특히 오바마 행정부는 국가우주방위센터National Space Defense Center의 전신인 연합우주작전센터Joint Interagency Combined Space Operations Center: JICSPOC를 통해 동맹국 및 상업 부문과 우주 협력의 운영을 추진했다. 2016년에는 미국 내외 50개 이상의 기업 및 상업 기관과 우주 상황 인식 공유 협정도 체결했다(Rose, 2016). 결국 오바마 행정부의 정책 목표는 우주산업의 비용은 낮추면서도 효과는 높이는 전략을 추진했으며, 무엇보다도 상업적 신생 기업의 혁신을 군사 영역으로 채택하고자 했다(Moltz, 2019). 그러나 상업적 기술이 실질적으로 안보 이익을 가져다주지 못하고 JICSPOC도 그 역할에서 한계를 보였지만, 우주 영역 중 상업적인 부분은 꾸준히 성장하는 모습을 보였다.

이 시기 중국과 러시아의 우주개발은 성장세를 보였다. 러시아의 군사적 취약성과 우주에 대한 강점을 인식한 블라디미르 푸틴Vladimir Vladimirovich Putin 대통령은 2000년을 전후로 우주 프로그램을 재구성하기 시작했다. 러시아는 GLONASS 범지구위치결정시스템GPS과 플레세츠크Plesetsk의 군사 발사 장소를 업그레이드 했으며, 저지구궤도LEO의 군사 통신위성을 지상에서 요격하는 누돌Nudol 시스템 실험을 시작했다(Weeden and Samson, 2018). 푸틴 대통령은 석유와 가스 회사들의 수입을 바탕으로 민간 우주 예산도 복원하면서, 우주산업 혁신의 기반을 다졌다. 드미트리 메드베데프Dmitry Medvedev 대통령 시기에는 모스크바 근처 스콜코보 혁신 센터Skolkovo Innovation Center를 만들어 발사 부품 부문 등에서 스타트업 우주 기업을 육성했지만 반대로 국영 부문의 성과는 미미했다(McClintock, 2017). 그럼에도 불구하고 2014년 로코스모스의 연간 예산은 42억 달러에 달했으며, 35번의 발사에 성공했다(Zak and Oberg, 2015). 그러나 러시아 내의 만연한 부패, 크림 반도 및 우크라이나 동부 개입에 따른 서방의 제재, 국부의 핵심 축을 담당한 석유 및 가스 수입 감소 등은 러시아의 우주력을 회복하기 위한 노력을 어렵게 했다. 그러한 가운데 푸틴 대통령은 우주산업 내 팽배한 부패를 줄이기 위해 우주 상업화를 추진했으며, 조직 차원에서도 통합된 우주산업 운영을 목적으로 기존의 우주국을 완전히 폐지하고 동명의 "국가 우주 공사 로스코스모스"를 설립했다. 그럼에도 불구하고 로스코스모스는 상업적 단위가 아닌 국영 기업에 훨씬 더 가까웠으며, 2017년 11월 발사 실패 그리고 러시아-우크라이나 전쟁 이후 글로벌 제재로 우주개발에 대한 추진 동력은 더욱 약화되었다(Moltz, 2019).

중국의 우주 전략은 국가 주도로 투자되었으며, 2000년대 초부터 점차 결실을 맺기 시작했다. 중국 공산당은 기술 집약적인 우주기술의 스핀 오프spin-off 효과를 통해 중국의 산업 발전을 꾀했으며, 우주 임무 성공으로 중국 공산당에 대한 대중적 지지를 모으고자 했다(Moltz, 2019). 후진타오胡锦涛 시기인 2003년에는 중국 최초의 유인 우주선 선조우神舟飛船 5호를 성공적으로 발사했으며, 동시에 달 탐사 프로젝트 '창어 계획嫦娥工程'을 가동했다. 이와 함께 2000년까지 27개의 외국 위성을 실어 날았으며 우주선 발사도 21번이나 연속해 성공했다. 이 같은 결과에 힘입어 중국은 책임 있는 우주 참여자 역할을 통한 국제적인 우주 리더로서의 역할을 모색했다. 중국은 우주 무기화를 막기 위한 UN 계획을 러시아와 공동 후원하는 한편, 유럽 우주국을 모델로 하는 아시아 태평양 우주 협력 기구APSCO를 설립했다. 그러나 중국의 군사 주도 우주 프로그램의 일면도는 2007년 중국이 위성 요격무기 발사시험으로 나타났다. 중국은 이후 공격적인 군사우주 능력 개발 의지를 내비쳤으며 기존 서구 체제에 대한 강력한 우주 경쟁자로 부상했다. 이와 함께 중국은 자체 위성항법 시스템인 베이더우BeiDou를 개발해 중국 내 기업 및 외국에게 유리한 조건을 제공하며, 이를 활용하도록 했다. 중국은 발사체 부문에도 서비스를 제공하며 상업적 영역을 확대하고 있지만, 중국의 우주 협력은 경제보다 정치에 기초하고 있다는 점도 특징이다.

2) 우주공간의 상업화

'뉴스페이스'란 "혁신적인 우주 상품이나 서비스를 통한 이익 추구를 목표로 하는 글로벌 민간 산업Newspace Global"을 의미한다. 이와 함께 "인간의 거주 영역을 우주로 확장하기 위해 경제 활동을 하는 인력, 사업 조직 등을 총칭Space Frontier Foundation"하거나 "국가나 거대 글로벌 기업 중심의 전통적인 우주개발 방식에 도전하는 운동이나 철학”(Berger, 2016)을 의미한다. 그럼에도 글로벌 우주산업 생태계의 혁명이라 할 수 있는 ‘뉴스페이스’에 대한 통용된 정의는 부재하다(안형준 외, 2019: 9). 냉전의 종식과 구소련의 해체 이후 정부 지원과 관계없이 우주개발의 상업적 활동을 뜻하는 “alt.Space alternative way of space dvelopment”라는 용어(Kerolle, 2015)가 쓰이기 시작했다.

뉴스페이스 현상의 배경에는 미국의 우주 리더십 약화로 기존 군 또는 기술 관료 주도의 우주개발에서 민간 중심 우주개발로의 전환과 우주공간에 대한 다양한 행위자 참여 그리고 우주공간의 상업화와 관련이 있다. 기존 우주개발은 국가 주도로 진행되었으며, 그 주체도 정부 또는 정부가 투입하는 자금으로 진행되었다. 그러나 우주공간의 다극화와 상업화로 대두된 뉴스페이스 시대에는 다수의 중소기업을 비롯해 벤처 및 스타트업들이 우주개발에 참여했으며, 투자 자금도 민간 자본을 기반으로 활발하게 이루어졌다. 2022년 세계 우주산업 규모는 2021년 대비 2%(65억 달러) 성장한 3840억 달러(약 480조 원)였다(조수연, 2023). 이 중 정부 예산 등을 제외하면 전 세계 위성 및 관련 산업 규모는 2810억 달러(약 387조 원)로 이는 전체 우주산업의 73%를 차지하는 수준이다. 향후 우주 산업 규모는 2030년 5900억 달러(약 735조 원), 2040년 1조 100억 달러(약 1370조 원)로 성장할 것으로 예측된다(Stanley, 2020).

뉴스페이스 등장의 동인 중 하나는 발사체 분야에서 기술 혁신을 통한 우주 발사 비용의 감소에 있다(안형준 외, 2019). 기존 우주산업 진입 장벽 중 하나는 높은 우주 발사 비용에 있었다. 그러나 우주산업에 민간 기업이 참여한 이후 ‘로켓 재사용’ 기술이 활용되며 우주 운송 비용은 점차 낮아졌다(Korus, 2016). 2002년 설립된 스페이스X는 기술 혁신을 거듭해, 팰컨Falcon 로켓 시리즈와 화물 유인 우주선 드래곤Dragon을 상용화했으며, 최근에는 다목적 초대형 우주 발사체 스타십Starship을 개발 중에 있다. 한편 인터넷 쇼핑몰 아마존Amazon의 설립자 제프 베조스Jeff Bezos가 설립한 우주개발 업체 블루오리진Blue Origin은 민간 우주여행을 목적으로 재사용 발사체 뉴 셰퍼드New Shepard를 100Km까지 상승

그림 5-1 연도별 발사체 발사 횟수 추이(2018~2022) (단위: 회)

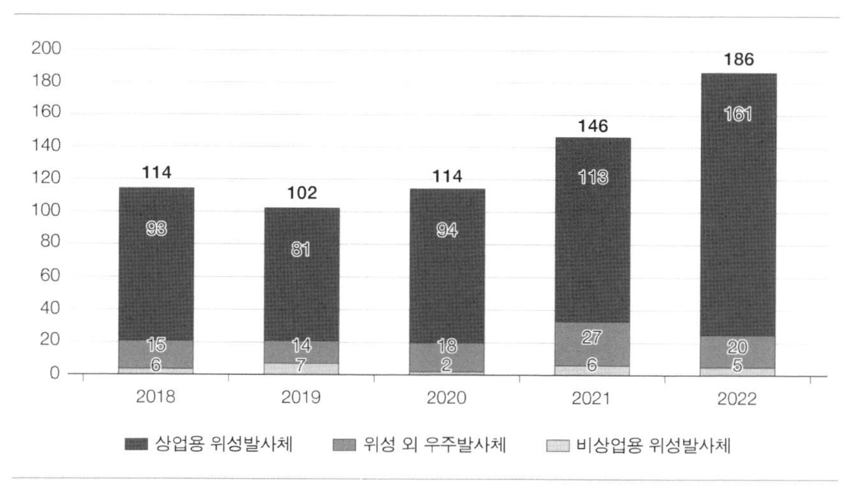

* 위성 외 우주발사체: 국제우주정거장(ISS)으로의 물자 또는 인원 수송 및 기타 우주발사체.
자료: 과학기술정보통신부·한국우주기술진흥협회(2023), 재인용.

시켜 준궤도에 도달 후 재착륙에 성공했다.

소형위성 발사 수요 증가와 함께 중량당 발사 비용이 감소하면서, 지난 10년간 매년 발사체에 실려 우주공간으로 발사된 위성의 총량은 2.6배 증가했으며, 위성 수도 12배 증가했다. 이와 더불어 민간 제작 위성의 등장으로 위성 소비자는 다양한 선택권을 가질 수 있었으며, 재사용 발사체의 활용을 보다 쉽게 했다. **그림 5-1**과 같이 2022년 한 해 동안 발사된 전 세계 발사 횟수는 186회로 전년 대비 27.4% 증가했으며, 상업 목적의 발사는 161회로 전년 대비 48회 증가했다.

발사체 기술 혁신과 함께 초소형 위성 개발 비용이 낮아지는 가운데 관련 위성의 수요 증가도 뉴스페이스 확대의 동인이 되고 있다. **그림 5-2**와 같이 2022년 전 세계에서 발사된 위성의 수는 총 2510기로 나타났으며, 이는 2021년 대비 661(35.7%)기 증가한 수이다. 이러한 위성 발사의 급속한 증가세는 민간에

그림 5-2 연도별 위성체 제작 대수(2018~2022) (단위: 기)

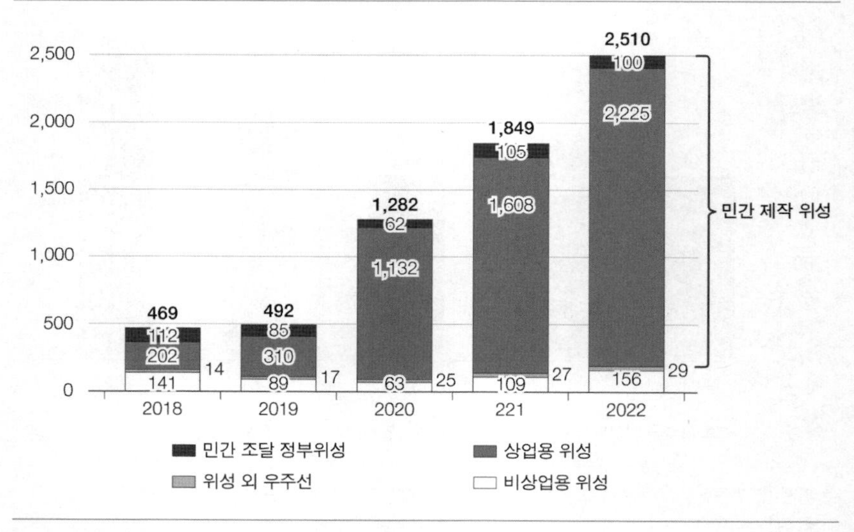

자료: 과학기술정보통신부·한국우주기술진흥협회(2023), 재인용.

의한 상업용 위성의 개발 활성화에 있다. 기존 대형 위성은 무게와 부피 문제로 규모의 경제를 확보하기 어려웠으며, 장기간 개발 기간 소요로 높은 발사 비용이 문제가 되었다. 그러나 소형위성은 두 개 이상의 위성을 한 번에 발사해 위성 발사 비용을 낮출 수 있었으며, 위성 제작 단가가 낮아지며 소형군집 위성Constellation satellite이라는 새로운 서비스 플랫폼을 제공하게 되었다. 더 나아가 4차 산업혁명의 핵심 기술이라 할 수 있는 인공지능AI, 클라우드Cloud, 빅데이터Big Data, 사물인터넷IoT 등과의 기술 융합으로 새로운 우주 비즈니스 모델을 만들어내며 민간의 활용 가치는 높아지고 있다. 신기술을 기반으로 하는 기술 융합은 하드웨어 중심의 발사체와 위성체 제작에서 소프트웨어 중심 산업으로 변화할 것으로 예측되고 있다(윤용식·민경주, 2016). 이와 관련해 2022년 발사된 위성의 88.6%에 해당하는 2325기가 민간 영역에서 제작된 위성이며, 이는 전년 대비 612기가 증가한 수치이다. 한편 국가별로는 미국이 87%로 가장 많은 위성을 발사했으며, 중국이 두 번째로 많은 위성을 쏘아 올렸다.

결국 스페이스 시대 우주의 상업화란 기존 중앙집권적이고 정부 주도적인 우주 프로그램이 점차 민간 영역으로 확장해 나가는 과정을 의미한다. 그러나 이는 단순히 우주산업 영역에 대한 민간 영역의 참여를 의미하지 않는다. 과거 정부 주도적인 우주 프로그램은 국가안보, 기초 과학 및 국격과 같은 공적 이익에 부합하는 우주활동이었다. 그러한 반면 뉴스페이스 시대의 우주 상업화는 국가 이익보다는 우주산업에 대한 위험성을 고려한 그리고 자신의 개인적 이익을 추구함과 동시에 수요자의 니즈needs를 공급하는 것이 특징이다 (Weinzierl and Sarang, 2021). 결국 뉴스페이스 우주의 상업화는 높은 위험성에도 불구하고 민간 자본의 활용과 수요자의 니즈, 그리고 우주 환경 변화에 발맞춰 빠르게 변화하는 민간 영역의 참여라 할 수 있다.

3. 미중 전략 경쟁과 우주 상업화 전략

1) 미국의 우주 전략과 상업화

미국의 우주 상업화는 탈냉전 이후 NASA를 중심으로 우주 상용화를 지원하는 역할에 방점이 있었다. 우주산업에 대한 NASA의 역할은 국제우주정거장의 설립에 초점을 두었으며, 2003년 컬럼비아 우주 왕복선 사고로 민간 기업의 참여는 더욱 확대되었다. 1998년 미 의회는 상업우주법Commercial Space Act을 제정해 국제우주정거장의 건설 목적이 우주의 경제 개발임을 밝히며, 상용발사 서비스 개발을 독려하는 한편, 국제우주정거장에서 진행하는 할당 연구의 약 30%를 민간 기업이 사용하도록 했다. 이와 더불어 미국은 콜롬비아 우주왕복선 사고를 계기로 우주 왕복선을 퇴역시키는 한편, 국제우주정거장을 위한 실질적 운송 수단을 마련하도록 했다.

미국은 제도적으로는 2004년 '상용우주발사법 개정(안)'(Harvard University, 2001)을 마련했으며, 2005년 미국 의회는 NASA에 지구 저궤도, 달, 화성으로 유인 임무를 지원하는 상업화 개발을 지시했다. 2005년에는 상용궤도수송서비스Commercial Orbital Transportaion Service: COTS를 시작하면서, 첫 기업 파트너로 스페이스X사를 선정했으며, 2012년 민간 기업으로는 최초로 국제우주정거장에 화물을 성공적으로 운반했다. 특히 상용궤도수송서비스COTS 시작은 기존 발사체 분야에서 정부와 민간 기업의 역할과 계약관계에 변화를 만들어냈다. 기존에는 NASA가 발사체를 개발하고 운용했다면, 이제는 민간 기업이 발사체를 개발하고 소유했으며, NASA는 이들 기업의 발사 서비스를 구매하며 투자자, 기술 컨설턴트, 파트너의 역할을 수행했다. 이 시기 NASA는 정부 중심으로 운용되면서 저비용의 상용 운송을 목표했다. 그리고 NASA는 기업이 개발한 발사체를 구매해 운용하기보다, 기업이 운용하는 발사 서비스를 구매해 이용했다(최남미, 2023). 특히 COTS 프로그램으로 발사체 소요 비용도 기존 17억~40달러에서, 3.9억 달러 정도로 절감되었으며, 저궤도의 운송은 민간 기업에 맡기고 NASA는 심우주로 갈 수 있는 차세대 우주 발사체와 우주선 개발에 집중했다(NASA, 2010). 이와 함께 NASA는 민간 기업의 역량을 키우기 위해 '국제우주정거장의 상업수송서비스CRS', '상업승무원개발프로그램CCDev', '상업승무원프로그램CCP, '달 화물수송 및 연착륙Lunar Catalyst과 상업탑재체서비스CLPS, 그리고 탐사 파트너십을 위한 차기 기술NextSTEP 등의 공공-민간 파트너십 프로그램을 활성화했다(최남미, 2023).

트럼프 행정부는 일곱 차례에 걸친 '우주정책지침Space Policy Directive: SPD을 발표하며 상업적 우주활동 강화를 지속 추진했다. 지구저궤도 운송, 지구저궤도 우주정거장 등 NASA의 우주활동 영역이 민간 활동의 영역으로 변화하며 NASA와 민간 기업의 관계도 변화했다. 2019년 국가우주위원회는 NASA의 역할 중 저궤도 유·무인 우주탐사 활동과 달 무인탐사는 민간 기업이 주도적으로 수행하도록 하고 SLSSpace Launch System 발사체와 오리온 우주선, 게이트웨이 우주정거장으로의 유인 수송은 NASA가 담당하게 했다. 이는 NASA가 필요한 기술과 물품을 기업으로부터 단순 구매해 탐사 시스템을 조립한 후 정부가 보유하는 형태로, 기업들과의 다양한 파트너십을 형성할 수 있게 했다. 다시 말해 기존 NASA가 기업과 거대 시스템 제작에 대한 계약 시 설계 및 제작 과정에서 관리와 통제를 했다면, 시스템 설계 제작의 주도권을 기업에 주고 민-관 협력 관계를 맺는 것을 의미한다(최남미, 2023). 특히 트럼프Donald Trump 행정부 시기에 발표된 '우주의 상업적 이용 관련 효율성 강화SPD-2' 지침은 우주산업 시장을 기반으로 기업의 우주 상품과 서비스 활성화를 목적으로 했다. 트럼프 행정부는 NASA의 유인 달 착륙 프로젝트 추진을 위해 210억 달러 예산을 승인했으며, 유인 우주 탐사와 함께 지구 저궤도의 상업적 이용을 촉진했다(유준구, 2018).

바이든Joe Biden 행정부는 트럼프 행정부 시기 설정한 우주 전략에 기반해 연속성을 바탕으로 우주 전략을 진행 중이다. 바이든 행정부는 러시아와 중국의 우주개발이 직접적으로 미국의 국가 이익에 위협이 된다고 인식한다. 2021년 국가우주위원회National Space Council: NSpC를 개최하며 '미국의 우주 분야 우선 프레임워크United States Space Priorities Framework'를 발표하고, 바이든 행정부의 우주 전략을 체계화했다. 「미국의 우주 분야 우선순위 프레임워크」는 우주공간에서 미국의 리더십 회복을 위해 '견고하고 책임 있는 미국의 우주산업 지속'과 '현재 및 미래 세대를 위한 우주공간 보존'을 강조했다. NSpC는 바이든 행정부 이후 총 세 차례 회의(Harris, 2022; The White House, 2023)로 미국의 우주 전략을 체계화하면서 민간 우주활동 활성화를 목적으로 공정한 시장 조성을 위해, 우주 정책, 규제 및 수출통제에 대한 관련 조치를 취하고 동맹국 및 파트너들과 협력할 것임을 밝혔다.

미국의 우주 능력에서 가장 역동적인 변화는 스타트업 우주 벤처(BRYCE TECH, 2022)[1]와 같은 혁신 기업의 우주산업의 참여에 있으며, 이들의 우주산업 참여로 우주 상업화는 더욱 빠르게 진행되고 있다. 이들은 지구 관측, 우주 상

그림 5-3 세계 스타트업 우주 기업(123개)에 대한 투자 현황

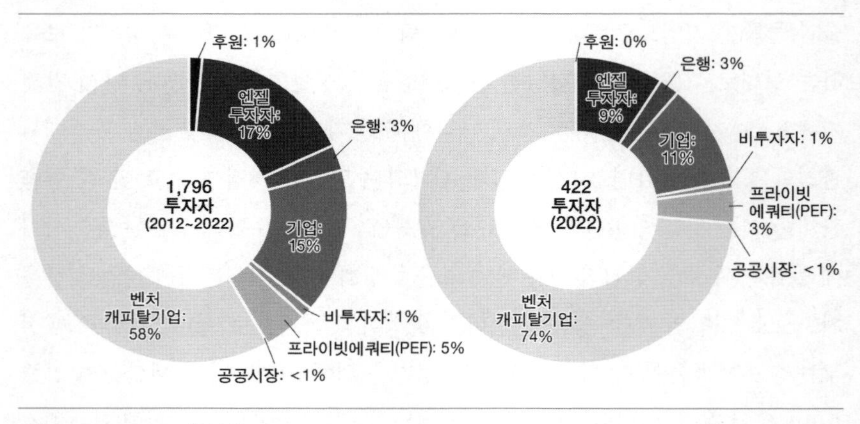

자료: BRYCE TECH(2023).

황 인식, 위성 추적, 우주 발사, 우주 제조, 우주 기반 시스템에서 광범위하게 수집한 데이터를 기반으로 하는 서비스 제공 등 우주 영역과 관련된 새로운 제품과 서비스를 제공하는 기업을 말한다. 2022년(현재) 전 세계 123개 스타트업 스페이스 기업이 집계되었으며, 투자자는 422명에 달했다. 이들은 총 154건의 계약을 체결했으며, 총 약 80억 달러의 자금 조달을 유치했다. 2022년 평균 거래 규모는 5300만 달러였으며, 스페이스X SpaceX, 블루오리진 Blue Origin, 원웹 OneWeb, 버진갤럭틱 Virgin Galactic 기업이 총투자의 42%를 차지했고, 스페이스X의 모금액은 22억 달러로 추정된다.

그림 5-3에서와 같이 2022년 벤처 캐피탈 기업은 투자자의 4분의 3을 차지하며, 기업, 엔젤 투자자와 함께 투자자의 90% 이상을 차지했다. 또한 국가별 투자자는 2022년(현재) 미국이 197명으로 47%를 차지했으며, 미국 이외의

1 엔젤(angel) 및 벤처 캐피탈(venture capital)이 지원하는 스타트업으로 시작된 우주 회사로 정의된다.

지역을 둔 투자자는 225명(53%)에 달했다. 이들 벤처 캐피탈 회사는 성장 가능성이 높은 초기의 신생 기업에 자본을 투자하는 그룹으로 스페이스 엔젤스Space Angels, 세라핌 캐피탈Seraphim Space Fund, 스타버스트 에어로스페이스Starburst Aerospace, 스페이스 펀드SpaceFund, 호라이즌XHorizonX와 파운더스 펀드Founder's Fund 등이 있다.

결국 미국의 우주 상업화는 냉전기 정부 중심의 우주개발에서 점차 민간 영역을 포함하는 민관 협력 관계 그리고 민간의 자본을 바탕으로 우주개발을 진행하는 단계에 이르렀다고 할 수 있다.

2) 시진핑의 우주 전략과 상업화

중국의 시진핑习近平, Xi Jinping 정권은 우주력 개발을 '중국몽中國夢', 다시 말해 '중화민족의 위대한 부흥'을 이루기 위한 하나의 수단으로 인식한다. 중국은 우주공간에서의 작전 능력 보장을 위해 우주 능력 강화를 목표한다. 이를 위해 중국은 우주 무기 개발을 추진 중이며, 달 그리고 화성 탐사 등에 대한 우주개발로 중국의 우주 굴기宇宙崛起를 완성하고자 한다(김종범, 2020). 시진핑 주석은 2016년 우주의 날 기념 연설에서 "광활한 우주를 탐사하고 우주사업을 발전시켜 우주강국을 세우는 것은 우리가 끊임없이 추구하는 우주몽"이라면서, 우주와 관련된 모든 분야에 집중해 우주력을 발전시켜야 한다고 강조했다(人民網, 2016). 관련해 중국은 2030년까지 우주 강국, 2045년까지 우주 선도국의 지위를 차지하겠다는 비전을 제시하며 우주력 발전에 대한 의지를 강하게 밝혔다(中國經濟網, 2018). 2021년에는 중국의 우주 계획China's Space Program에 우주몽의 의지를 명기화하며 우주력 개발에 집중해 왔다(China National Space Administration, 2022).

중국에게 우주산업은 '자주 창신自主創新' 비전을 실천하는 대표적인 분야이다. 자주 창신이란 중국이 자생적 혁신을 촉진함으로써 첨단기술 분야에서 선진국을 추월하겠다 비전을 의미하며, 이는 2015년 '중국제조 2025中國製造 2025; Made in China 2025' 전략으로 대표된다. '중국제도 2025'는 2025년 주요 제조업 강국主要製造業強國, 2035년 세계적 제조업 강국全球製造業強國, 2049년 선도적 제조업 강국領先的製造業強國이 되겠다는 목표를 공표한 산업 정책이다. 중국 정부는 이를 실천하기 위한 10대 전략 산업을 제시하고 2030년 우주 강국, 2045년 우주 선도국의 목표를 설정하고 있어 중국의 우주 전략은 첨단 과학기술 발전과도 연관되어 있다.

중국 정부의 우주산업 상업화는 중앙정부와 지방정부의 역할 분담 그리고 민관 그리고 민군 융합의 형태로 진행되며 하향식 정책 추진 형태를 보인다(이승주, 2021). 중국 정부는 우주산업의 균형 발전을 추진하면서, 국영 기업에 대한 지원을 우선하면서도 민간 우주 기업에도 다양한 지원을 제공했다. 중국 정부는 우주산업 성장을 목적으로 관련 기술과 서비스의 동반 발전을 위해 시안西安과 톈진天津에 항공우주 기지를 건설했다. 중국 당국은 시안이 중국 최고의 우주산업 기지로 그리고 톈진은 우주 기지 창정 발사체 제조와 드론 제조기지 역할을 맡도록 하며 산업의 시너지를 낼 수 있도록 했다. 또한 자국 기업이 국내 시장을 선점할 수 있도록 발사 위성의 90%를 자체 제작 로켓에 탑재해 발사하도록 했다(China Power Team, 2019).

중국 정부의 우주산업의 상업화는 중앙정부와 지방정부의 역할 분담을 통해서도 진행되었다(Liu et al., 2019). 2014년 중국 국무원이 민간 우주산업의 발전을 위해 민간 자본의 참여를 촉진할 것이라고 발표한 이후 중앙정부는 우주산업 정책에 대한 책임을 맡고, 지방정부는 재정을 비롯한 직접적 지원을 제공하는 정책을 추진했다. 한편 지방정부는 정책 실행 단계에서 제품 및 서비스 계약을 통해 각 종 혜택을 제공했으며, 2018년 우주산업에 민간 재원이 본격적으로 투입되기 전까지 지방정부의 재정 지원이 중국 우주산업의 팽창에 중요한 역할을 했다.

중국 우주산업의 상업화는 민관 그리고 민군 융합 형태의 산업 전략과 2014

년 국영기업의 민영화 이후 민간 기업이 대거 우주산업에 진출하며 촉진되었다(이승주, 2021). 제도적으로 산업혁신연맹产业创新联盟, 중국상업우주동맹商業用宇宙同盟, 중국상업용소형위성산업혁신연맹中国商业小卫星产业创新联盟을 창설해 중국 정부, 국영 기업, 민간 그리고 민군의 상호작용을 가능하게 하는 플랫폼을 구축하며 우주산업 발전을 도모했다(Stokes et. al., 2020).

민군 융합은 중국의 우주산업의 핵심이다(Campbell, 2019). 중공군은 민간 기업이 정부와 군의 미사일 발사 기술을 활용할 수 있도록 했으며, 군에서 로켓 발사를 할 수 있도록 허용했다. 이는 민간 기업들이 위성 제작과 발사 서비스에서 경쟁력을 갖추는 데도 직접적인 영향을 미쳤다. 중국은 1998년부터 민군 융합 강화를 위해 우주산업 거버넌스를 중국인민해방군 총장비부总装备部가 관장하도록 했으며, 2015년에는 전략지원부대战略支援部队를 창설해 발사, 원격 측정, 추적, 통제Telemetry, Tracking, and Control: TT&C, 위성 통신, 우주 정보, 감시, 정찰space intelligence, surveillance, and reconnaissance: ISR 등을 담당하도록 했다(Ni and Gill, 2019). 시스템 차원에서는 중국 최대의 위성 및 로켓 기업인 CASC을 방산과 민간 우주기술 제품을 함께 개발 및 제조하는 기업으로 전환시켰으며, 관련 응용 기술과 서비스를 제공하도록 해 민간 기업이 우주산업에 보다 쉽게 참여할 수 있는 계기를 마련했다(Pollpeter, 2011).

중국 우주산업의 상업화는 우주산업 영역에 새로운 행위자를 등장시켰으며, 우주개발을 위한 자금 조달과 위성 발사 시도도 함께 확대되었다. 2014년과 2019년 사이에 민간 자본을 바탕으로 하는 기업이 설립되었다.[2] 이와 함께 중국의 상업 우주 부문의 자금 조달은 2014년부터 점차 증가되어 2020년 최대치

2 링쿵톈싱(凌空天行 Space Transportioan), 링크스페이스(翎客航天, Link Space), 스페이스 트랙(Space Track), 란젠항톈(藍箭航天 Land Space), 원스페이스(One Space, 零壹空間科技), 아이스페이스(i-Space, 星际荣耀), 딥블루 에어로스페이스(Deep Blue Aerospace), 갤럭틱 에너지(Galactic Energy) 등이 있다.

그림 5-4 중국의 민간 우주 기업의 자금 조달 (단위: 1만 엔)

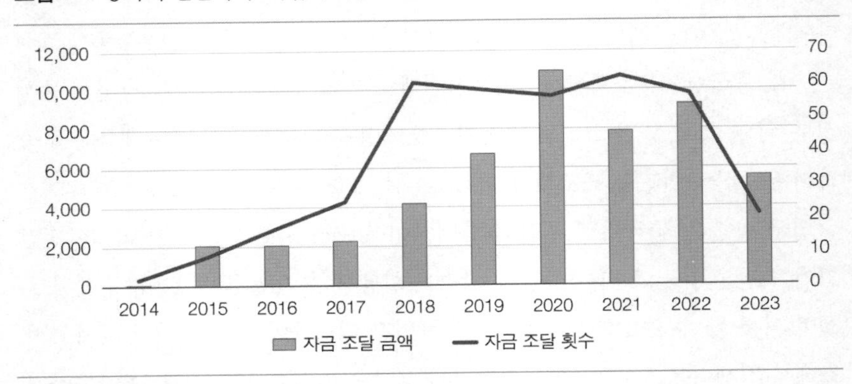

자료: CHINA SPACE MONITOR(2023).

를 기록했다. 2023년의 자금 조달은 상대적으로 저조했지만 그럼에도 불구하고, 평균 조달 금액은 2020년 1억 9600만 엔(약 17억 원)에서 2억 6600만 엔(약 23억 원)으로 상향되었다. 2023년 중국은 65개의 로켓을 발사했으며, 2022년 63개, 2021년 52개에서 증가했다. 또한 페이로드[3]는 2023년 213개, 이는 2022년 182개, 2021년 111개로 증가했다(CHINA SPACE MONITOR, 2023).

중국의 우주산업은 기존에 핵심적인 역할을 수행했던 우주항공과학기술그룹CASC의 영향력이 약화하면서, 상대적으로 민간 우주산업 부문의 영향력은 커지고 있다는 점이다. 중국 당국도 상업화, 혁신의 확대, 국제화, 국가의 강력한 역할 등 우주 상업화적 요소를 『2021년 중국 우주 백서』에 포함했다. 그리고 중국은 이 보고서를 통해 민간 발사 서비스 회사와 위성 제조업체를 기술하며 민영화 그리고 산업화를 간접적으로 추구하고 있음을 보였다. 특히 중국 내 우주산업 영역의 스타트업 기업 성장에 대한 투자금 확대는 중국의 우주산업

3 페이로드는 로켓 안에 실리는 물건의 하중을 말한다. 우주선 안에 실리는 물건으로 정의하며, 화물, 승무원, 과학 장비 또는 실험 장치 등이 있다.

그림 5-5 중국의 로켓 및 위성 발사 현황(2014~2023)

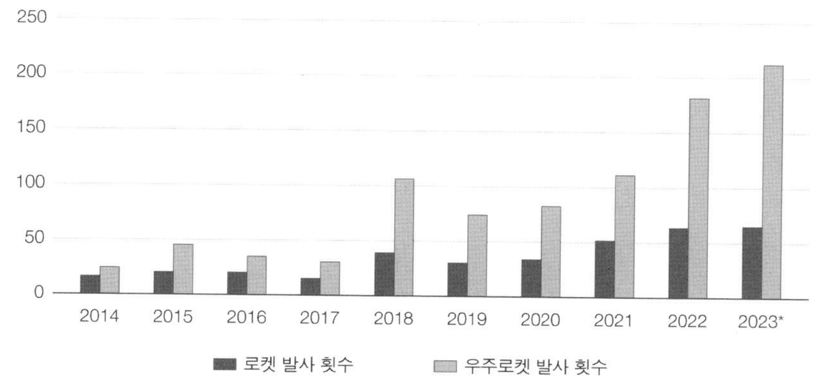

자료: CHINA SPACE MONITOR(2023).

이 상업화 그리고 민영화를 진행하고 있다고 이해된다. 한편, 중국의 우주프로젝트 규모가 팽창하며 민간의 참여 기회가 확대되고 있으나 그 한계도 상존한다. 무엇보다도 중국의 우주산업이 중앙 및 지방정부 그리고 일부 국영기업 주도로 이루어지면서, 민간 우주 기업의 혁신 성장을 위한 모멘텀 구축에는 제한 요소로 지적된다(한국연구재단, 2023: 186).

4. 뉴스페이스 시대 미중 우주공간 경쟁

1) 저궤도 위성 체계 구축 경쟁

뉴스페이스 시대 미국과 중국의 우주 상업화는 저궤도 공간에서 위성 서비스 구축을 위한 주도권 확보 경쟁으로 이어지고 있다. 2010년대 초반까지만 해도 저궤도 위성 개발과 발사는 국가 중심의 관리 체제였지만, 이후 민간이 위성 개발, 발사 및 운영을 주도했다. 저궤도 위성 서비스는 정지궤도 위성 대비 짧은 지연시간으로 고속 서비스를 제공할 수 있어 저궤도 통신 위성, 지구 관측 위성 등의 시장성이 높아지고 있으며, 감시 및 정찰의 효용도가 높아지며 국가들은 우주 상업 그리고 안보 목적에서 저궤도에 대한 위성 사업을 강화 중이다.

안보 차원에서 저궤도 위성은 감시 및 정찰 그리고 통신 부문에 활용도가 높다. 미 국방성은 러시아와 중국이 미국의 우주 능력을 앞서는 것을 우려해 왔다. 이에 미 국방성 기술연구소DARPA는 저궤도 위성 군단의 군사적 유용성을 확인하고 2018년부터 상용위성에 군사 장비를 탑재하는 '블랙잭Blackjack' 프로젝트를 시범 추진했다. 관련해 군사 위성 방산업체를 2~8개로 전문화하고, 약 90개의 상용위성을 저궤도에 올려 이들 위성 간 네트워크를 추진하는 프로젝트를 진행했다(DARPA, 2018; Wall, 2018). 이와 더불어 미 국방부는 2019년부터 중국과 러시아의 극초음속 무기로부터 방어하기 위한 극초음속 및 탄도 추적 우주센서HBTSS 사업을 진행했으며, 2024년에는 6개의 저궤도 위성을 스페이스X의 팰컨9 로켓에 실어 발사했다.

저궤도 통신 위성도 미국과 중국의 경쟁이 심화하는 영역이다. 저궤도 통신 위성의 안보 및 군사적 사용 가능성은 우크라이나전에서 확인되었다. 2022년 2월 러시아의 우크라이나 침공 당시 러시아는 침공 1시간 전 대규모 멀웨이Malware 공격으로 우크라이나의 통신망을 무력화하며, 전황에도 직간접적인 영향을 미쳤다. 특히 저궤도 통신 위성의 군사적 이용 가능성은 우크라이나가 스페이스X의 스타링크 서비스를 자폭용 무인 함선 조종에도 활용하면서 저궤도 위성 서비스의 중요성은 재확인되었다.[4]

중국 정부는 미국 정부가 스타링크를 이용해 자신들을 압박하고 있다고 보

4 관련해 스페이스X의 스타링크 외에도 KA-SAT, 원웹(OneWeb), 아마존의 프로젝트 쿠이퍼(Project Kuiper) 등 다양한 민간 업체가 관련 서비스를 제공하고 있다.

고 있다. 중국은 스페이스X의 스타링크Starlink 및 원웹을 포함한 관련 프로젝트 대응 차원에서 저궤도 위성 서비스 구축에도 속도를 내고 있다. 중국은 1만 3000개의 위성으로 구성된 궈왕國網 Guowang 프로젝트SatNet와 상하이 정부가 지원하는 초대형 군집위성 G60 스타링크G60 Starlink 계획을 추진 중이다(Jones, 2024). 중국은 궈왕 프로젝트를 위해 2023년 7월에 첫 발사를 실시했으며, 인터넷 접속이 제한된 농어촌이나 격오지의 연결성을 높이고, 군의 원정 작전 능력도 향상할 것으로 보인다. 한편 스타링크는 민간업체가 운용하는 데 비해, 궈왕 프로젝트는 중국 정부가 운용하는 서비스로서 중국군도 사용할 것으로 보인다. 특히 중국은 궈왕 위성에 인공지능 무기까지 탑재해 자신들의 영토 위에 있는 스타링크 위성을 공격할 계획도 있다고 알려졌다(문예성, 2023).

미국은 2022년 「미사일방어검토보고서Missile Defense Review: MDR」에서 중국이 재래식 탄도 및 극초음속 미사일 기술에서 미국과 격차를 좁혀오고 있으며, 러시아는 이미 우크라이나에서 각종 순항과 탄도, 극초음속 미사일을 사용했다고 평가했다. 결국 미국의 저궤도 위성 사업은 갈수록 커지는 중국과 러시아의 위협에 맞서 미사일 경보와 추적 역량 강화에 방점을 두고 있다. 반면에 중국은 저궤도 위성 체계에 대한 안보적 중요성을 인식하고 관련 위성 체계를 구축하고 있다. 그럼에도 중국은 다수의 저궤도 위성 확보 미비, 로켓 발사 비용 절감 문제 그리고 위성군을 감시할 첨단기술 확보 제약 등은 미중 경쟁의 제약 요소로 작용하고 있다.

2) 달 탐사·개발 경쟁

21세기 미국의 달 탐사 계획은 아르테미스Artemis 프로그램으로 대표된다(NASA, 2020). 이 프로그램은 트럼프 대통령이 우주정책명령 1호SPD-1에 서명하며 시작되었다. 트럼프 행정부의 SPD-1은 상업적·국제적 파트너와 함께 달로 향할 것을 강조한다(Trump White House Archives, 2017). 특히 이 명령서는

NASA를 중심으로 세계의 다른 국가들과 민간 기업들과의 협력으로 유인 달 탐사를 추진할 것임을 밝히고 있다(Voosen, 2018). 후임의 바이든 행정부가 들어선 뒤에도 국제 조약인 아르테미스 약정을 발효(2020)했으며, 2022년에는 달 임무 궤도 진입에 성공하며 유인 달 탐사계획을 새롭게 시작했다.

아르테미스의 목표는 '인류의 지속가능한 달 방문 실현', '2024년 인간 달 착륙' 그리고 '달 탐사 미션의 연장과 화성 탐사를 위한 준비'에 있다. 달에 대한 지속가능한 방문을 위해 달에 접근할 수 있는 전초 기지로 루나 게이트웨이Lunar Gateway 건설을 목표로 한다. 미국 주도의 아르테미스 협정에는 한국을 포함한 전 세계 36개국이 아르테미스 약정에 서명한 상태이다(2024년 5월 기준). 아르테미스의 가장 큰 특징은 프로그램의 핵심 요소 개발을 민간 우주 기업에 위탁하는 방식으로 진행되고 있으며, 대표적으로 스페이스X의 팰컨9와 팰컨헤비Falcon Heavy, ULAUnited Launch Alliance의 벌컨Vulcan, 그리고 로켓 랩Rocket Lab의 일렉트론 로켓Electron Rocket이 이 프로그램에 참여했다.

한편 중국은 10년 안에 달 남극 탐사와 국제달연구기지ILRS 건설 등을 포함한 4단계 달 탐사 프로젝트를 2022년에 승인했다(연합뉴스, 2022). 중국 달 탐사 프로그램의 수석 과학자인 오우양 지유안Ouyang Ziyuan은 "먼저 달을 정복하는 사람이 먼저 이익을 얻을 것"이라며, 지정 공간으로서의 달의 중요성을 강조했다(Goswami, 2019). 중국의 달 탐사 프로그램을 이끌었던 지유안의 후임자는 달을 센카쿠 및 스프래틀리 군도에 비유하면서, 이를 탐사하지 않으면 중국의 "우주 권리와 이익"이 침해될 수 있다고 제안하기도 했다. 중국 당국은 2030년까지 유인 탐사선을 달에 보내는 것을 목표로 달 탐사 프로젝트에 속도를 내고 있다(홍제성, 2024). 중국은 창어嫦娥 7호, 6호, 8호를 발사해 달 탐사 및 달 표면에 무인 연구 기지를 설립하는 임무를 수행할 예정이다.

미국과 중국이 앞다퉈 인간을 달에 보내려는 노력은 안보적 목표와 함께, 달이 가지는 경제적 그리고 상업적 이익에도 있다. 달의 경제적 이익에 대한 논의는 달에 매장된 희소 자원에 기반한다. 달에는 인간이 달에서 생활하는 데 필요한 얼음, 핵융합 에너지 생산을 위한 헬륨-3과 백금과 같은 희토류 원소가 매장되어 있다(Spudis, 2011; Doboš, 2015; Sowers, 2016). 또한 달에 먼저 도착하는 국가는 자원이 풍부한 장소에 접근할 수 있는 권리를 확보할 수 있다(Kaplan, 2020). 이 외에도 달 관광, 우주 기반 태양광 발전, 위험 물질 저장 또는 취급 시설(Cremins and Spudis, 2007) 등이 상업 활동으로도 고려되고 있어, 달의 개발이 달 경제를 발생시킬 것이라는 논의로 확대되고 있다(Utrilla, 2017; Murphy, 2012; Vedda, 2018).

현재의 우주 조약은 "달과 기타 천체를 포함한 우주공간은 주권 주장, 사용이나 점유, 기타 수단을 통한 국가적 소유의 대상이 되지 않는다"고 명시한다.[5] 그러나 미국 주도의 아르테미스 협정은 "서명국은 우주 자원의 추출이 본질적으로 외기권 조약 제2조에 따른 국가 전유를 구성하지 않는다는 점을 확인한다"고 명시하고 있다. 이 문제에 대한 국제적 논쟁이 계속되고 새로운 합의가 이루어지지 않는다면, 적어도 일부 국가가 달에 도달한 후 자원을 추출하고 사용하기 시작했을 때 다른 국가는 이러한 자원을 사용할 수 없게 될 가능성이 있다. 결국 미국과 중국의 우주 상업화는 달 개발 경쟁 그리고 달 경제 발생으로 이어지며, 국가 간 분쟁 요소로 이어질 우려가 높아지고 있다.

5. 결론

뉴스페이스 시대 우주공간을 둘러싼 미중 전략 경쟁이 첨예하게 대립 중이다. 미국과 중국은 자신들만의 우주산업 발전 전략을 기반으로 우주 생태계 구

5 Treaty on principles governing the activities of states in the exploration and use of outer space, including the moon and other celestial bodies(1996). https://www.unoosa.org/pdf/gares/ARES_21_2222E.pdf (검색일: 2023.11.30.)

축을 추진하는 한편, 우주공간 내 저궤도 그리고 시스루나 공간cislunar space을 차지하기 위한 경쟁을 진행 중이다. 미국은 NASA 그리고 중국은 우주항공과학기술그룹CASC은 민간 우주 기업의 상품과 서비스를 구매하는 우주개발 방식으로 전환하고 있으며, 우주개발에 민간 자본도 적극적으로 활용되면서 우주산업 생태계 전반의 변화를 만들어내고 있다.

우주공간을 둘러싼 미국과 중국의 우주 상업화는 우주 '공간'을 차지하기 위한 경쟁에서 점차 군사화 그리고 안보화하고 있다. 우주 자산의 이중용도 기술은 타국의 의도에 대한 불확실성을 만들면서 안보 경쟁을 만들어낼 수 있다. 특히 중국의 우주개발이 뉴스페이스 시대에 맞춰 민간 영역 중심이 되어가고 있음에도 불구하고, 민간 영역과 정부 그리고 군과의 불확실한 관계는 미중 우주경쟁에서 지속적인 변인으로 작용할 수 있다. 미 항공우주국NASA이 공식 석상에서 중국의 우주 프로그램을 경계해야 함을 주장한 것을 고려한다면 이 같은 안보적 요인에 기반한다고 할 수 있다. 이러한 관점에서 미국과 중국이 저궤도 위성 체계 확보와 달 탐사·개발에 방점을 두고 있는 것은 무정부적 국제정치 상황 속에서 자신의 안보를 확보하기 위한 합리적 행동으로 고려한다면 일면 타당하다.

뉴스페이스 시대 우주공간의 상업화와 미중 전략 경쟁의 우주공간으로의 확장은 우리의 우주 상업화와 안보적 차원에 시사점을 제공한다. 윤석열 정부는 2024년 우주항공청 개청과 함께, 2045년까지 420조 원 규모의 우주 경제를 창출해 글로벌 우주 시장의 10%를 차지하고 우주산업 5대 강국이 되겠다는 계획을 발표한 바 있다. 우주산업의 후발 주자인 한국이 우주 선발국과의 직접 경쟁은 쉽지 않다. 따라서 한국형 우주산업 생태계 구축을 위한 한국 정부의 적극적인 지원과 함께 우주산업에 대한 민간 투자를 활성화하기 위한 제도 마련이 요구된다. 이와 함께 한국형 항법 시스템KPS 개발, 재사용 가능 발사체 개발 그리고 뜻을 함께 하는 국가like-minded 국가와의 연대를 통한 지속가능한 우주협력 모색이 필요한 시점이다.

김상배 외. 2011.「미중 정상회담 이후 한국」. ≪EAI 논평≫, 17.
김상배. 2012.「표준 경쟁으로 보는 세계패권경쟁」. ≪아시아리뷰≫, 2(2).
김종범. 2020.「국제사회에서의 우주군사력 동향과 한국의 우주 전략」. ≪항공우주력연구≫.
李浙. 2024. "我国为何要大力发展商业航天？将如何影响你我生活？一文讲清". 央视新闻客户端, (April 3). https:s//content-static.cctvnews.cctv.com/snow-book/index.html?item_id=17717044763658191836 (검색일: 2024.4.12.)
문예성. 2023. "머스크의 스타링크 맞짱 뜨는 中…위성 1만3000기 발사". 뉴시스, 2023.4.9. https://www.newsis.com/view/NISX20230407_0002258445 (검색일: 2024.2.10.)
민병원. 2006.「세계정치와 동아시아 안보: 탈냉전시대의 안보개념 확대: 코펜하겐 학파, 안보문제화, 그리고 국제정치이론」. ≪세계정치≫, 5.
박준우. 2018.「항공우주 분야에서 스타트업의 등장과 그 시사점」.『항공우주시스템공학회 학술대회 발표집』.
안형준 외. 2019.『뉴스페이스 시대 국내우주산업 현황 진단과 대응』. 서울: 과학기술정책연구원.
연합뉴스. 2022. "중국, 10년 내 달연구기지 건설…탐사 프로젝트 승인". 동아사이언스, 2022.1.4. https://m.dongascience.com/news.php?idx=51437 (검색일: 2024.2.3.)
유준구. 2018.「트럼프 행정부 국가우주전략 수립의 의미와 시사점」. ≪IFANS 주요국제문제분석≫, 47. https://www.ifans.go.kr/knda/com/fileupload/FileDownloadView.do;jsessionid=jrue2z9fgXYSzOdKdQLBvbke.public11?storgeId=c61b04e5-0182-4c75-ad21-828ecacfb855&uploadId=18819219832269124&fileSn=1 (검색일: 2024.1.30.)
윤용식·민경주. 2016.「나노/초소형위성 산업 동향과 개발 현황」. ≪항공우주산업기술동향≫, 14(1).
이승주. 2019.「미중 무역 전쟁: 트럼프 행정부의 다차원적 복합 게임」. ≪국제지역연구≫, 28(4).
이승주. 2021.「중국 '우주 굴기'의 정치경제: 우주산업정책과 일대일로의 연계를 중심으로」. ≪사회과학연구≫, 28(1).
조수연. 2023.『2023 우주산업실태조사』. 세종로특별자치시: 과학기술정보통신부.
최남미. 2023.「미국의 우주상업화 정책 및 NASA의 공공-민간 파트너십」. ≪항공우주산업기술동향≫, 21(2).
한국연구재단 한국우주기술진흥협회. 2023.『2023 우주산업 실태조사』. 서울: 과학기술정통부.
홍제성. 2024. "中, 유인 달 탐사 프로젝트 속도… 2030년까지 달에 사람 보낸다". 연합뉴스, 2024.2.24. https://www.yna.co.kr/view/AKR20240224049200009?input=1195m (검색일: 2024.2.25.)

Ahlers, Anna L. 2018. "Introduction: Chinese governance in the era of 'top-level design'." *Journal of Chinese Governance*, 3(3).
Berger, Eric. 2016. "Blue Origin just validated the new space movement." Oct 7, 2016.

https://arstechnica.com/science/2016/10/blue-origin-just-validated-the-new-space-movement/ (검색일: 2023.10.13.)

Bohumil Doboš. 2015. "Geopolitics of the moon: a European perspective Astropolitics." *The International Journal of Space Politics & Policy*, 13(1).

BRYCE TECH. 2022. *Start-Up Space 2022*. https://brycetech.com/reports/report-documents/Bryce_Start_Up_Space_2022.pdf (검색일: 2024.1.14).

BRYCE TECH. 2023. *Start-Up Space 2023*. https://brycetech.com/reports/report-documents/Bryce_Start_Up_Space_2022.pdf (검색일: 2024.1.14.)

Bush , George W. 2023. "2003 Public Papers 119 - Address to the Nation on the Loss of Space Shuttle Columbia." Feb. 1, 2003. https://www.govinfo.gov/app/details/PPP-2003-book1/PPP-2003-book1-doc-pg119 (검색일: 2023.9.20.)

Campbell, Charlie. 2019. "From Satellites to the Moon and Mars, China Is Quickly Becoming a Space Superpower." *Time*, June 17 2019. https://time.com/5623537/china-space/ (검색일: 2024.2.20.)

China Power Team. 2019. "How is China Advancing its Space Launch Capabilities?" *China Power*, November 5, 2019. https://chinapower.csis.org/china-space-launch/ (검색일: 2024.1.24).

China National Space Administration. 2022. China's Space Program: A 2021 Perspective. Jan 1, 2022. http://www.cnsa.gov.cn/english/n6465645/n6465648/c6813088/content.html (검색일: 2024.1.14).

Cremins, Thomas and Paul D. Spudis. 2007. "Viewpoint: The Strategic Context of the Moon Echoes of the Past, Symphony of the Future." *The International Journal of Space Politics & Policy*, 5(1).

DARPA. 2018. Broad Agency Annucement Blackjack. May 25, 2018. https://forum.nasaspaceflight.com/index.php?action=dlattach;topic=46289.0;attach=1528776 (검색일: 2024.2.21.)

Goswami, Namrata. 2019. "China's get-rich space program." *The DIPLOMAT*, February 28, 2019. https://thediplomat.com/2019/02/chinas-get-rich-space-program/ (검색일: 2023.11.12.)

Harris, Kamala. 2022. "Readout of the Second National Space Council Meeting," *The American Presidency Project*, September 9, 2022. https://www.presidency.ucsb.edu/documents/readout-the-second-national-space-council-meeting (검색일: 2024.1.12.)

Harvard University. 2024. "Commercialization of Space Commercial Space Launch Amendments Act of 2004." *Harvard Journal of Law & Technology*, 17(2). Spring.

Jones, Andrew. 2024. "China to leverage growing commercial space sector to launch megaconstellations." *SPACENEWS*. April 19, 2024. https://spacenews.com/china-to-leverage-growing-commercial-space-sector-to-launch-megaconstellations/ (검색일: 2024.2.15).

Kaplan, Spencer. 2020. "The Strategic Implications of Cislunar Space and the Moon." *Aerospace security*, July 13, 2020. https://aerospace.csis.org/strategic-interest-in-cislunar-space-and-the-moon/ (검색일: 2023.11.7.)

Kerolle, Mclee. 2015. "NewSpace - Is this the Advent of the Second Space Age?" *SPACE BOARD*, November 23, 2015. https://www.spaceboard.eu/articles/space-out/newspace-is-this-the-advent-of-the-second-space-age- (검색일: 2023.10.13.)

Korus, Sam. 2016. "Rockets on the Rise: New Space Market Brings Explosive Opportunities." *ARK INVEST*, February 26, 2016. https://ark-invest.com/articles/analyst-research/new-space-market/ (검색일: 2023.11.13.)

Liu, Irina et al. 2019. "Evaluation of China'sCommercial Space Sector." *Institute for Defense Analyses*.

McClintock, Bruce. 2017. "The Russian Space Sector: Adaptation, Retrenchment, and Stagnation," *Space and Defense*, 10. Spring. http://www.usafa.edu/app/uploads/Space_and_Defense_10_1.pdf (검색일: 2023.10.15.)

Mingmei. 2019. "China completes first offshore rocket launch." XINHUANET, June 5 2019. http://www.xinhuanet.com/english/2019-06/05/c_138118602.htm (검색일: 2023.9.20.)

Moltz, James Clay. 2019. "The Changing Dynamics of Twenty-First-Century Space Power." Strategic Studies Quaterly. Spring.

Morgan Stanley. 2020. "Space: Investing in the Final Frontier." July 24, 2020. https://www.morganstanley.com/ideas/investing-in-space (검색일: 2023.10.13.)

Murphy, Ken. 2012. "The cislunar econosphere(part 1)." *Space Review*, Feb 20 2012. https://www.thespacereview.com/article/2027/1 (검색일: 2023.11.17.)

NASA. 2020. "ARTEMIS PLAN." Sept. https://www.nasa.gov/wp-content/uploads/2020/12/artemis_plan-20200921.pdf?emrc=f43185 (검색일: 2024.2.15.)

NASA. 2004. "President Bush Announces New Vision for Space Exploration Program." Jan. 14, 2004. https://georgewbush-whitehouse.archives.gov/news/releases/2004/01/20040114-3.html (검색일: 2023.9.30).

NASA. 2010. "Commercial Market Assessment for Crew and Cargo Systems Pursuant to Section 403 of the NASA Authorization Act of 2010(P.L. 111-267)."

Ni, Adam and Bates Gill. 2019. "The People's Liberation Army Strategic Support Force." *China Brief*, 19(10).

Odom, Brian C. 2024. "NASA and the Rise of Commercial Space." https://www.nasa.gov/wp-content/uploads/2019/10/space_portal_brian_odom.pdf (검색일: 2024.3.2.)

Spudis, Paul D. 2011. "A Rationale for Cislunar Space." *Smithsonian Magazine*, April 10, 2011. https://www.smithsonianmag.com/air-space-magazine/a-rationale-for-cislunar-space-168379297/ (검색일: 2023.11.7.)

Pollpeter, Kevin et al. 2015. "China Dream, Space Dream: China's Progress in Space Technologies and Implications for the United States." 1GCC. https://www.uscc.gov/research/china-dream-space-dream-chinas-progress-space-technologies-and-implications-united-states

(검색일: 2024.3.12.)
Pollpeter, Kevin. 2011. "Upward and Onward: Technological Innovation and Organizational Change in China's Space Industry." *The Journal of Strategic Studies*, 34(3).
Rose, Frank. 2016. "Strengthening International Cooperation in Space Situational Awareness" (remarks, Advanced Maui Optical and Space Surveillance Technologies Conference, Maui, Hawaii). Sep. 22, 2016. https://2009-2017.state.gov/t/avc/rls/262502.htm (검색일: 2023. 9.28.)
Sowers, George F. 2016. "A Cislunar Transportation System Fueled by Lunar Resources." *Space Policy*, 37(2).
Stokes, Mark et. al. 2020. "China's Space and Counterspace Capabilities and Activities." *The U.S.-China Economic and Security Review Commission*. https://www.uscc.gov/research/chinas-space-and-counterspace-activities(검색일: 2024.1.20.)
The White House. 2023. "FACT SHEET: Strengthening U.S. International Space Partnerships." Dec 20, 2023. https://www.whitehouse.gov/briefing-room/statements-releases/2023/12/20/fact-sheet-strengthening-u-s-international-space-partnerships/ (검색일: 2024.1.12.)
Thomas, Troy et al. 2024. "Strategies for Space Agency Success in a Commercial Era." BCG, Feb. 2, 2024. https://www.bcg.com/publications/2024/strategies-for-space-agency-success-in-a-commercial-era (검색일: 2024.3.2.)
Treaty on principles governing the activities of states in the exploration and use of outer space, including the moon and other celestial bodies. 1996. https://www.unoosa.org/pdf/gares/ARES_21_2222E.pdf (검색일: 2023.11.30.)
Trump White House Archives. 2017. Presidential memorandum on reinvigorating America's Human Space Exploration Program. https://trumpwhitehouse.archives.gov//presidential-actions/presidential-memorandum-reinvigorating-americas-human-space-exploration-program/ (검색일: 2024.2.15).
Utrilla, C.M.E. 2017. "Establishing a framework for studying the emerging cislunar economy" *Acta Astronaut*, 141.
Vedda, James. 2018. "Cislunar development: what to build - and why." *Center for space and policy strategy*. Aerosp. Corp. https://aerospace.org/sites/default/files/2018-05/CislunarDevelopment.pdf (검색일: 2023.11.30.)
Voosen, Paul. 2018. "NASA to pay private space companies for moon rides." *Science* 362(6417). https://www.science.org/doi/epdf/10.1126/science.362.6417.875 (검색일: 2024.2.10).
Wall, Mike. 2018. "US Military Aims to Launch Cheap New 'Blackjack' Spy Satellites in 2021." *SPACE.COM*, Aug 28, 2018. https://www.space.com/41639-darpa-cheap-spy-zsatellites-2021-launch.html (검색일: 2024.2.21.)
Weeden, Brian and Victoria Samson. 2018. Global Counterspace Capabilities: An Open Source Assessment. Washington, DC: Secure World Foundation. https://swfound.org/media/206118/

swf_global_counterspace_april2018.pdf (검색일: 2023.10.3.)
Weinzierl, Matthew and Sarang, Mehak. 2021. "The Commercial Space Age Is Here," *Harvard Business Review*, Feburary 12, 2021. https://hbr.org/2021/02/the-commercial-space-age-is-here (검색일: 2023.12.23.)
Zak, Anatoly and James Oberg. 2015. "Viewpoint: Two Views on Russian Space: The Casefor Optimism." *Aerospace America*. September 2015. https://www.aiaa.org/Aerospace-America-September-2015 (검색일: 2023.10.3.)
Zenglein, M. J. and A. Holzmann. 2019. "Evolving Made in China 2025: China's industrial policy in the quest for global tech leadership." *MERICS Papers on China*, 8.

人民網. 2016. "習近平引領航天夢助推中國夢". 2016.9.15. http://cpc.people.com.cn/xuexi/n1/2016/0915/c385474-28718006.html (검색일: 2024.1.30.)
中國經濟網. 2018. "中國航天科技集團: 2045年全面建成世界航天強國". (2018.8.30). http://www.ce.cn/xwzx/gnsz/gdxw/201808/30/t20180830_30166224.shtml (검색일: 2024.1.20.)

6 우주안보와 기술·경제 안보*

유인태 | 단국대학교

우주안보를 논의함에 있어, 우주기술을 빼놓고 생각할 수 없다. 우주기술은 첨단과학기술의 집대성이며, 스핀 오프spin-off 또는 스핀 온spin-on이 활발하게 일어날 수 있는 이중용도 기술들이 많이 포함되어 있기 때문에, 국방뿐 아니라 산업 전방에의 파급효과는 크다. 따라서 이러한 우주기술 부문의 중요성은 최근의 미중 전략 경쟁의 맥락에서도 매우 중요하게 부상하고 있다.

미중 전략 경쟁의 핵심이 첨단기술 경쟁이라고 한다면, 정책적 핵심은 한편으론, 어떻게 해당 기술 부문에서의 혁신을 지속적으로 도모해 나갈 것인가가 되며, 다른 한편으론, 어떻게 하면 적대적 경쟁국의 기술 혁신을 지연 또는 막을 것인가가 된다. 이 연구는 후자와 관련해서 특히 부상하고 있는 기술의 국가 간 이동 관리와 관련한 측면을 다룬다. 이러한 기술의 국가 간 이동을 관리하기 위해서는 글로벌 공급망의 파악이 우선적으로 필요하며, 그에 맞는 기술통제 정책이 동원된다. 후자와 관련해서, 최근 매우 빈번하게 사용되는 대외경

* 이 장은 유인태, 「글로벌 첨단기술 공급망과 수출통제의 국제정치: 우주기술 부문을 중심으로」, ≪국제정치논총≫, 제64집 3호(2024.9)의 일부를 인용·발전시켰다.

제 정책은 수출통제이다.

이 장에서는 우주기술 관련 글로벌 공급망과 수출통제 정책을 조명한다. 글의 전반부에서는 우주기술 공급망을 다루는데, 기술 생태계의 복합성과 복잡성 때문에, 체계적인 우주기술 글로벌 공급망의 양상을 정확하게 구현해내기는 어렵다. 그러나 우주 공급망의 양상을 부분적으로나마 제시할 수 있으며, 이를 통해 전체적인 양상에 대한 추론을 시도해 볼 수 있다. 이를 위해, 공급망의 구성 행위자들, 인공위성 발사, 해당 분야에의 투자액, 그리고 국제적 협의의 숫자들을 보이고, 이들 데이터를 해석한다. 이러한 데이터들은, 비록 적지 않은 선행연구들이 해당 부문에서의 중국의 부상을 보이고 있지만, 미국의 우주기술 공급망에서의 우위를 보인다.

글의 후반부에서는 우주기술 관련 수출통제 정책을 다룬다. 미국은 우주기술 분야에서 압도적 위치를 다루기 때문에 미국에 집중하며, 국내적 노력뿐 아니라, 글로벌 시스템 층위에서의 다자회의체와 동지 국가들과의 소다자회의체에서의 국제적 노력도 조명한다. 미국은 여타 첨단기술을 포함하는 수출통제 개혁을 2018년 단행하고, 우주기술 관련한 글로벌 수출통제레짐의 변화를 꾀하는 한편, AUKUS, TTC, IPEF, G7, QUAD 등의 소다자 차원에서 우주기술 협력을 위한 여러 제도적 장치들을 손보고 있다. 결론에서는 본문에서 다룬 변화에 대한 총평, 정책적 함의 그리고 향후 연구 과제를 제시한다.

1. 뉴스페이스 시대와 글로벌 우주기술 공급망

(항공)우주(방위)산업에서 공급망의 이슈가 매우 중요한 이유는, 여타 부문들과 비교해도 상대적으로 매우 높은 기술력과 고비용 때문이다. 고비용의 이해관계가 걸린 산업이니만큼, 하나의 자그마한 기술적 결함이 주요 부품의 공급망에서 발생하게 되면, 수백만 달러의 사고 비용뿐 아니라, 생명을 위협할 수

있다. 그뿐 아니라, 해당 핵심 기술의 납품을 적성 국가에 의존하고 있다면, 국가 안보층위에서의 영향도 생각하지 않을 수 없다. 우주산업의 공급망과 관련해서는 많은 사안이 회자된다. 예를 들어, 티타늄, 특수금속specialty metals, 희토류rare earth elements와 같은 원자재raw material 공급 부족, 맞춤형bespoke 생산 산업 행태의 필요성, 국내외의 규제나 제도들의 비효율성 등의 도전들이 언급된다. 이 글은 특히 우주기술과 관련한 글로벌 공급망상에서의 행위자들의 연계 양상 또는 토폴로지topology를 파악하려고 하며, 다른 한편으론 이러한 글로벌 공급망과 관련한 수출통제체제를 조명한다.

우주산업기술과 관련하여 미국은 단연코 독보적인 위치를 차지한다. 뉴스페이스 시대의 특징 중 하나가 다양한 행위자들의 참여라고 할 수 있지만, 정부의 역할을 과소평가할 수 없다. 특히, 이 시대에는 정부가 민간의 상업적 이익뿐 아니라 국가의 전략적 이익의 추구를 강하게 결부시켜 동시 진행시키는 경향성이 두드러진다.[1] 우주에 대한 국가 행위자들의 관심은 꾸준히 증가해 왔는데, 1957년 스푸트니크의 발사 이래 지금까지, 80개국 이상의 국가들이 궤도상에 인공위성을 등록했으며, 인공위성을 새롭게 발사하는 국가들이 특히 지난 10여 년간 계속해서 증가해 온 사실에서도 드러난다(그림 6-1 참조). 그리고 2000년 초부터, 6개 대륙의 선진국뿐 아니라 개도국에서 30개 이상의 우주청 혹은 우주실이 신설된 사실도 이를 보인다(OECD, 2022).

우주기술 공급망에 대한 종합적인 데이터의 입수나 체계적인 파악은 현재로선 어렵다. 가용한 데이터는 매우 빈곤하며, 많은 경우 정보가 사례별로 수집되거나 전문가의 견해에 의존하고 있다(OECD, 2022: 15). 그럼에도 공급망에 참여하는 행위자들에 대한 개념적 분류와 대표 행위자들을 부분적으로나마 확

1 당연하게도 정부와 사회의 첨단과학기술 혁신에의 기여 비율은 국가마다 다르게 나타난다. 중국, 한국, 대만은 상대적으로 기업 중심의 혁신 비중이 공공기관 연구 중심 비중에 비해 크다(OECD, 2022: 59).

그림 6-1 궤도에 위성을 등록한 국가 수

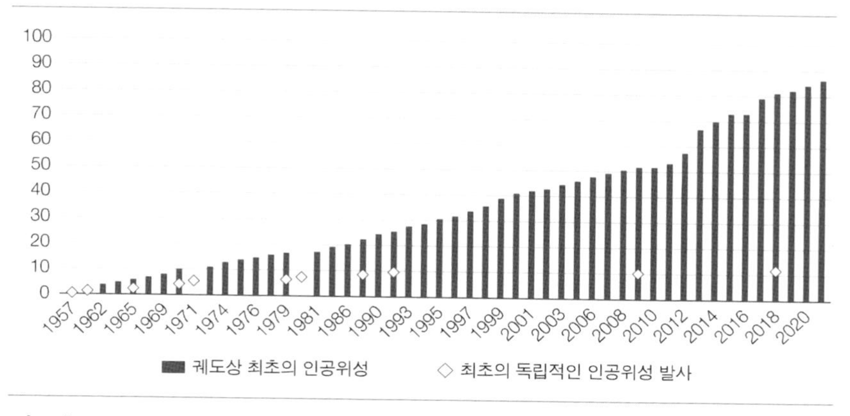

자료: "The Space Economy in Figures," http://dx.doi.org/10.1787/c5996201-en.

인할 수 있다(표 6-1 참조). 유의해야 할 것은, 다양한 행위자들이 참여하는 글로벌 우주기술 공급망은, 우주기술의 활용에 중점을 두는 행위자들에 주안점을 두는 우주경제space economy와 개념적으로 구분된다.[2] 물론 이들 간에 중첩적인 행위자들이 존재한다. 특히, 우주경제에서의 업스트림upstream이 그러한데, 우주 프로그램 생성, 재료와 부품의 공급, 우주 장비와 하위체계의 디자인과 제조, 우주 인프라의 생산 등에 해당되기 때문이다.

우주기술 공급망 토폴로지에서 미국의 우위를 간접적으로 반영하고 있는 지수는 투자액의 규모다. 지난 10여 년간 많은 국가가 글로벌 우주경제space economy에 진입하고 있지만, 미 정부의 막대한 투자 규모는 타의 추종을 불허한다(OECD, 2022). 이러한 투자 규모는 미국이 우주경제에서 차지하는 비중과 이를 뒷받침하는 우주기술 역량의 압도적 우위를 가능케 하는 토대가 된다. 예산

2 우주기술 글로벌 공급망과 달리, 우주경제(space economy)는 우주기술을 활용하는 경제 부문의 행위자들에 초점을 둔다(OECD, 2022: 29, 31).

표 6-1 우주기술 공급망의 행위자

행위자	예
전자부품 공급업체 (Electronic Component provider)	Texa Instruments, BAE Systems, Microchip Technology
재료 및 연료 제조업체 (Material and fuel manufacturers)	ACM Coatings GmbH, Messer LLC, Beck
하위 시스템 제조업체 (Subsystem manufacturers)	CubeSpace, Tensor Tech, Veoware
페이로드 제조업체 (Payload manufacturers)	Ball Aerospace, L3Harris Technologies, and Teledyne Technologies
위성 제조업체 (Satellite manufacturers)	Kongsberg NanoAvionics, Northrop Grumman, and Thales Alenia Space
테스트 시설 및 장비 제공업체 (Testing facilities and equipment providers)	NPC Spacemind, Exobotics, and Nanovac AB
지상 장비 제조업체 (Ground equipment manufacturers)	EnduroSat, Berlin Space Technologies, and Alén Space
지상기지 소유자 (Ground station owners)	Leaf Space, Dhruva Space, and KSAT
물류회사 (Logistics companies)	Azimut Space, Pelican Products, and EPS Logistics
소프트웨어 개발자 (Software developers)	Epsilon3, Vyoma, and KP Labs
발사 서비스 제공업체 (Launch service providers)	SpaceX, Space BD, and Arianespace
컨설턴트 및 서비스 제공업체 (Consultants and service providers)	Cloudflight, STM, and EOSOL Group
규제 당국 (Regulators)	Federal Communications Commission (FCC) in the USA, the Civil Aviation Authority (CAA) in the UK, and the International Telecommunication Union (ITU) at the international level
위성 사업자 (Satellite operators)	Planet, Eutelsat, and Iridium
우주기관 (Space agencies)	NASA, ESA, and JAXA.
연구기관 (Research institutions)	MIT, Cape Peninsula University of Technology (CPUT), and the Institute of Space Science

자료: "A brief introduction to the space supply chain," https://blog.satsearch.co/2023-04-17-a-brief-introduction-to-the-space-supply-chain

그림 6-2 특정 국가 및 경제에 대한 정부 공간 예산 할당

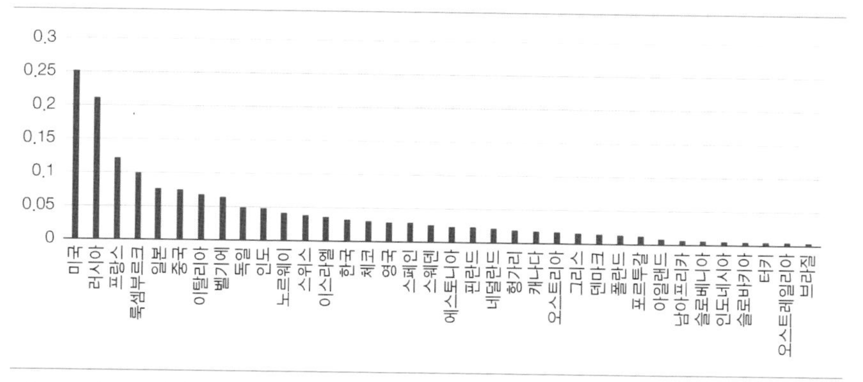

주: 2020년 GDP 대비 비율로 측정했음(OECD, 2022).

배정을 기준으로 투자 규모를 보았을 때, 미국은 자국 GDP의 0.25%를 배정하며 세계 최대 비율의 투자를 보인다. 그뿐 아니라, 미국의 GDP 규모를 감안하면, 여타 국가들에 비해 가장 큰 규모의 투자가 된다. 선두 그룹 국가들과 비교해도 수배에서 수십 배 이상의 투자에 달하며, 미국의 우주산업·기술에서의 리더십의 기반을 보여준다(그림 6-2 참조).

인공위성의 보유수와 발사 경험도 국가들의 우주기술 역량과 공급망 토폴로지topology에서의 영향력을 간접적으로 보인다. 인공위성 보유 및 발사 경험 측면에서 보았을 때, 2020년 기준으로 적지 않은 국가들이 인공위성을 보유하고 있지만, 발사 경험을 보유한 국가는 그보다 작다(그림 6-3 참조). 지구 궤도상에 있는 인공위성 보유 숫자를 보면, 2022년 5월을 기준으로, 미국 3415, 중국 535, 영국 486, 다국적 180(유럽의 60대 포함), 러시아 170, 일본 88, 인도 59, 캐나다 56대이다.[3] 해당 데이터를 보아도 우주기술 공급망에서의 미국의 압도적

3 용도별로 보았을 때는, 상업적 용도 4047, 정부용 527, 군사용 424, 혼용 306, 민간 152대이다 (https://www.forbes.com/sites/katharinabuchholz/2023/04/26/the-countries-with-the-most-satell

그림 6-3 인공위성 및 발사 경험 보유국

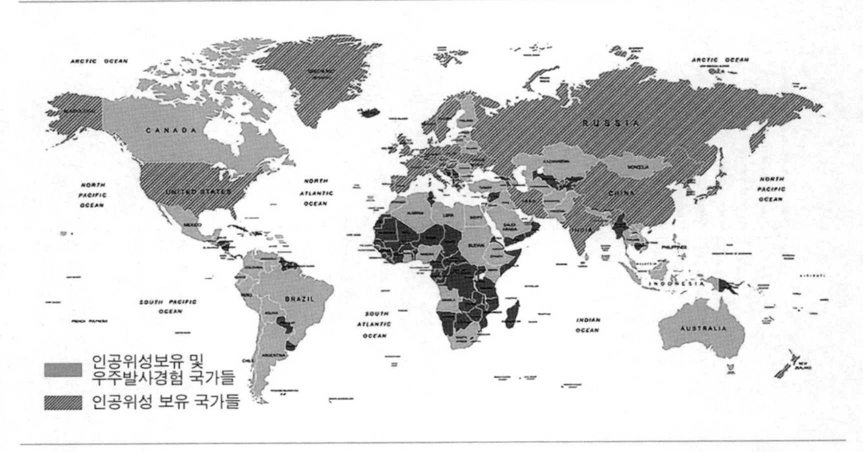

주: '관심 있는 과학자들의 연합: 인공위성 데이터(Union of Concerned Scientists Satelite Database)'를 가지고 재작성함.

위상이 명확히 보인다. 물론, 모든 상황에서 많이 보유하고 있다는 사실 자체가 그리고 발사 경험 자체가, 공급망에서의 우위로 직결된다고 볼 수 없다. 그러나 우주 관련 기술의 국가기밀성, 안보·경제적 함의, 국제 다자수출통제레짐의 존재 등을 고려해 보았을 때, 상당한 자체 기술력의 보유와 안정적 공급망의 운용 없이는, 타의 추종을 불허하는 인공위성의 보유량 및 발사 경험을 보유하는 것은 불가능에 가깝다. 따라서 해당 지수들이 공급망에서의 지배력을 나타내는 대리변수로 볼 수 있는 것은 합당한 가정일 것이다.

미국 외의 많은 나라도 우주기술 역량 개발에 많은 투자를 해왔다. 특히, 중국은 최근 괄목할 만한 위업들을 달성해 왔다. 중국은 2003년에 최초로 유인우주선을 발사하며, 인간을 우주로 독자적으로 보낸 세 번째 나라가 되었다.

ites-in-space-infographic/?sh=790b1bd1ce27).

2007년에는 운동에너지미사일kinetic kill vehicle을 통해 자국의 기상위성을 파괴함으로써 우주기반의 인프라를 파괴할 수 있는 능력을 성공적으로 보이기도 했다. 2019년에는 달에 창어嫦娥 4호의 착륙을 성공시키고, 2020년에는 미국의 글로벌 포지셔닝 시스템American Global Positioning System에 견줄 만한 정확도를 가지는 베이더우BeiDou 위성항법 시스템을 완성시켰다. 중국 자체적인 모듈러 우주정거장modular space station과 영구적 달 기지를 위한 계획도 개발 중이다. 이러한 사실들과 많은 연구들은 중국의 우주기술의 약진과 미국 기술과의 격차가 줄어들고 있는 것처럼 서술한다(Cheng, 2022; Sheehan, 2007).[4] 그리고 미국 정부 문서들도 중국의 기술적 발전 때문에 줄어드는 격차에 대해 우려를 나타낸다(US, 2019; 2016).

그러나 우주기술 역량과 관련한 몇몇 괄목할 만한 성과들은, 분명 중국의 기술적 발전을 보이는 사례들이 될 수 있으나, 우주기술 관련 전반적인 그림의 일부에 불과하다. 관련한 다른 지수들은 여전히 미국이 압도적인 역량을 보이고 있기 때문인데, 그러한 부분을 놓치게 되면, 우주기술의 전 지구적 분포 전반에 대한 편향된 인식을 갖게 된다. 예를 들어, 우주 관련 조직들의 수를 볼 수 있다. 이러한 조직들은, 디자인하거나, 소유하거나, 발사하거나, 작동시키거나, 추적이나 감시하거나, 규제에 참여하고 있는 행위자들인데,[5] 이러한 조직들의 수를 보면, 미국은 여태 대부분의 국가들과 비교 시에 큰 우위를 보인다.

뉴스페이스NewSpace가 본격적으로 태동되었다고 보는 2010년 정도부터, 가장 최근 데이터인 2022년까지를 기준으로, 새롭게 만들어진 조직들을 합산해 보면 다음 그림과 같다(그림 6-4 참조). **그림 6-4**를 보면, 신생 우주 강국들이 떠오르고 있음에도 불구하고, 글로벌 공급망상에서의 미국의 위상은 명확하다.[6]

4 우주기술의 위업을 중심으로, 세계경제포럼 보고서는 일본과 인도를 탄탄한 우주기술 보유 국가로, 그리고 사우디아라비아, 태국, 페루 등을 부상하는 우주 국가로 들기도 한다(WEF, 2024).

5 더 상세한 정보는 Morin and Tepper(2023)을 참조하라.

그림 6-4 우주 조직들의 숫자

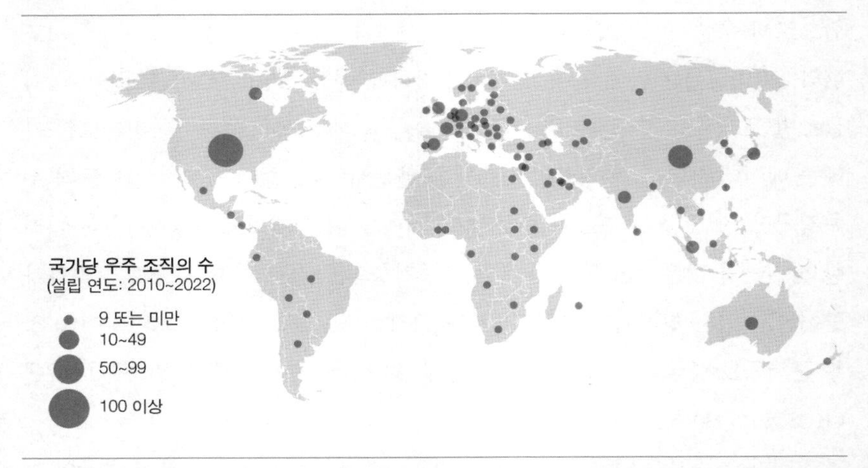

주: Morin and Tepper(2023)의 데이터를 이용해서 2010년부터 2022년까지 우주 관련 조직들의 숫자를 원의 크기로 표시함.

2022년을 기준으로 활동하고 있는 1613개 우주조직 중에 382개(23.68%)가 미국에 있으며, 중국은 130개(8.06%)에 불과하다(Morin and Tepper, 2023). 미국의 우주 관련 조직의 수는 러시아, 영국, 일본, 중국, 프랑스에 있는 모든 조직을 합한 수보다 크다. 그리고 미국의 새로운 우주 조직의 창설 정도는 중국보다 세 배 더 많다. 중국의 성장 속도는 분명 빠르지만, 미국을 따라잡을 것이라고 보기 힘든 또 다른 이유이다.

미국은 우주 관련 조직들의 다양성 측면에서도 앞선다. 중국의 조직들이 원거리 탐지, 통신, 항법 시스템이라는 전통적 우주 부문에 집중되어 있는 것에 비해, 미국의 조직들은 전통적 부문뿐 아니라, 우주 관광, 우주 채굴, 유인 우주

6 미국과 중국이 비교적 큰 규모를 보이지만, 전통적인 우주산업 강국들이 모인 러시아를 포함한 유럽 지역 외에도, 일본, 인도 호주 등도 보이며, 아프리카, 동남아, 남미 국가들의 참여도 보인다. https://www.chathamhouse.org/publications/the-world-today/2022-08/why-africa-needs-be-space

비행, 궤도 서비스, 우주 교통 관리 등의 신흥 부문에도 다수 포진되어 있다. 미국은 부문별 다양성뿐 아니라, 조직의 규모, 예를 들어 직원이나 연간 수입 측면의 다양성도 있다. 그리고 미국의 록히드 마틴 스페이스 시스템즈Lockheed Martin Space Systems, 스페이스XSpaceX, 컴샛COMSAT과 같은 대형 우주 회사들은 중국의 랜드스페이스LandSpace, 링크스페이스LinkSpace와 같은 대형 회사들보다 클 뿐 아니라, 미국에는 활발히 활동하고 있는 작고 고도로 전문화된 많은 스타트업 회사들이 존재한다(Morin and Teppe, 2023).

마지막으로 우주기술 공급망 토폴로지에서의 위상을 보여주는 또 다른 대리지수proxy로서 우주 관련 협정을 들 수 있다. 다른 요인들을 통제했을 때, 많은 나라들이 대체로 기술력이 낮은 나라보다, 높은 나라와 공급망을 형성하려고 할 것이다. 즉, 기술력이 높은 나라일수록, 그 나라에 연결되는 더 많은 공급망이 형성될 것이다. 그리고 그러한 공급망의 안정적 운용을 위한, 그리고 기타 협력을 위한 협정들이 동반된다고 생각할 수 있다. 그렇다면 협정의 수는 공급망에서의 중심적 위치를 보여주는 대리지수가 될 수 있다. 또는 공급망에서의 위상이 높을수록, 공급망 생태계를 구성하거나 공급망 생태계에 영향을 미칠 수 있는 협정들을 맺는 것에 더 많은 관심을 가진다고 가정할 수 있다. 물론 모든 협정이 공급망에서의 우위로 직결된다고 볼 수는 없다. 그럼에도 불구하고 대체로 협정들이란, 기술의 연구·생산·이동·표준·규범에 관한 협력이라는 점에서, 공급망의 생태계 및 영향력 구조와 긍정적 상관관계를 가진다고 생각할 수 있다.

흔히, 미국에 견줄 만한 우주 강국이라면, 중국과 러시아를 드는데, **그림 6-5**는 미국이 맺은 협정들이 이러한 경쟁국들보다도 더 많은 협정을 맺고 있음을 보이고 있다. 단순히 숫자뿐 아니라 우주 협정들의 유형을 보더라도 미국의 우주기술 공급망에서의 위상을 재확인할 수 있다. 강력한 경쟁국이라 볼 수 있는 중국과 러시아가 참여하고 있는 협정들은 대체로 집단지침group guidelines(그림 6-5의 흰색 표시)으로서, 구속력 없는 지침들을 제시하는 협정에의 참여이다. 자

그림 6-5 우주협정 데이터

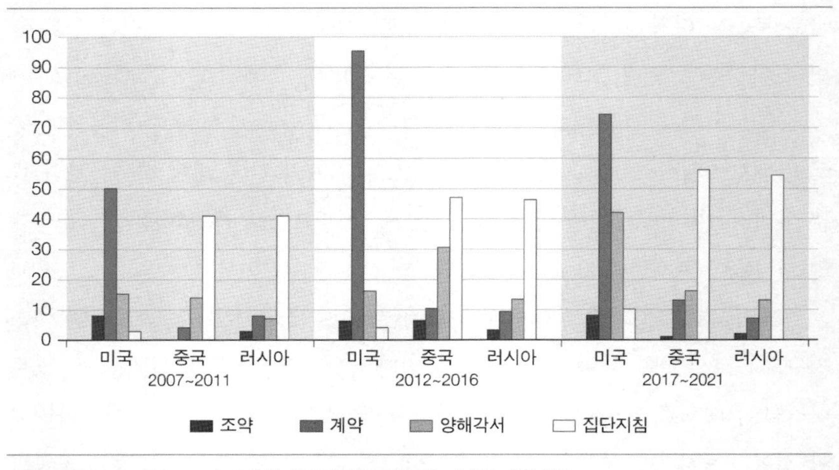

자료: Morin and Tepper(2023)의 원데이터를 이용해 그림을 재구성함.

발적 준수를 특징으로 하는 또 다른 협정인 MoU도 제법 들어가 있다. 그에 비해 미국은 계약(진한 회색 표시)이 상당한 비중을 차지하며 국가조약(검은색 표시)도 상대적으로 많다. 전자는 기업과 같은 비정부 민간 행위자들 간의 협약 또는 적어도 한 당사자가 비정부 행위자인, 법적으로 구속력 있는 협정이다. 전자인 경우, 자연스럽게 실제 기술, 제품, 서비스가 연루된 공급망 관련 협정이 많다고 볼 수 있다. 이러한 데이터는 미국이 현재 우주기술 공급망에서 우위를 보이고 있다. 그뿐 아니라, 상기한 바와 같이, 앞으로 더욱 많은 지구상의 행위자들이 현재의 미국 우위의 우주기술 공급망에 참여하고자 하는 구조적 유인을 제공하고 있다.

2. 미국의 우주기술 수출통제 관련 체제 정비

뉴스페이스New Space의 부상은, 우주과학기술을 둘러싼 행위자들의 상호작용의 변화를 의미한다. 우주기술 개발의 뒤편에 있었던 민간이 전면에 나서게 되고, 지구화의 주역이던 민간은 여러 나라들과 상호 의존하는 가운데 기술의 개발과 시장의 확산을 통해 상업적 이익을 추구하게 된다. 그런데 2018년 미중 전략경쟁의 촉발과 함께, 정부 행위자들에 의해 우주기술과 제품의 수출이 국가안보적 수단으로 활용되면서, 새로운 국면을 맞이한다.[7] 우주기술의 지속적 발전과 우위를 유지하기 위해, 기술의 안정성에 관련한 기술안보와 우주기술·부품·제품의 지속적 공급을 위한 경제안보, 양 측면이 모두 매우 중요한 국가안보 사안으로 부상했다.

우주기술의 상업적 측면뿐 아니라 안보적 측면에 주목해야 하는 이유는 우주 무기들이 단순히 군용에만 그치지 않는 민군 겸용의 성격을 가지고 있기 때문이다. 군용이 민용으로 확산 적용되는 스핀 오프뿐 아니라, 민용이 군용 기술로 되는 스핀 온 성격 때문에, 우주기술의 군사안보적 측면뿐 아니라, 민간의 우주기술의 상업화도 중요한 안보적 함의를 갖게 된다. 점차 많은 국가의 정부와 군이 우주산업에서의 민간 상업적 행위자에 더 의존해 나가고 있는 가운데, 그 비중은 더욱 커지는 추세이다(Pelton, 2019). 미국의 경우를 보더라도, 통신·지휘·감시·정찰 등과 같은 군사정보 서비스들은 이미 민간에 상당히 의존하고 있다. 이러한 민군 간의 긴밀한 연결은, 두 가지 목적, 즉 기존에 경제적 이익을 위해 추진하던 우주의 상업화를 지속적으로 유지하는 한편, 변화한 국제정세

7 국가안보보좌관 제이크 설리번(Jake Sullivan)과 재무장관 재닛 옐런(Janet Yellen)은 미국의 수출통제 정책의 주요 동인은 경제적 경쟁력보다도 국가 안보라 여러 번 언급한 바 있다(https://www.whitehouse.gov/briefing-room/speeches-remarks/2023/04/27/remarks-by-national-security-advisor-jake-sullivan-on-renewing-american-economic-leadership-at-the-brookings-institution/ 그리고 https://home.treasury.gov/news/press-releases/jy1425).

에 따라 우주공간의 안보화에 대비해야 하는 두 목적을 동시에 추구해야 하는 시기가 도래했음을 의미한다.

이하에서는 우주기술 관련 수출통제체제, 그리고 그에 변화를 가하고자 하는 미국의 우주기술 관련 공급망 및 수출통제 전략과 정책에 대해 논의한다. 우선적으로 일국 차원의 조치인 미국의 수출통제체제의 개혁에 대해서 우선 서술한다. 미국은 우주기술에 관해 가장 앞서서 자국의 수출통제를 개혁해 왔다. 그뿐 아니라, 미국은 글로벌 수출통제레짐에 가장 큰 영향력을 미친다고 할 수 있는데, 이어지는 절에서는 미국의 다자적 그리고 소다자적 통제레짐 관련 노력을 분석한다.

1) 미국의 우주기술 관련 국내 수출통제체제

미국의 위성 기술에 대한 수출 규제는 1999년에 상당히 강화되었다. 미국이 만든 전기통신위성을 실은 중국 로켓의 발사 실험이 실패한 이후, 미국 회사들에 의해 민감한 정보가 중국 산업에 이전된 것이 계기가 되었다. 그런데 이렇게 강화된 수출통제 규제가 상업적 발전을 저해한다는 이유 때문에 미국 산업은 반발했고, 산업 규제의 변화를 위한 압박을 가해, 2014년에는 주요한 수정이 이루어졌다. 이러한 맥락에서 미 오바마 정부 때는 수출통제 개혁을 통해, 국무부가 주관하는 국제무기거래규정ITAR 항목하에 있었던 위성 부품의 대부분이 상무부 주관의 수출행정규정Export Administration Regulations: EAR으로 분류되었다. 이로 인해, 동맹국으로 지정된 36개국은 전략물자무역허가Strategic Trade Authorization: STA를 획득하게 되면, 추가적인 허가 없이 우주산업 제품을 (재)수출 및 이전할 수 있게 된다.

그러나 2018년 트럼프 정부 이후부터는 중국에 대한 위협 인식의 증가와 미중 전략 경쟁의 본격화로, 미국 수출통제체제는 경쟁국을 대상으로 수출통제체제의 체계화를 다시 시작하며 우주기술 통제 부문에서의 변화가 이루어졌다. 한편으론 우주기술과 관련한 ITAR의 한계에 대해 지속적으로 산업계로부터 비판이 제기되었고, 다른 한편으론 미국의 수출통제체제가 2018년의 ECRA를 변곡점으로, 국가 안보적 이익을 도모하면서도, 상업적 이익을 저해하지 않도록 양방향을 동시에 추구하는 방향으로 변화했다.

우주공간에 대한 미국 정부의 전략적 접근은 트럼프 대통령의 취임 직후 재부상한다. 트럼프 정부는 초기부터 우주공간을 국가 전략의 일부로 포함시키고 미국의 이익을 투영할 의도를 뚜렷이 내비쳤다. 예를 들어, 그의 대통령 취임 직후인 2017년 6월 국가우주위원회National Space Council: NSpC를 부활시킨 것, 그리고 '국가우주전략National Space Strategy'를 발표한 것에 잘 나타난다. '국가우주전략'은 단순한 발표에 그치지 않고, 전략에 나타난 구상을 구체적으로 실행해 나가기 위한 '우주정책지침Space Policy Directive: SPD'을 연속적으로 발표해 나가는 것으로 이어졌다. NSpC가 채택한 SPD는 1에서 4까지 나왔으며 각각 다른 내용을 담고 있지만, 관통하는 주요 핵심은, 미국 정부가 우주에서의 군사적 위협에 사전적으로 앞서 대처하겠다는 것과 우주의 상업적 활용을 통한 경제적 이익 추구를 함께 도모하겠다는 것이다.

특히 SPD-2는 미국 우주기술의 우위를 유지하는 데 사용된 정책적 도구인 국제무기거래규정International Traffic in Arms Regulations: ITAR에 대해 언급하고 있다. 무기수출통제법을 시행하기 위해 도입된 ITAR는 1976년 냉전 시기 동안에 제정되었으며, 넓게 보아 미국 자체의 무기수출통제레짐arms export control regime의 일부를 구성한다. ITAR은 선별된 장비, 소프트웨어 그리고 기술을 제한 및 통제하는데, 이는 종종 국가안보적 이익이나 외교 정책 목적을 가지고 활용되었다. 더 구체적으로는, ITAR는 민감한 아이템들에 대한 라이선스를 위한 요구 사항requirements이나, 그것들의 수출 그리고 재수출을 위한 인가authorizations를 내놓는다. ITAR는 반드시 재화와 관련된 수출을 통제하는 것이 아니라, 정보나 서비스도 통제 대상에 포함된다. 그리고 이러한 규정에 근거하여, 미국 정부가 수출통제를 통해 특정 아이템들이 제대로 보호받고 있는지에 대해 면밀히 조사할 수 있게 된다.

SPD-2의 내용은 미국의 우주기술 수출통제체제를 이해하는 데 도움이 된다. SPD-2는 우주의 상업적 사용에 대한 규제를 능률화streamlining하기 위해 채택되었다. 이 문서의 목적은 행정부가 경제성장을 촉진하고, 투명성을 높이고, 국가안보와 외교 정책의 이익을 지키고, 우주상업에서의 미국의 리더십을 도모하기 위함이다. 다섯 영역이 개선 영역으로 지정되었는데, 그중 하나가 우주상업청Office of Space Commerce을 상무부 내에 만드는 것이었다. 국무부가 아니라 상무부로의 역할 이전이라는 맥락에서, 해당 문서는 국가안전보장회의National Security Council: NSC에 수출 라이선스 규제의 재검토와 개정을 요구하고 있다.

이러한 정부조직 개편을 통해, 우주기술 통제 업무의 무게 중심이 국무부에서 상무부로 옮겨진다. 이러한 변화의 방향성은 오바마 정부 시기의 수출통제 개혁 추진과 유사하나, 트럼프 정부의 우주기술 관련 수출통제체제는 상업적 이익과 안보적 이익 추구, 양방향을 추구할 환경을 조성해 나갔다. 전자는 민간 영역 기술의 표준 및 시장의 확대이고, 후자는 적대적 경쟁국으로의 기술 확산에 제한을 가하기 위한 방향이다. 이런 맥락에서 2018년 미국은 우주산업 제품을 포함한 수출통제체제에 큰 변화를 가하고, 이는 2018년 8월의 '수출통제개혁법Export Control Reform Act: ECRA'을 통해 나타난다. ECRA의 궁극적 목적은 기술적 리더십을 도모하고, 자국의 경제산업, 나아가 국가 안보를 지키기 위한 개혁이다.[8] 제도·조직적 차원에서 본다면, 이 개혁은 수출통제 목록을 관리하기 쉽고, 수출통제 권한을 명확히 하기 위해 단일화의 방향을 추구했다.

미국 정부는 ECRA라는 미국 수출통제체제의 개혁을 통해 기술 이전을 관리하고자 했다. 이는 2018년 ECRA 이전과 그 이후의 미국의 기술통제체제를 비교해 보면 뚜렷이 보인다. 첫째, 2018 ECRA 이전에는 이중용도dual-use 기술이[9]

8 특히, ECRA of 2018의 Section 1758을 보아라.

여러 글로벌 다자간 수출통제레짐을 통해 관리되어 왔다. 그런데 2018년의 ECRA는 '미국' 일국의 국가안보에 주안점을 두고, "신흥기반기술EFT"의 수출, 재수출 혹은 (국내외) 이전에 대한 자국 차원의 통제를 강조하기 위해 도입되었다.

둘째, 본래 미국 수출통제는 명확하게 군의 투입이나 군 사용의 사례와 함께 아이템들이 규제되어 왔었는데, 오늘날 수출통제 대상의 기술들이 상업 부문에서 비롯되는 경우가 더 많아졌다. 즉, 군사적 그리고 상업적 적용 모두 가능한 이중용도 성격을 가지는 신흥기술에 대한 수출통제로 그 주안점이 바뀌었다. 이런 맥락에서 2018년에 부상하는 신흥기술 목록 확인 및 지정 때도, 그리고 2020년 8월의 '핵심 신흥기술을 위한 국가 전략National Strategy for Critical and Emerging Technologies' 문서에서도 신흥기반기술에 대해 대학, 민간 산업 및 연구소와 정부 기관들로부터의 의견을 받고, 해당되는 기술(의 분류와 소분류)을 확정한다.

셋째, ECRA 도입을 통한 또 다른 변화는, 수출통제체제를 더 폭넓은 외교 정책 목표를 위해 활용하기 시작했다는 것이다. 단순히 군사적 영역에서 혹은 지정학적 맥락에서의 국가 안보적 목적으로서뿐 아니라, 권위주의 정부에서 인권 탄압을 막거나, 민주주의를 증진하거나, 공급망 교란을 방지하기 위한 목적들이 포함되었다.

넷째, 미국 수출통제체제 변화에는, 동맹국이나 파트너 국가들의 규제 틀에

9 행위자에 따라 민감기술(sensitive technologies) 혹은 신흥기술(emerging technologies)이라 부르기도 한다. '신흥(emerging)'이란, 아직 본격적으로 부상하지 않았으나 국가 안보나 경제 성장에 큰 영향력을 가져올 것으로 기대되는 기술을 의미한다. 미 BIS는 "emerging"이라는 용어를 발전(development) 단계에 있는 기술, 즉 아직 상업적 단계에 이르지 못한 기술들을 언급하기 위해 사용하는데, 복잡계이론에서 언급하는 "신흥"과는 다른 뜻이다. 이중용도 기술 중에서도, 특히 국가 전략적으로 중요하다고 생각되어 지정된 기술 목록을 미 국무부는 '핵심 신흥기술(Critical and Emerging Technology, CET)'이라는 용어로 부르며, 상무부는 '신흥기반기술(Emerging and Foundational Technology, EFT)'이라는 용어를 사용한다.

도 자국과 유사한 규제 변화를 일으키려는 노력이 포함되었다. 이런 노력은, 글로벌 수출통제 관련 다자간 제도에서의 변화를 수반해야 할 필요를 제기하고 있지만, 현실적으로는 양자 혹은 소다자 협의 틀에서 우선적으로 도모되고 있다. 일례로, 2018 ECRA는 북대서양조약기구North Atlantic Treaty Organization: NATO나 다른 동맹국들과의 군사적 상호 운용성을 강조하면서, 동시에 이들이 함께 핵심 기술들을 보호할 것을 요청하고 있다. 일국의 통제도 미국의 안보 이익을 보호하는 데 중요하나, 조율된 소다자 통제가 장기적으로 보아 더욱 효과적임을 주장하고 있다.[10]

수출통제체제의 개혁이라는 맥락에서, 상무부의 산업안보국Bureau of Industry and Security: BIS은 (2022년 7월 기준) 38개의 신흥기술 통제품목을 수립했으며, 이들은 바세나르협정The Wassenaar Arrangement: WA과 호주그룹The Australia Group: AG과 대부분 일치한다.[11] ECRA의 1758절을 보게 되면 상업통제 목록Commerce Control List: CCL에 따른 수출통제 분류번호Export Control Classification Numbers가 있는데, 해당 절에는 38개의 통제되는 기술 리스트가 있다.[12] 그리고 이러한 리스트들의 작성과 통제를 위한 실제 활동에는 기술자문위원회, 정보기관 커뮤니티, 기술 개발자, 대중 등 여러 관계자들과의 상호작용 혹은 협력이 요구된다.[13]

10 이러한 견해는 2018년 이후의 공급망 및 핵심 기술 관련 미 정부 전략 문서에서, 그리고 국가안보전략서에서도 공통적으로 나타난다. 밑에서, 소다자 그룹에서의 수출통제조율 노력에 대해 상론한다.

11 BIS뿐 아니라 백악관도 '핵심 신흥기술을 위한 국가 전략(National Strategy for Critical and Emerging Technologies)'(2020)에서 그리고 2022년의 업데이트에서도 기술 목록을 제시한다. 이 목록은 2018 BIS의 '제안된 규칙 제정의 사전 통지(ANPRM)' 목록과 일치한다. 단, 해당 전략서의 목록은 신흥기술을 식별하기 위한 것이지, 통제 목록 그 자체는 아니다.

12 https://www.congress.gov/bill/115th-congress/house-bill/5040

13 신흥기술 기술자문위원회(The Emerging Technology Technical Advisory Committee: TAC)는 민관 협력의 실행이라고 볼 수 있다. TAC은 3개월에 한 차례씩 만나며, 이중용도 기술을 식별해내고 적절한 수출통제의 범위에 대해 상무부에 조언한다(https://tac.bis.doc.gov). 이와 유사한 수출통제 정책 논의가 국무부를 포함한 정부 관계 부처 간에도 이루어지고 있으며, 이들 간에는 국제적 조율이 주요 논의 대상이 된다.

2018 ECRA는 우주기술 그 자체를 언급하고 있지 않지만, 발사체에 이용되는 미사일과 같은 기술들을 포함한다. 즉, 우주기술 그 자체는 2018년 BIS의 '제안된 규칙 제정의 사전 통지advanced notice of proposed rule making: ANPRM' 목록에 명시적으로 포함되어 있지 않았다. 그러나 2020년의 '핵심 신흥기술을 위한 국가 전략National Strategy for Critical and Emerging Technologies'에서는 우주기술Space Technologies을 명확히 언급하며 포함한다. 2022년 2월에 국가과학기술위원회National Science and Technology Council: NSTC는 CET 목록을 업데이트하는데, 단순 우주기술뿐 아니라 "우주 시스템Space Technologies and Systems"도 언급하며 범위를 확장시킨다(NSTC, 2022).[14]

이와 같은 NSTC의 CET 확인과 목록 작성 노력이 이루어지는 중에, 다른 한편으론 상무부도 2018년 ECRA에 따라 EFT를 작성했는데, CET와 EFT 리스트 간에는 상당한 중첩이 있다. 주의해야 할 점은, CET의 리스트가 자동적으로 수출통제의 대상이 되지는 않는다는 것이다. 그럼에도 CET에 주목할 만한 이유가 있다. CET가 이후에 상무부에 의해 EFT로 지정될 수 있는 기술들이기 때문이다. NSTC가 작성하는 CET 목록이 중요한 또 다른 이유는 장차 미국 외국인투자심사위원회CFIUS가 이행하는 규제 대상으로 고려될 수 있기 때문이다. 미국은 외국인투자심사inbound investment screening를 강화해 왔으며, 최근에는 해외투자심사outbound investment screening에 대해서도 강화하고 있다.[15]

바이든 정부에서도 미국의 우주기술에 대한 공급망 재편의 움직임은 지속되

14 Space Technologies and System 분류하의 소분류에는 다음이 목록이 포함되었다. On-orbit servicing, assembly, and manufacturing; Commoditized satellite buses; Low-cost launch vehicles; Sensors for local and wide-field imaging; Space propulsion; Resilient positioning, navigation, and timing (PNT); Cryogenic fluid management; Entry, descent, and landing.

15 미국의 기술이전 통제를 위한 또 다른 정책 수단이 투자 규제이다. 이런 맥락에서 CFIUS의 투자 심의는 2018년 이후 활발한 역할을 띠기 시작했다. (https://www.whitehouse.gov/briefing-room/presidential-actions/2023/08/09/executive-order-on-addressing-united-states-investments-in-certain-national-security-technologies-and-products-in-countries-of-concern/)

고 있다. 공급망 재편을 위한 수출통제를 위해서는 우선 해당 산업에서의 기술 및 물품의 전반적 동향을 파악할 필요가 있다. 이런 맥락에서 2023년 3월 6일 상무부의 BIS는 '미국 민간 부문에서의 우주산업 기반에 대한 현재 건강과 경쟁력'을 평가하기 위한 서베이 시행을 알렸다.[16] 미 항공우주국National Aeronautics and Space Administration: NASA과 해양대기청National Oceanic and Atmospheric Administration: NOAA의[17] 요청에 따라 서베이가 행해졌다. 공식적으로 표명된 목적은 우주기술 관련 공급망 네트워크를 더 잘 파악하기 위한 것이며, 수집된 데이터를 바탕으로 장차 일어날 수도 있는 공급망의 결여, 교란, 또는 중단 사태에 대한 대비책을 세우기 위한 것이다.[18] 그런 사태들은, 감소하는 제조 원천, 재료 부족, 외국 의존, 사이버안보 침해, 핵심 광물과 재료, 코로나19 대유행 충격 그리고 기타 등등에 야기될 수 있다. 그런데 이러한 드러난 목적 외에도 공급망의 파악은 우주기술 생태계의 국경 간 이동을 파악하여, 효과적으로 통제하기 위한 목적도 있다. 따라서 미중 전략 경쟁의 맥락에서 중국의 우주기술 발전의 방지와 지연을 염두에 두고 있음은 명확하다. 이러한 데이터 수집의 근거가 방위생산물법Defense Production Act 705절과 행정명령 13603에 기반하는 것을 보아도 명확히 보인다. 이들 문서는 미국은 평화 시와 국가 위기 시 모두, 국토방위와 국

16 https://www.bis.doc.gov/index.php/documents/about-bis/newsroom/press-releases/3244-2023-03-06-bis-press-release-csib-survey-announcement/file

17 미국 상무부는 상업적 우주산업을 관장하는 주요 규제 조직이다. 특히, 상무부 내 우주상업국(Office of Space Commerce)은 우주 관련 하부 부처들을 조율하는데, 예를 들어 NOAA, BIS, 국립표준기술연구소(National Institute of Standards and Technology: NIST), 전기통신정보청(National Telecommunications and Information Administration: NTIA)이 포함된다. 상무부의 첫 번째 목표는 이러한 부처 간 그리고 국내 국제 이해당사자들 간에 규제의 조율이지만, 또 다른 주요 업무는 수출통제이다. MTCR하에서 위성과 위성부품의 수출에 대한 라이선스 신청을 심사한다.

18 반도체 부문과 관련해서 2023년 10월 17일에 BIS가 공표한 규제도 비슷한 맥락에서 공급망 파악을 하기 위한 조치로 이해될 수 있다. 물론, 반도체 부문은 이전부터 수출통제 정책이 진행되어 왔었기 때문에, 해당 일자에 발표된 규제는 단순히 공급망 파악을 위한 것뿐 아니라, 더 엄밀한 통제 규칙들을 담고 있다.

방 장비의 기술적 우위에 기여하는 산업적·기술적 기반을 갖춰야 한다고 명령하고 있으며, 이를 통해 상기 서베이가 명백히 국가안보적 고려를 바탕으로 이루어지고 있음을 알 수 있다.

2) 미국의 우주기술 관련 국제 수출통제체제 형성

2018년도 ECRA는 이중용도 기술에 대한 수출통제 관련 권한을 성문화한 문서이다. 2018 ECRA는 국내 수출통제에 관한 것이지만, 인권의 보호와 민주주의의 증진과 같은 미국 외교 정책이 추구해야 할 궁극적인 목적과 가치를 포함하기도 하면서, NATO나 다른 동맹국들과의 군사적 상호 운용성의 중요성을 강조한다. 나아가, 효과적 수출통제를 통해 궁극적으로는 글로벌 공급망 재편을 통해 미중 전략 경쟁에서의 승리를 도모하고 있다. 전략적 우위를 위해, 그리고 해당 법의 요구에 따라, 미국은 국내 수출통제체제와 국제수출통제체제 간의 조화를 다자, 소다자, 양자 차원의 국제 협의에서 추구한다. 글로벌 공급망의 재편에서 가장 활용되고 있는 수단이 수출통제인데, 일국만의 통제로는 효과성이 떨어지기 때문에, 이에 대한 국제적 조율이 필요한 상황이다(The White House, 2021). 이하에서는 다자와 소다자 협의를 중심으로 살핀다.

(1) 글로벌 수출통제레짐

국제 시스템 차원에서의 레짐을 형성해 나가기 위한 여러 논의체 중 대표적으로 '우주공간의 평화적 이용 위원회Committee on the Peaceful Uses of Outer Space: COPUOS'와 '다자간 제네바 군축회의Conference on Disarmament: CD'를 들 수 있다. 전자는 1959년 12월에 설립되었으며, 지속가능한 우주 환경 조성에 초점을 맞추고 논의하고 있다. 후자인 CD는 1978년 5월 처음 개최된 유엔 군축특별총회에 기원을 두고 있지만 1982년부터 우주 문제를 본격적으로 논의하기 시작했으며, 우주공간에서의 군비경쟁 방지를 위한 방안Prevention of Arms Race in Outer Space:

PAROS에 집중하고 있다. 이러한 논의의 장에서는, 국제 규범을 설립하기 위한 국가 간 노력이 지속되는 기간에는 우주기술의 사용과 이전에 관한 논의도 함께 이루어졌다. 그러나 미국과 러시아와의 지정학적 그리고 중국과의 지경학적 대립이 심해지면서, 글로벌 규범 형성은 더욱 어려워지고 있다.

글로벌 시스템 차원에서, 전통적으로 이중용도dual-use 기술은 다자간 수출통제레짐을 통해 관리되어 왔다. 여기서 이중용도 기술이란, 재래무기, 생화학무기, 핵무기 혹은 미사일의 개발 혹은 생산에 사용되는 기술을 포함한다. 그리고 다자간 수출통제레짐은 네 개의 기둥으로 이루어졌는데,[19] 바세나르협정The Wassenaar Arrangement: WA, 핵공급그룹The Nuclear Suppliers Group: NSG, 호주그룹The Australia Group: AG, 그리고 미사일기술통제레짐The Missile Technology Control Regime: MTCR이다.

바세나르협정은 1995년에 시작되어 재래식무기와 이중용도 재화와 기술에 집중하고 있으며, 비확산과 전통적 군사 관련 목적에 초점을 맞추어 42개 회원국 간의 조율을 위한 협의 틀이다. 핵공급그룹은 1992년에 시작되어 핵무기의 수출통제에 집중하고 있으며 48개의 회원국을 갖는다. 호주그룹은 1985년에 시작되어 화학무기나 전구체precursor 화학물질을 통제하는 것에 집중하며 42개의 회원국을 갖는다. 미사일기술통제레짐은 1987년에 시작되어 대량파괴(/살상)무기를 운반하는 것이 가능한 미사일의 확산을 제한하기 위한 수출통제를 논의하며 35개의 회원국을 갖는다.

이 중, 국제 시스템 차원에서 우주기술 관련 수출통제체제의 주요 요체는 바세나르협정WA과 미사일기술통제레짐MTCR을 통해 형성된다. 주로 미국과 유럽연합이 이 두 논의체를 통해 우주산업 분야에서의 수출통제 관련 국제레짐의 형성을 주도하고 있다. 이들은 비서구적 규범과 표준이 확산되는 것을 막고,

19 https://www.bis.doc.gov/index.php/policy-guidance/multilateral-export-control-regimes

자국 산업의 경쟁력을 유지하고, 국가 안보에 위협이 되는 기술 개발을 억지하고자 한다. 수출통제란 일국보다는 여러 나라가 함께 이행할 때 더 효과적이기 때문에, 그리고 수출통제 정책 조율의 필요성은 기술의 중요성이 국제정치적으로 커짐에 따라 더욱 커지기 때문에, 이들 협의체를 활용할 유인은 존재한다.

그러나 지금의 다자간 수출통제체제는 오늘날의 여러 기술적 도전을 다루기에는 너무 좁은 범위로 한정되어 있는 것으로 여겨진다. 지금의 체제와 운영으로는, 빠른 속도로 발전하고 쇠퇴하는 신흥기술emerging technologies을 적시에 다룬다거나, 글로벌 공급망의 파괴·중단·교란disruption에 대처하고, 권위주의 정권의 이중용도 기술 사용(예를 들어, 디지털 권위주의의 일환인 필터링과 허위 정보 유포)을 통한 권위주의 확산을 막고 민주주의를 수호한다거나, (중국의) 민군융합 전략 등에 대처할 수 없다. 부분적으로는, 이들 레짐이 합의 기반의 의사결정 절차를 갖기 때문이다. 비록 합의는 의사결정 절차를 투명하고 포용적으로 만들 수 있지만, 역으로 개별 국가의 이기적 수출통제 행위를 막고 집단행동을 이루는 것을 어렵게 만들기도 한다. 더욱이, 러·우 전쟁 이후의 지정학적 긴장의 증대와 미중 전략 경쟁에서 지경학적 고려와 기술 경쟁은 더욱 합의 형성을 어렵게 하고 있다. 따라서 다자간 조율이 쉽지 않은 상황에서, 일국 차원에서 그리고 동지 국가들 사이에서 먼저 조율을 촉진하는 틀을 만들어 가는 것이 합리적·정책적 선택이 된다. 하지만 글로벌 다자체제의 유익이 분명한 가운데, 미국 내에서는 2023년부터는 글로벌 차원에서의 다자간 수출통제레짐에 변화를 도모할 필요가 활발히 논의되기 시작했다.

(2) 우주기술 관련 소다자 수출통제레짐 구축 노력

2023년 3월 BIS 서베이 조사에서 드러나듯이 공급망에 대한 파악이 미진하다는 인식이 미국 당국에 존재한다. 다른 한편, 미국의 우주기술 부문이 상당히 성장했음에도, 공급 기반을 추구하기 위한 투자가 충분하지 않는다는 인식도 존재한다. 이러한 인식에 기반하여 공급 기반 구축의 일환으로서 국제 파트너들과의 협력이 더 필요하다는 주장이 대두했다. 이에 따라 국제 파트너들과의 집단적 역량과 상호 운용성을 향상시키기 위한 노력의 필요성 또한 강조되었다.[20] 특히, 국방부 차원에서도 동맹국, 파트너 국가들과 우주 협력을 가속화시키고 있다. 이런 맥락에서 미 우주군U.S. Space Force: USSF은 글로벌 파트너십을 위한 지침을 발간했으며, 합동우주작전을 위한 이니셔티브, 오커스Australia, United Kingdom, United States: AUKUS, 미·일 우주안보 협력, 미·노르웨이 우주안보 협력이 진행 중이다.

예를 들어, 2023년 6월에 승인된 비밀문서인 우주안보지침Space Security Guidance에서는, 우주기술을 비롯한 첨단기술 부문에서 미국의 힘과 경쟁 우위를 유지하기 위해서는 동맹국들과 파트너 국가들이 매우 중요하다는 인식이 잘 나타나 있다. 해당 문서는 적대적인 우주의 사용으로부터 미군을 지키고, 우주에서의 점증하는 위협에 대응하여, 동맹국들과 파트너 국가들이 상호 유익을 위해 우주활동, 작전, 계획, 역량 그리고 정보 공유 등에서 더욱 통합해 나가야 할 것을 미국 정부에 지시하고 있다.

같은 맥락에서 2023년 10월에는 '국제안보우주주간International Security Space Week'이 개최되었다.[21] 여기서 미 우주군U.S. Space Force 고위 관료들은 우주산업의 지도자들뿐 아니라, 영국, 캐나다, 호주, 뉴질랜드, 프랑스, 독일 그리고 일본으로부터의 해외 정부 및 기업 파트너와의 회동을 갖고, 공급망 복원력에 대한 논의를 진행해 나갔다. 해당 행사에서는 글로벌 공급망 위협에 대한 정보 공유뿐 아니라, 복원력과 안전 및 가시성을 위해 어떻게 기술을 활용할 것인가도 논의되었다.

20 국방부 고위 관료들에 의한 보고서는 이를 잘 보이고 있다(https://www.newspacenexus.org/wp-content/uploads/2022/09/State_of_the_Space_Industrial_Base_2022_Report.pdf)

21 https://nssaspace.org/event/international-security-space-week-2023/

마찬가지로, 2023년 10월에는 미 우주군의 우주체계사령부Space Systems Command: SSC가 어떻게 복원력 있는 집단공급망collective supply chain 또는 집단산업기반collective industrial base을 동맹국들과 함께 구축해 나갈 것인가를 동맹국들과 논의하는 전략 대화를 시작했다.[22] 같은 달 25, 26일 버지니아 첸틸리에서 개최된 '국제역산업의 날international reverse industry day'에 8개국의 동맹국 정부와 산업 관계자들이 모이는 계기를 활용했다. SSC는 우선 필요한 우주기술 역량space capabilities의 현황을 파악하는 것을 목적으로 삼았는데, 해당 정보는 후에 상호 간에 간극을 채우는 것을 도울 수 있기 때문이다. 이러한 집단공급망 구축을 위한 대화를 할 수 있는 대화체가 없는 상황에서 해당 모임은 최초라고 할 수 있다.

집단공급망 구축을 위해 필요한 수순으로서 대화를 위한 협의체의 설립이 우선적으로 진행 중이지만, 그 외에도 여러 풀어야 할 문제들이 있다. 그중 하나가 정보 공유이다. 정보 공유를 위한 분류, 문화, 제도적 장치조차 현재 결여되어 있다. 다른 하나는 협력 문화인데, 미국과 다른 동맹국들의 정부 간 협력뿐 아니라 그리고 국내외 산업계와 파트너십을 구축하기 위한 준비가 결여되어 있는 상황이다. 산업계에서도 어떻게 특정 정보가 '통제된 기밀해제 정보controlled unclassified information: CUI' 혹은 '외국 국적에게 공개불가not releasable to foreign nationals'로 지명되는지에 대한 절차적 투명성 결여를 지적하고 있다.

바이든 정부는 2023년 12월에 국제 우주 파트너십의 강화를 위한 제3회 국가우주위원회NSpC 회의를 개최했다. 위원회의 기본적 인식은 동맹국들과 파트너 국가들이 우주기술을 비롯한 첨단기술을 미국의 힘과 경쟁 우위를 유지하기 위한 하나의 원천으로 보고 있다는 것이다.[23] 이 회의에서는 국방부에 의한

22 우주군의 최고 획득사령부(Space Force's primary acquisition command)로도 알려져 있다.

23 https://www.whitehouse.gov/briefing-room/statements-releases/2023/12/20/fact-sheet-strengthening-u-s-international-space-partnerships/

우주기술 관련 국제 협력 노력들도 언급했다.

이러한 기본적인 국제 협력 기조와 함께, 미국은 우주에서의 책임 있는 행동을 위한 국제 규칙과 규범을 증진시키고자 하고 있다. 일례로, 2022년 4월에 미국은 중국이나 러시아와 달리, 미국이 솔선해서 파괴적인 위성요격direct-ascent anti-satellite 미사일 시험을 하지 않기로 한 바 있으며,[24] 이러한 움직임에는 (2023년 기준) 36개국이 참여를 선언했다. 이 외에도 아르테미스 협정Artemis Accords과 같이 우주의 민간인 사용에 관한 원칙들이 존재하는데,[25] 해당 협정은 탐색, 과학, 상업적 활동을 위한 안전하고 투명한 환경을 위해 만들어졌으며, 미국은 해당 협정에의 참여국을 (2022년 기준) 18개국으로 증가시켰다.

이러한 미국의 우주공간에 관한 국제 협력 전략 및 정책들이 존재하고 진행 중이지만, 우주기술에 특정한 공급망 재편을 위한 수출통제 정책은, 반도체와 같은 다른 첨단기술 부문과 비교해 보면 비교적 눈에 잘 띄지 않는다. 예를 들어, 반도체의 경우, 2019년 트럼프 정부에 의한 화웨이 기업에 대한 제재를 비롯하여, 바이든 정부에서의 2022년 10월 7일, 2023년 10월 17일 등의 수출통제 정책과 더불어, 2023년 8월 9일의 대외투자제한outbound investment restrictions과 같은 투자심의 정책 또한 지속적으로 입안하며 발전시켜 가고 있다. 같은 정책들은 인공지능AI 부문에도 해당된다. 그러나 우주기술 부문과 관련해서는 2023년 12월 국가우주위원회 회의에서 부대통령이 우주수출통제에 대한 심사review를 지시했다고 간단하게 언급하는 정도이며, 우주기술 부문에 맞춘 새로운 수출통제 정책의 실행은 2018년 미중 전략경쟁 개시 이후 아직까지 (2024년 4월 기준) 공표된 바 없다.

국방 영역에서뿐 아니라 외교 영역에서도 소다자 협의체를 통한 수출통제

24 https://www.whitehouse.gov/briefing-room/speeches-remarks/2022/04/18/remarks-by-vice-president-harris-on-the-ongoing-work-to-establish-norms-in-space/

25 https://www.nasa.gov/artemis-accords/

개혁을 위한 노력이 진행되고 있다. 그러나 우주기술 부문에 초점을 맞춘 소다자 협의체의 부상은 아직까지 나타난 바 없다. 이러한 현상은 다른 첨단기술 부문과 대조된다. 즉, 반도체와 같은 경우 '칩4동맹Chip 4 Alliance'과 같은 소다자 협의체가 2022년 제안되어, 회원국들 간에 논의가 진행 중이다. 직전 트럼프 정부에서는, 비록 성공적 이행과는 거리가 있었지만, 5G 네트워크와 관련하여 '청정 네트워크Clean Network' 이니셔티브가 제안된 바 있다.

비록 우주기술 부문에 집중한 소다자 차원의 협의체는 아직 존재하지 않지만, 미국이 첨단기술에서의 우위를 유지하기 위한 소다자 협의체에서의 협상을 진행시켜 나가기 위해, 국내 제도적 정비를 최근 시작했다. 대표적인 예가 AUKUS에서의 논의이다. 첨단기술 협력 방안은 AUKUS 협정의 필러 2Pillar 2의 핵심 내용이기도 하지만, 동시에 필러 1Pillar 1을 이행하기 전에 마련되어야 할 사항이기도 하다.[26] 필러 1이란 미국과 영국의 핵잠수함(기술)을 호주가 받아들이는 내용이다. 그런데 그 전제가 되는 필러 2의 핵심은 AUKUS 간의 기술(역량) 공유인데, 이 목표가 미국 ITAR 체제의 제한을 받기 때문에 영국과 호주 관료들에 의한 ITAR 개정 요구의 목소리를 높이고 있다. 또한 미국의 엄격한 승인 절차 때문에 호주와 영국은 미국과 개발 협력하는 것을 주저하고 있다. 이러한 승인 절차 중에 영국과 호주의 수출 기회가 도난당할 것에 대한 우려가 있기 때문이다. 그뿐 아니라 ITAR 위반에 대한 우려 때문에 사적 부문의 행위자들도 기술 공유가 쉽지 않다. 이 때문에 미 하원의 외교위원회에서는, ITAR를 비롯하여 AUKUS 협정 이행에 장애가 되는 것들에 대한 조사를 하도록 국무부와 국방부에 요구한 바 있었다. 따라서 법안(393-4)은 바이든 행정부로 하여금 의회에 진보 상황에 대해 평가한 내용을 의회에 제공할 것을 요구하고 있다.

26 AUKUS는 2021년에 발족한, 호주, 영국, 미국 간의 소다자 안보협력체이다.

보통, 국무부가 담당하는 ITAR가 작동되기 전에, 국방부가 먼저 기술 안전과 기술공개 정책 결정을 담당하기 때문에, 법안이 통과되기 이전에 이미 2023년 3월 9일에 국방부가 수출통제 정책에 대한 재심을 시작한다. 그리고 이러한 과정과 별도로 국무부는 호주, 영국, 캐나다를 위한 ITAR 적용 예외를 규정하는 '공개 일반 라이선스 파일럿 프로그램Open General License Pilot Program'을 이미 운영하고 있었다. 이러한 프로그램 때문에 일반적으로 영국과 호주의 수출 라이선스는 다른 나라들에 비해 훨씬 더 빨리 처리되었으며, 기술 협력의 범위는 넓고 깊다. 따라서 AUKUS를 이행하는 것 자체는 큰 어려움이 없을 것으로 예상되지만, 작동 준비와 상호 운용성을 더하기 위한 더 효율적이고 유연한 수출통제체제로 나아가고자 하고 있다.

미 의회는 2023년 12월에는 호주와 영국의 ITAR 면제exemption를 위한 2024년 국방수권법National Defense Authorization Act을 통과시켰다. (2024년 2월 기준) 현재, 특별 ITAR 면제 혜택을 받고 있는 나라는 캐나다뿐인데, 호주와 영국으로 확장하려는 것이다. 단, 조건이 있는데, 그들이 미국과 유사한 수출통제체제를 이행해야 한다. 즉, 미국이 첨단 방위 기술의 합동 개발 관련 AUKUS 합의를 위해 폭넓은 예외를 준비하고 있지만, 그 전에 호주가 미국과 유사한 수출통제법을 채택하기를 요구하고 있다. 이에 대해 여러 호주 방위 회사들은 호주 의회에서 보류 중인 입법안에 대해 불만을 내비치기도 한다. 미국과 유사한 수출통제법은 AUKUS 외의 국가들과 효과적 협력뿐 아니라 사업을 하는 능력을 방해할 수 있기 때문이다. 더 폭넓게는 ITAR의 민감한 방위 수출에 대한 엄격한 제한이 AUKUS의 목표 실현을 방해할 것이라는 3국의 방위 사업체들의 우려도 있다. 동맹국들이 제3국에 수출할 때에 그들 스스로가 개발한 기술까지도 미국의 경직된 수출통제체제로 가로막힐 것을 우려하는 것이다. 이런 우려에도 불구하고, 해당 동맹국들은 입법 등의 제도 변화 과정을 통해, AUKUS 이행을 위한 수순을 밟아 가고 있는 것으로 보인다. 일례로, 영국은 2023년 7월에 에스피오나지espionage법을 국가안보법National Security Act의 일부로 개정했다.

이와 같이, 우주기술과 직접적으로 관련된 것은 아니지만, 우주기술 부문과 밀접한 관련이 있는 글로벌 수출통제레짐의 한 축인 ITAR와 관련한 미국의 변화가 AUKUS와 동반되어 일어나기 시작했다. AUKUS에 있는 핵심 기술 협력을 촉진시키기 위해서는 수출통제에 대한 협력이 선행될 필요가 있기 때문이다. 즉, 기술 협력의 내용이 적대국에 유출될 수 있기 때문에, 동맹국 및 파트너 국가들과 양자 그리고 소다자 간에 기술 협력을 촉진하기 위해서는 수출통제 조율이 전제되어야 한다. 이런 맥락에서 미 하원의회는 법안(393-394)을 2023년 3월에 통과시켰으며, 해당 법안은 국무부와 국방부로 하여금, 미국이 동맹국들과 초음속무기, 인공지능, 퀀텀 기술 등에 대해 협력하기 위해 필요한 방위수출 라이선스에 대한 정보를 제출하도록 지시하고 있다. 이러한 국내 제도적 정비는 미국이 첨단기술에서의 우위 유지를 위한, 소다자 협의체에서의 협상을 진행시켜 나가기 위한 사전적 작업이기 때문이다.

글로벌 공급망 재편을 논의하고 있는 다른 대표적 소다자 논의체에서도 우주기술 부문을 중점 어젠다로 삼아, 우주기술의 통제 관련하여 무게를 실은 논의는 이루어지지 않고 있다. 미-EU무역기술위원회EU-US Trade and Technology Council: TTC, 쿼드QUAD, 인도태평양경제프레임워크IPEF, G7을 보아도, QUAD나 G7은 우주 부문을 다루고 있지만, 우주산업의 민간 협력, 우주쓰레기 등의 이슈 등을 다루고 있기는 하나, 우주기술의 공급망 재편과는 거리가 있다.

우주기술 부문과 관련해 논의가 이루어지고 있는 소다자 협의체 중 하나는 G7Group of Seven이다. 2021년 G7 서밋summit에서는 우주쓰레기의 심각성에 대해 인식을 같이하고, 안전하고 지속가능한 우주의 사용을 위한 공동의 노력을 약속했다. 그러나 이렇게 활발히 논의가 진행되고 있는 G7이지만, 우주기술 공급망에 특정한 논의는 잘 보이지 않는다. G7은 2023년 5월 20일 히로시마에서의 미국의 '디커플링de-coupling'의 방향성을 '디리스킹de-risking'으로 회원국 간에 조율하여 방향 전환을 유도했으며, 경제안보에 대한 공동선언을 내놓을 정도로, 첨단기술의 글로벌 공급망의 재편에 영향력 있는 소다자 협의체이다. 그리고 공동선언에서는 경제적 강압과 기술 유출을 명시적으로 언급하고 있다. 그러나 이중용도 기술을 언급하는 맥락에서도 핵, 청정에너지 기술, ICT 기술 부문을 언급하고 있지만, 우주기술 부문을 특정하고 있지 않다. 2024년 이탈리아 G7 회동에서도 디지털 연결의 맥락에서 인공위성을 언급할 뿐이다.

쿼드QUAD에서도 우주와 관련한 협력 논의가 진행 중이지만, 우주기술 공급망과 관련한 논의는 보이지 않는다.[27] QUAD의 우주에 대한 높은 관심은, 2021년 9월 정상회의에서 'QUAD 우주작업반QUAD Space Working Group' 발족에 합의한 것에서도 보인다. 2021년은 최초의 QUAD 대면 정상회담이었으며, 코로나19 대유행의 와중에 야심 차게 다양한 핵심 영역이 다루어졌다. 높은 기준의 인프라, 기후변화, 신흥핵심기술, 우주와 사이버안보, 그리고 교육들이 포함되었다.

2021년 QUAD 정상회담 어젠다는 여러 기술 부문을 포함한다. 기술표준 접촉그룹contact groups 신설 및 반도체 공급망 이니셔티브를 출범시키는 것을 약속했다. 5G 배치와 다각화를 위한 오픈 랜Open RAN 관련 대화체인 '트랙 1.5 산업대화'를 시작했으며, 바이오 기술에 대한 협력도 포함시켰다. 사이버안보 관련해서는 '쿼드 고위급 사이버 그룹Quad Senior Cyber Group'을 만들어 전문가들이 사이버 표준에 대해 논의할 수 있도록 했다.

2021년 쿼드 정상회담은 우주와 관련된 항목을 따로 어젠다로 설정했다.[28] 기후위기 대응과 해양 자원의 지속가능한 사용을 위한 인공위성 데이터를 공유하는 것, 지속가능한 개발을 위한 우주 관련 영역에서의 역량 강화를 위한 협력, 그리고 장기적 우주 환경의 지속가능성을 위한 규범과 지침을 상의하는

27 2007년에 처음 회동하고, 2008년에 중단되었다가, 2017년에 재출범하게 된 Quadlateral Security Dialogue는 쿼드(QUAD)로 종종 불린다. 호주, 인도, 일본, 미국으로 구성된다.

28 https://www.whitehouse.gov/briefing-room/statements-releases/2021/09/24/fact-sheet-quad-leaders-summit/

것을 포함하고 있다.

2023년 5월 회의에서 미국은 위성에 의해 획득된 정보를 지구 관찰과 재난 완화 목적을 위해 공유하는 우주 협력을 제안했다. 이러한 정보 공유에는 인도 태평양 지역에서의 중국 동향에 대한 관찰도 포함된다. 우주상황인식에서의 협력도 포함되었다. 그리고 상업적 우주 협력을 구체적 합의 내용 안에 포함했다.[29] 그 안에는 일자리 창출, 공급망 강화, 표준 설정 등이 적혀 있으나, 각각의 우주 부문의 성장 노력임이 적시되어 있으며, 공동 작업은 아니다. QUAD에서의 우주 관련 논의는 우주기술 공급망 구조와는 거리가 있는 어젠다들이다.

3. 결론

우주기술 부문에서의 미국의 위상은 다른 기술 부문에 비해 상대적으로 높은 우위를 차지한다. 이는 미국의 우주기술 부문에 대한 투자액, 발사 경험, 발사체 보유, 관련 조직들의 수나 다양성 그리고 관련 행위자들 간의 협의체들을 보았을 때, 명확하게 드러난다. 이러한 공급망 구조상의 압도적 우위의 유지는 상기의 요인들에 더해서 성공적인 기술의 국경 간 통제에 있었다고 볼 수 있다. 수출통제 정책이 제대로 작동하며, 네트워크의 구조적 권력을 축적시켰다고도 볼 수 있지만, 이 연구가 보이듯이 축적된 구조적 권력에 기반해서 새로운 수출통제 정책의 제시나, 소다자 협의체에서의 새로운 수출통제 정책의 조율을 위한 논의가 그다지 부각되지 않은 것도 있다.

현재 우주기술 관련 국내 연구들은 대체로 문헌에 의존한 전략 및 정책 분석

29 https://www.whitehouse.gov/briefing-room/statements-releases/2023/05/20/quad-leaders-summit-fact-sheet/

이다. 이러한 분석은 각국의 동향을 파악하는 데 매우 유용하다. 그러나 이러한 분석은, 국가 간 경쟁이나 협력을 설명하는 데 있어, 설명하려는 대상의 의지는 파악이 될지언정, 능력에 대한 과대 혹은 과소평가로 이어질 수 있다. 설명하려는 기술 분야에 대한 정보가 더욱 필요한 이유이다. 이 연구는 해당 기술 분야에 대한 구조적 권력의 근원과 그 근원에 기반한 외교 정책적 행동을 가용한 데이터와 문서에 기반하여 작성했다. 향후 더욱 체계적인 데이터 구축이 엄밀한 연구를 위해 요구된다.

위와 같은 분석 방향은, 정책적으로도 중요하다. 어떤 나라가 어떤 기술이 어느 정도 앞서 있는지, 그리고 어느 정도 의존적인지 체계적으로 파악하는 것은 학문적으로뿐 아니라 정책적으로 중요하다. 그러한 연결망에 대한 이해는, 어떤 기술이 더욱 발전이 필요한지, 발전을 위해서 어느 나라와의 협력이 필요한지, 나아가 어떤 기술이 경제적 강압의 도구로 사용될 수 있는지를 예측케 하고, 그에 맞는 대응책을 앞서 생각하게 하는 자료가 되기 때문이다.

지금까지 한국이 이루어온 국제적·경제적·군사적 위상을 보았을 때, 우주 분야는 더 이상 선택이 아니다. 2024년 5월 27일 우주항공청의 개청과 국가정보원 내의 국가우주안보센터의 신설은, 한국이 향후 4차 산업혁명의 기술들의 발전과 활용을 위해서 간과할 수 없는 기술 부문로서 인식하고 있음을 보이고 있다. 우주 부문에서의 발전을 위해서는 국제적 기술 협력이 필수 불가결하기 때문에, 한편으론 글로벌 기술 공급망의 토폴로지 파악과 한국의 대체 불가능한 (잠재적) 기술이 무엇인지를 발굴해내야 할 필요가 있으며, 다른 한편으론 세계 정세를 제대로 읽고 작성되는 국가 전략과 정책 작성이 요구된다.

Antony, J. 2022. "The Administration's Approach to the People's Republic of China". U.S. Department of State. https://www.state.gov/the-administrations-approach-to-the-peoples-republic-of-china/ (검색일: 2024.5.1.)

Cheng, D. 2022. "Meeting China's Space Challenge." The Heritage Foundation, Asia Studies Center. https://www.heritage.org/asia/report/meeting-chinas-space-challenge (검색일: 2022. 6.14.)

Congress.Gov. 2018. "Export Control Reform Act of 2018." https://www.congress.gov/bill/115th-congress/house-bill/5040 (검색일: 2024.5.1.)

Daniels, Matthew. 2020. *The History and Future of US-China Competition and Cooperation in Space*. Baltimore, M.D.: The Johns Hopkins University Applied Physics Laboratory.

Goertz, Gary. 2017. *Multimethod Research, Causal Mechanisms, and Case Studies*. Princeton, NJ: Princeton University Press.

Meijer, Hugo. 2016. *Trading with the Enemy: The Making of US Export Control Policy towards the People's Republic of China*. New York: Oxford University Press.

Morin, Jean-Frédéric, and Eytan Tepper. 2023. "The Empire Strikes Back: Comparing US and China's Structural Power in Outer Space." *Global Studies Quarterly*.

NASA. 2020. "Principles for a Safe, Peaceful, and Prosperous Future." https://www.nasa.gov/artemis-accords/ (검색일: 2024.5.1.)

National Science and Technology Council of the United States. 2022. *Critical and Emerging Technologies List Update*. Washington D.C.: Office of Science and Technology Policy.

National Secirity Space Association. 2023. "International Security Space Week." https://nssaspace.org/event/international-security-space-week-2023/ (검색일: 2024.5.1.)

OECD. 2022. *OECD Handbook on Measuring the Space Economy, 2nd Edition*. Paris: OECD Publishing.

Pelton, Joseph N. 2019. *Space 2.0: Revolutionary Advances in the Space Industry*. Chichester, UK: Springer Praxis Books.

Select Committee on U.S. National Security and Military/Commercial Concerns with the People's Republic of China. 1999. *Final Report of the Select Committee on U.S. National Security and Military/Commercial Concerns with the People's Republic of China, 105th Congress, 2nd Session, January 1999*. Washington, D.C.: U.S. Government Printing Office.

Sheehan, M. 2007. *The International Politics of Space*. Abingdon, UK: Routledge.

Smith, S. Marcia. 1998. "China's Space Program: A Brief Overview Including Commercial Launches of U.S.-Built Satellites." *Congressional Research Service*. September.

The White House. 2021. *United States Space Priorities Framework*. Washington, D.C.: the White House.

The White House. 2022, "Remarks by Vice President Harris on the Ongoing Work to Establish Norms in Space." https://www.whitehouse.gov/briefing-room/speeches-remarks/2022/04/18/remarks-by-vice-president-harris-on-the-ongoing-work-to-establish-norms-in-space/ (검색일: 2024.5.1.)

The White House. 2023. "China Economic Relationship at Johns Hopkins School of Advanced International Studies." https://home.treasury.gov/news/press-releases/jy1425 (검색일: 2024.5.1.)

The White House. 2023. "Remarks by National Security Advisor Jake Sullivan on Renewing American Economic Leadership at the Brookings Institution." https://www.whitehouse.gov/briefing-room/speeches-remarks/2023/04/27/remarks-by-national-security-advisor-jake-sullivan-on-renewing-american-economic-leadership-at-the-brookings-institution/(검색일: 2024.5.1.)

United States. 2016. "Are We Losing the Space Race to China? Hearing Before the Subcommittee on Space." the U.S. Government Publishing Office. Serial 114-95. https://www.govinfo.gov/content/pkg/CHRG-114hhrg22564/html/CHRG-114hhrg22564.htm (검색일: 2016.9.27.)

United States. 2019. "2019 Report to the Congress of the US-China Economic and Security Review Commission." U.S.-CHINA ECONOMIC AND SECURITY REVIEW COMMISSION. https://www.uscc.gov/sites/default/files/2019 (검색일: 2019.11.14.)

U.S, Department of Commerce. "Multilateral Export Control Regimes." Bureau of Industry and Security. https://www.bis.doc.gov/index.php/policy-guidance/multilateral-export-control-regimes (검색일: 2024.5.1.)

U.S, Department of Commerce. "Technical Advisory Committees (TAC)." Bureau of Industry and Security. https://tac.bis.doc.gov (검색일: 2024.5.1.)

U.S, Department of Commerce. 2023. "COMMERCE, NASA BEGIN U.S. CIVIL SPACE INDUSTRIAL BASE ASSESSMENT." Bureau of Industry and Security. https://www.bis.doc.gov/index.php/documents/about-bis/newsroom/press-releases/3244-2023-03-06-bis-press-release-csib-survey-announcement/file (검색일: 2024.5.1.)

U.S. Department of the Treasury. "Multilateral Export Control Regimes." Bureau of Industry and Security. https://www.newspacenexus.org/wp-content/uploads/2022/09/State_of_the_Space_Industri al_Base_2022_Report.pdf (검색일: 2024.5.1.)

World Economic Forum. 2024. *Space: The $1.8 Trillion Opportunity for Global Economic Growth*. Insight Report, April. Geneva, Switzerland: WEF.

7 일본의 우주안보 정책과 미일 협력*

이정환 | 서울대학교

1. 서론

일본 정부가 2022년 말에 발행한 안보 3문서(「국가안전보장전략」, 「국가방위전략」, 「방위력정비계획」)는 반격 능력의 보유, 통합사령부 신설, 매년 10조 엔을 상회하는 규모의 방위비 대폭 상승을 그 핵심 내용으로 한다(박영준 외, 2023). 더불어 2018년 「방위계획대강」 이래로 적극적으로 표명해 온 우주, 사이버, 전자파 등의 신흥 영역에 대한 적극적 방위력 정비 계획이 구체화되어 반영되었다. 일본 정부가 최근 보여주는 적극적 안보 정책에 대해서는 미국 측으로부터 환영의 목소리가 가득하다. 미국과의 지휘체계 연계에 효과적인 통합사령부 설치는 물론 방위비 증강 및 일본의 방위 능력 구축 노력은 미국의 대중국 억지 능력을 향상시켜 줄 것으로 기대된다. 특히 반격 능력으로 일본이 보유하게 될 스탠드오프stand-off 미사일의 운용을 미일 공동으로 추진해서 대중국 억지

* 이 장은 이정환, 「일본의 우주안보정책과 미일협력」, ≪국방연구≫, 67권 2호(2024)를 토대로 보완, 재구성하였다.

능력을 키우는 것에 대한 기대가 크다(Nakamura and Okoshi, 2023).

하지만 미국 측에서는 일본 정부가 2022년 안보 3문서에서 추진하고 있는 우주안보 정책에서 중요한 비중을 차지하는 위성 감시능력 향상 계획에 대한 의문의 목소리도 존재한다. 반격 능력 행사는 적의 공격에 대한 감시 능력 보유가 핵심적인데, 이를 위한 위성 감시능력 향상에 대한 일본 정부의 향후 투자 계획이 미일동맹 차원에서 낭비일 수 있다는 주장이다(Hornung and Johnstone, 2023). 일본의 반격 능력 행사와 군사적 활용을 목적으로 하는 위성 콘스텔레이션Constellation 구축이 미일안보체제의 동맹 메커니즘 속에서 구축되고 활용될 것이라는 일본 정책 관여자들의 공식 입장에도 불구하고, 장기적으로 이러한 안보 정책 변화가 동맹 정치의 미래에 어떤 변화를 가져올 수 있는지에 대한 질문이 제기되는 이유가 이 부분에 있다.

이 부분에서 제기되는 질문은 최근 일본의 적극적 안보 정책 맥락에서 강화되고 있는 일본 우주안보 정책은 얼마나 자주적 발전의 가능성을 지니고 있는가이다. 현재 일본의 방위예산 소요계획과 이와 연계된 방위력 증강계획을 고려할 때, 일본의 독자적 스탠드오프 미사일 능력과 위성 콘스텔레이션을 통한 위성감시체제 구축이 가능하다고 관측된다. 또한, 일본의 향후 독자적 우주안보 정책의 가능성에 대한 관측은 일본 우주개발 정책에 있어서 자주적 기술발전에 초점을 두었던 역사의 경험에서도 유추되고 있다. 일본의 독자적 억지 능력은 동아시아 안보딜레마 심화의 요인이 될 수 있다는 관측과 더불어, 미국의 동아시아 안보적 관여의 미래 불확실성과 연계되어 지금까지 동아시아 지역질서의 중요한 기축으로 역할을 해온 미일동맹 관계의 성격 변화를 야기할 수 있다는 전망도 존재한다(Teraoka and Sahashi, 2024).

2010년대 이래 일본 안보 정책의 진화는 독자적 억지 능력 강화가 아닌, 미일안보 협력의 강화로 설명될 수 있다. 그리고 미일안보 협력 강화를 전제로 하는 가운데 일본 측의 역할이 냉전기와는 다른 차원에서 적극적 행위자가 되었다는 점을 핵심적 특징으로 한다(Hughes, 2017). 냉전기에 일본 안보 정책의 방향성에 있어서의 자주와 동맹 사이의 질문은 더 이상 유효해 보이지 않는다. 하지만 2022년 안보 3문서 계획에서 포함된 일본 정부의 우주안보 정책은 일본 안보 정책의 미래에서 자주와 동맹의 질문을 환기시키고 있다. 이 연구는 일본의 우주안보 정책 전개를 역사적으로 검토하면서, 일본 우주안보 정책의 자주적 성격 발현 가능성에 대한 관측이 나오게 된 이유와 그 성격 발현이 현실적으로 어려운 조건에 대해서 살펴보고자 한다.

이 연구의 주장은 다음과 같다. 일본 우주안보 정책이 미일 협력 중심적 성격에서 벗어나 독자적 능력 구축을 포함하고 있는 것이 낭비적이라는 지적은 일본의 우주안보 정책이 오랫동안 발전한 기술 능력 향상을 목표로 하는 우주 정책의 연속선상에 서 있다는 점을 간과하고 있다. 일본이 최근 강화하고 있는 육지상륙 능력이나 기지 공격 능력(반격 능력)은 일본에게는 과거에 지니고 있지 못했던 것으로 새롭게 구축하는 차원에서 대미 의존성이 매우 강하다. 하지만 일본은 오랜 우주개발 정책을 통해 우주 강국으로서의 위상도 지니고 있다. 2008년 '우주기본법' 제정 이후 본격화한 일본 우주 정책의 안보화는 중국 위협에 대한 대응의 성격뿐만 아니라, 우주 능력을 안보 정책과 연계시켜 향상시키려는 정책 목표도 함께 지니고 있다. 우주안보 정책의 정책 내용에서 위성 감시능력 향상은 일본의 방위 능력에만 국한되지 않은 일본의 국가기술경쟁력 강화와도 연결된다. 더불어 위성 감시능력은 일본 국내 기업의 우주 역량 강화를 위한 민관 협력 재구축과도 연계되어 있는 부분이다.

하지만 일본의 우주안보 정책이 미일 협력의 맥락에서 벗어나 독자적 일관 체계를 구축하는 미래 전망은 비현실적이다. 반격 능력과 연계되는 위성감시 능력 향상은 일본 우주안보 정책의 전체가 아닌 일부이다. 우주공간의 안보화에 대한 대처 능력 향상을 위한 우주상황감시 능력 향상 및 대위성공격 대비 능력 구축의 필요성이 커지고 있으며, 이에 대한 대응 능력 강화가 일본 우주안보 정책에서 매우 중요하게 부상하고 있다. 항공자위대 우주군의 주된 업무가 우주상황감시에 집중되어 있는 가운데, 우주상황감시 분야에서 일본의 독자적 능력 구축은 한계가 있다. 일본의 우주안보 정책은 미일 협력 중심성을 유지하는 가운데, 미일협력체제 속에서 일본의 위치권력을 향상시키고자 하는 '전략적 불가결성'과 '전략적 자율성'의 동시 추구가 작동하고 있다.

일본의 우주안보 정책에 대한 국내 연구는 많지 않다. 김두승, 김경민, 한은아의 연구는 2008년 '우주기본법' 이후 일본 우주 정책이 평화적 이용 원칙에서 벗어나 안보화의 방향으로 나아가는 정책 변화에 초점을 맞추고 있다(김두승, 2009; 김경민, 2010; 한은아, 2023). 최근 일본 우주안보 정책에 대해서는 이기완의 연구가 유일하다. 이기완은 일본의 위협인식 변화와 항공우주자위대 창설로 대변되는 최근 일본 우주안보 정책의 흐름을 검토하고 있다(이기완, 2023: 43~63). 안보 측면에서 일본의 우주 정책을 검토하는 것은 일본에서도 폭넓게 이루어져 오지 못했다. 아오키 세츠코青木節子, 스즈키 가즈토鈴木一人, 이케우치 사토루池内了, 후쿠시마 야스히토福島康仁 등에 의해서 일본 우주 정책의 특징을 평화적 이용 규범의 변화, 중국과 북한의 위협인식에 대한 대응 차원으로 살펴본 연구들이 존재해 왔다(青木節子, 2021; 스즈키 가즈토, 2013; 이케우치 사토루, 2021). 한편, 2018년 「방위계획대강」 이후 우주안보 정책에 대한 적극적 정책 제언의 연구들이 등장해 온 가운데, 2022년 안보 3문서 간행 이후 그 흐름이 왕성해지고 있다.[1] 하지만 일본 우주안보 정책의 본격적 집행은 초기 단계이기에 현재 일본 우주안보 정책의 성격을 개념화해서 분석화하는 연구는 찾기 어렵다. 이 연구는 자주와 미일 협력의 틀 속에서 일본 우주안보 정책의 가능성과 한계를 분석하려는 시도로서의 특징을 지닌다.

이 연구의 구성은 다음과 같다. 2절에서는 최근 일본 우주안보 정책의 성격

1 스즈키가 책임편집한 2019년에 일본 국제문제연구소에 발행하는 『国際問題』 684호의 특집호 논문들(福島康仁2019; 青木節子2019; 角南篤2019; 渡邊浩崇2019)은 2018년 「방위계획대강」 이후 일본의 우주안보 정책의 역사와 성격에 대한 다각적 설명을 시도하고 있다. 2022년 안보 3문서 제정 이후의 정책 논의들이 반영된 연구는 다음과 같다. 編集委員会 編(2022); 西山淳一(2023); 青木節子(2023: 49~57); 長島純(2024); 笹川平和財団新領域研究会(2024).

의 전제 조건이 되는 전후 일본 우주개발 정책의 특징을 검토할 것이다. 3절에서는 2000년대 이래로 지난 20여 년간 진행되어 온 일본 우주 정책의 안보화 흐름을 역사적으로 살펴본다. 4절에서는 최근 일본 우주안보 정책의 자주적 가능성과 한계를 미일 협력의 효과성과 함께 분석하고자 한다.

2. 일본 우주안보 정책의 조건

일본의 우주안보 정책은 2008년 '우주기본법' 이후 본격화되었지만, 그 이전에 오랜 우주개발 정책의 역사가 존재하고 있다. 일본 우주개발 정책은 자주적 우주 능력 구축 방향성과 미일 협력을 통한 우주 능력 향상 방향성의 경쟁과 공존의 역사로 이해된다. 자주와 미일 협력 두 방향성의 경쟁과 공존의 역사는 최근 일본 우주안보 정책의 성격을 이해하는 역사적 유산으로서의 조건이 된다. 한편, 일본의 우주개발 정책의 가장 특수한 성격은 평화적 이용 원칙에 입각한 비군사적 활용의 규범성에 있다. 일본 우주 정책의 안보화는 우주의 평화적 이용 원칙에서 벗어나는 정책 변화로 이해될 수 있다. 이 장에서는 일본 우주안보 정책을 이해하는 선결조건으로 우주개발 정책의 방향성에 존재하던 자주와 미일 협력의 경쟁과 공존, 그리고 우주의 평화적 이용 원칙의 제약과 그 원칙의 변화를 검토한다.

1) 자주와 미일 협력 사이의 우주개발 정책

일본 우주 정책에서 안보적 고려는 냉전기에 중심적이지 않았다. 우주안보 정책이 아닌 우주개발 정책의 맥락에서 일본의 우주 정책은 로켓 능력과 위성 능력의 기술적 향상 목표를 중심으로 전개되었다. 기술발전 도모의 목표이지만, 그 방법으로 자주와 국제협조는 일본 우주개발에서 다른 방법론으로 존재해 왔다. 국제협조가 실질적으로 미일 협력을 의미하는 가운데 이에 대해서 미국으로부터 독립적인 기술 개발을 추진하는 자주의 방향성이 대립되어 왔다(渡邉浩崇, 2019: 34~43).

자주와 미일 협력의 방법론의 경쟁은 다부처 분산형으로 발전해 온 일본 우주 정책의 거버넌스와도 연계되어 있다. 전후 시기 일본의 우주 정책은 문부성과 과학기술청이 별개로 추진해 온 역사를 지니고 있다. 그중에서 문부성이 관할했던 우주개발은 순수과학적 성격이 강했다. 전후 일본 우주 연구의 선구자로 불리는 도쿄대학교 이토카와 히데오糸川英夫 교수의 연구는 문부성의 우주 정책을 선도해 왔다. 1954년 이토카와 교수를 중심으로 해서 도쿄대 생산기술연구소에서 로켓 추진의 초음속기 연구가 시작되었고, 23cm의 연필 모양의 초소형 화약식 로켓(펜슬로켓)이 실험 장치로 제작되었다. 이토카와 주도의 도쿄대학교 생산기술연구소는 1964년 도쿄대학교에서 분리해 문부성 공동연구기관 우주항공연구소로 발전했다. 이후 우주항공연구소는 로켓개발, 과학위성의 발사를 전문으로 하는 연구소로 독립하여, 우주 연구의 국책기관이 된다. 문부성의 우주항공연구소는 1970년 라무다로켓형 인공위성 오오스미를 개발 성공했고, 1971년에는 시험위성 타이센도 성공했으며, 1970년대 2년에 세 번 정도로 과학위성을 발사했다. 문부성 산하의 우주항공연구소는 1981년 우주과학연구소ISAS로 체제가 정비된다. 기술발전에 초점을 둔 문부성의 우주개발 정책은 자주적 기술 능력 향상의 성격을 선명하게 지녔다(이케우치 사토루, 2021: 61~63).

도쿄대학교의 로켓개발과 이를 지원하는 문부성의 우주개발 정책이 순수 과학 목적에 초점이었던 반면에, 상업적 이용에 대한 국가적 관심은 과학기술청을 중심으로 하는 우주 정책으로 발전했다. 1962년 과학기술청에 항공우주과가 설치되고, 1964년 우주개발추진본부가 설치되었다. 우주개발추진본부는 이토카와 교수의 소형로켓 개발과는 달리 대형로켓을 실현하기 위한 액체로켓 채용 방침을 결정했다. 우주개발추진본부는 1969년에 과학기술청 산하 특수법인 우주개발사업단NASDA으로 재조직되었다(이케우치 사토루, 2021: 64~65).

문부성 산하의 우주과학연구소와 과학기술청 산하의 우주개발사업단은 우주개발에 대한 상이한 노선을 보여준다. 우주과학연구소의 기본 우주연구 기조는 "Cheap, Quick, Beautiful(소형으로 저렴한 인공위성으로, 차례대로 다음 로켓을 빠르게 발사하고, 아름다운 결과를 낸다)" 노선으로 상징되며, 자주적 기술 개발에 초점을 두어온 것으로 널리 알려져 있다(이케우치 사토루, 2021: 67).

반대로 우주개발사업단은 우주과학연구소와 달리, 국제 협력을 통한 대형 위성 발사를 추구했다. 1960년대 미국과 협정을 맺고, 평화 이용과 수출금지를 조건으로 기술을 제공받았다. 우주개발사업단이 발사한 액체연료로켓은 미국의 델타로켓을 도입한 것이다(渡邊浩崇, 2019: 36). 하지만 우주개발사업단이 기술 도입에 머무르지 않고 기술 국산화를 꾸준히 지속하는 가운데 미일 협력의 방법론은 일본의 자체적 우주 능력 향상 목표로 수렴된다. 우주개발사업단은 1981년에 정지궤도에 500kg의 인공위성을 1985년부터 발사한다는 H-1 로켓 개발 계획을 수립했는데, 그 계획에서 1단은 델타로켓의 라이선스 생산으로 하고 2단과 3단의 엔진과 관성유도 장치는 일본의 기술을 사용하는 것을 목표로 했다. 이 당시의 국산화율 목표는 50~80%에 머물렀지만, 국산화율 100%를 목적으로 2톤 무게의 정지궤도 위성을 1990년대 발사한다는 H-2 로켓 개발 계획으로 발전했다. 이후 H-2A 로켓과 H-2B 로켓으로 이어지는 H 로켓 시리즈는 우주개발사업단이 추진한 미일 협력을 통한 국산화 시도를 상징했다(渡邊浩崇, 2019: 27~38).

국산화 시도는 전면적 자주 노선으로의 전환을 의미하지 않는다. 일본 정부는 미국의 우주스테이션 사업에도 참가하면서 우주개발에 있어서의 미일 협력을 꾸준하게 견지했다. 1980년대에는 자주와 미일 협력의 방법론이 일본의 우주 능력 향상 목표하에 공존을 이루는 상태가 되었다(渡邊浩崇, 2019: 41).

2) 우주의 평화적 이용 원칙과 일반화 원칙

전후 일본의 우주 정책을 문부성과 과학기술청이 주도하는 가운데, 방위 조직의 우주에 대한 관여는 제한적이었다. 냉전 시대와 탈냉전 시대 모두 일본의 전수방위 원칙 속에서 로켓개발에 대한 안보화 관점은 일본에서 가시화되지 않았었다. 우주에 대한 안보적 접근의 제한성은 우주개발의 평화적 이용 원칙 속에서 전후에 장기 지속되어 왔다. 1969년 우주개발사업단 출범과 더불어 성립한 '우주개발사업단법'의 제1조에서도 '우주개발사업단은 평화적 목적에 한하여, … 우주개발 및 이용의 촉진에 기여하는 것을 목적으로 설립된다'고 평화적 목적을 명시했다(스즈키 가즈토, 2013: 226~227). 더불어 우주개발사업단 출범 시인 1969년에 중의원에서 결의된 '일본의 우주개발 및 이용의 기본에 관한 결의'에서는 일본에 관한 지구상의 대기권 주요 부분을 넘는 우주로 발사되는 물체 및 그 발사로켓의 개발, 이용은 평화의 목적에 제한된다고 명시했다. 또한 같은 해 참의원 부대결의에서도 '일본의 우주개발 및 이용에 관한 활동은 평화 목적에 한정되며, 또한 자주, 민주, 공개, 국제 협력의 원칙에 따라 이를 실행한다'고 언급되어 있다(스즈키 가즈토, 2013: 227).

1968년 국회에서 평화적 이용은 '세계적으로 비침략의 사용 방법도 있지만, 일본에 대해서는 비군사를 의미한다'고 명시한 가운데(青木節子, 2021: 123; 이케우치 사토루, 2021: 88), 이 기준에 의하면 정찰위성도 평화적 이용 원칙에 위배되는 것으로 해석되는 규범이었다(이케우치 사토루, 2021: 88). 우주조약 등의 우주에 대한 국제규범이 침략적 행위 반대의 성격을 지니지만, 일본의 우주규범은 군사적 목적의 자산 소유 자체를 부정하는 강한 규범성을 지니고 있었다(스즈키 가즈토, 2013: 228). 우주개발의 평화적 이용 원칙은 1960~1970년대 요시다 노선의 제도화 속에서 안보 정책에 배태된 비군사화 규범의 핵심 부분 중의 하나였다(Chai, 1997: 389~412).

하지만 우주개발의 평화적 이용 원칙은 1980년대에 완화된다. 일본 정부가

1980년대 제시한 일반화 원칙은 우주개발의 평화적 이용 원칙을 폐기하는 것은 아니지만, 무력화할 수 있는 성격을 지니고 있다. 일반화 원칙은 '일반적으로 이용되고 있는 기능이나 능력과 같은 위성이라면, 자위대가 사용하는 것은 가능'하다는 것이며, 이러한 이용이 1969년 국회결의에 위배되는 것은 아니라는 해석이다(스즈키 가즈토, 2013: 231~233). 위성의 비군사적 활용에서 벗어난다는 점에서 일반화 원칙은 우주 분야에서의 비군사 기조로부터의 이탈을 상징한다.

하지만 군사적으로 활용가능한 위성 능력 보유에 대한 자제적 규범성은 쉽게 탈피되지 않았다. 일본 우주 정책의 점진적 안보화에서 1990년대 후반 정보수집 위성 확보 결정은 중요한 변곡점이 되며, 그 계기는 북한의 1998년 대포동 미사일 발사에 있었다. 북한 위협에 대한 대응 수단으로 일본 내에서는 정보 수집 위성 확보 필요성에 대한 논의가 증가했다(青木節子, 2021: 127). 정보 수집 위성이 우주의 평화적 이용에 대한 국회 결의에 모순되지 않는가라는 질문에 대해서 1998년 일본 정부는 정찰수집위성의 분석 능력이 상용위성과 동일한 수준이라면, 문제가 없다는 일반화 원칙에 입각해 설명하며, 정보 수집 위성 도입을 결정했다(青木節子, 2021: 128). 그 결과 2003년에 첫 번째 정보 수집 위성이 발사되었다.

정보 수집 위성이 발사되었지만, 정보 수집 위성을 누가 관리하고, 어떤 용도로 사용할 것인가에 대해서 일본 정부는 안보적 활용에 대해 조심스러운 접근법을 취했다. 정보 수집 위성을 자위대가 직접 보유·관리하고 이를 군사적 목적으로만 사용하는 것에 대한 유보적 자세는 정보 수집 위성의 관리 주체로서의 역할은 내각부가 하게 되는 배경이 된다. 내각부에서 정보 수집 위성을 통합·관리하는 가운데, 일본 정부는 정보 수집 위성을 재난 대응 등의 비군사적 활용 용도로도 사용하는 다각적 활용 방안을 정립했다. 군사적 활용에의 전면적 활용을 자제하는 측면으로서의 민군 겸용은 일본 우주 정책에서 평화적 이용 원칙이 완화되는 가운데, 변용되어 지속되어 온 흐름을 보여준다(스즈키 가즈토, 2013: 243~245).

3. 우주개발 정책에서 우주안보 정책으로

지난 20여 년간의 일본 우주 정책은 개발에서 안보 대응으로 초점이 변화해 왔다. 2008년 '우주기본법'의 제정, 2009년 이후 2023년까지 다섯 차례 수립된 「우주기본계획」, 그리고 2023년의 「우주안전보장구상」은 일본의 우주 정책이 안보화되고 있는 흐름을 보여준다. 일본의 우주 정책이 안보화되는 환경 변화로 1998년 북한의 대포동 미사일 발사와 2000년대 중국의 우주 능력 향상에 대한 위기의식이 그 배경으로 언급되곤 한다(스즈키 가즈토, 2013: 248~251; 青木節子, 2021). 우주 정책의 안보화가 북한, 중국에 대한 일본의 안보위협인식과 연계되어 있다는 점에서 일본 방위계획 정책 변화와 연계성은 당연한 흐름이다. 특히 2018년 「방위계획대강」과 2022년 안보 3문서는 우주 정책의 안보화와 직결되어 「제4차 우주기본계획」(2020년) 그리고 「제5차 우주기본계획」과 「우주안전보장구상」(2023년)과 맞물려 있다.

1) '우주기본법'과 우주 정책의 안보화

2008년 '우주기본법'의 제정은 강화된 안보위협인식을 그 배경으로 한다. 더불어 안보환경의 악화 가운데 이에 대한 대응 체제로서 일본 우주 정책 거버넌스가 지니는 미비점을 보완하고자 하는 시도이기도 하다.

'우주기본법' 제정 이전에 2000년 초반에 중앙성청 개편과 더불어 우주 정책 집행 기구의 대폭적 변화가 있었다. 2001년 문부성과 과학기술청이 문부과학성으로 통합되는 과정에서 특수법인 개혁이 이루어지면서, 과학기술청 산하 우주개발사업단과 문부성 산하 우주과학연구소, 과학기술청의 항공우주기술

연구소가 합병되어, 2003년에 우주항공연구개발기구JAXA가 탄생되었다(스즈키 가 즈토, 2013: 238~239).

하지만 JAXA 수립 이후에도 일본의 우주 정책 거버넌스에는 여러 문제가 있다고 지적되었다. JAXA 내의 각 기관 사이의 유기적 통합은 빨리 전개되지 않는 가운데, 우주 분야의 성격상 여러 행정부처를 횡단하는 정책 집행의 구조화가 필요했다. 우주에 대한 연구와 개발은 문부과학성이 주관하지만, 다양한 행정성청이 우주 정책에 개입할 수밖에 없다. 우주산업 육성에 대해 경제산업성이 관여할 수밖에 없고 환경조사를 위해 환경성도 관계하며, 통신 관련 업무 담당의 총무성과 기상 업무 담당의 국토교통성도 우주 정책에 깊은 관련이 있었다. 또한, 정부수집의 위성 운용에 대해서는 내각부와 방위성이 개입할 수밖에 없는 구조였다. 여러 부처가 관여되어 있는 우주 정책을 JAXA가 단독으로 주도하는 것은 한계가 있었다. 일본 내에서 이러한 상황에 대응하는 우주 정책 일신의 필요성이 제기되었고, 그 결과로 나오게 된 것이 2008년 '우주기본법'의 제정이다. '우주기본법'을 통해 일본의 우주 정책 거버넌스는 큰 변화를 경험하게 된다. 우주개발전략의 최상위기관인 우주개발전략본부가 설치되었다. 내각부에 설치된 우주개발전략본부는 범정부적 우주 정책 조율 역할을 담당하는 기구로, 총리를 본부장으로 둔 기구가 된다. JAXA의 주무부처는 문부과학성이지만, 정책결정의 총괄은 총리의 내각부로 이동한 것이다(青木節子, 2021: 132).

강화된 안보위협인식을 배경으로 하는 '우주기본법'은 우주의 평화적 이용 원칙의 완화에 있어서도 결정적인 변화를 야기했다. '우주기본법'은 우주의 평화적 이용을 국제표준에 가깝게 정의하고 있다. "우주개발이용은 달 및 그 밖의 천체를 포함한 우주공간의 탐사 및 이용에 있어서의 국가활동을 규율하는 원칙에 관한 조약 등의 우주개발이용에 관한 조약 및 그 밖의 국제약속이 정하는 바에 따르고, 일본 헌법의 평화주의 이념에 따라 이루어진다"는 2조 문구가 중요하다. 여기서 언급된 조약은 1967년의 우주조약이다. 우주조약에서 정의하는 평화적 이용의 구체적 내용은 우주공간에 대량파괴병기 배치를 금지하고 천체상의 군사이용을 금지하는 것이다. 이는 군사적 활용에 대한 근본적 반대 성격이 아니고, 침략에 활용을 금지하는 것을 의미한다. '우주기본법'이 전제하고 있는 우주조약의 평화적 이용은 1960년대 일본 내에서 확립되었던 우주의 평화적 이용과는 다른 의미를 지닌다. '우주기본법'의 '평화적 이용' 해석 변경을 계기로 자위대의 자체 위성 보유가 허용되었다. '우주기본법'은 나아가 제3조에서 이 법이 '일본의 안전보장에 이바지한다'고 명시되어 있으며, 제14조에는 '일본의 안전보장에 이바지하는 우주개발이용을 추진한다'는 내용도 포함하고 있다. 이는 안보안보가 우주 정책의 목표로 선명하게 등장했음을 상징한다(青木節子, 2021: 130).

한편, 2012년 JAXA법이 개정되면서, 우주개발은 '평화 목적에 한정한다'는 조항이 말소되었다. 1969년 우주개발사업단의 계승으로서 JAXA에도 우주개발사업단 설립 시의 '평화 목적에 한정된다' 조항이 유지되어 왔었으나, 2008년 우주기본법의 '안전보장에 이바지한다'와 충돌하는 JAXA법의 개정이 이루어진 것이라 할 수 있다(이케우치 사토루, 2021: 98~99).

2) 「우주기본계획」과 우주안보 정책의 대두

안보적 목적을 지니는 우주 정책은 「우주기본계획」을 통해 구체화되었다. '우주기본법'에 의거해 5년 주기로 수립되는 「우주기본계획」 우주 정책 안보화의 연대기적 흐름을 보여준다. 2009년 제1차, 2013년 제2차, 2015년 제3차, 2020년 제4차, 2023년 제5차로 총 다섯 차례 제정된 「우주기본계획」에서 안보는 일관되게 우주 정책의 핵심 목표로 제시되었다.

「제1차 우주기본계획」(2009)에서는 우주개발이용의 6개의 방향성이 1) 안전, 안심 사회의 실현, 2) 안전보장 강화, 3) 우주외교의 추진, 4) 선도적 연구개발 추진, 5) 전략산업으로 육성, 6) 환경적 고려로 기술되어 있다(宇宙基本計画, 제1차). 「제2차 우주기본계획」(2013)에서는 안보적 고려가 보다 전면으로 대두되었다. 「제2차 우주기본계획」에서는 우주이용의 중점 과제로 1) 안전보장과 방재, 2) 산업진흥, 3) 우주과학 등의 프런티어가 제시되었고, 4대 인프라로 준천정위성시스템, 정보 수집 위성, 방위통신과 기상위성, 우주수송 시스템이 열거되었다(宇宙基本計画, 제2차). 2013년 「제2차 우주기본계획」은 아베 정권의 등장과 맞물려 안보적 색채가 강화되었다고 평가된다(이케우치 사토루, 2021: 100~104).

「제3차 우주기본계획」(2015)의 중점계획도 유사하게, 1) 우주안전보장의 확보, 2) 민간 분야의 우주이용 추진, 3) 우주산업 및 과학기술의 기반유지 강화가 제시되었다. 또한, 우주안전보장의 확보를 위한 우주프로젝트의 상세 계획으로 위성관측, 위성리모트센싱(정보 수집 위성), 위성통신과 위성방송, 우주수송 시스템, 우주상황파악, 해양상황파악, 조기경계, 우주 시스템 전반의 항탄성 강화, 우주과학탐사 및 유인우주활동이 언급되었다(宇宙基本計画, 제3차).

「제4차 우주기본계획」(2018)의 4대 목표에서도 우주안전보장의 확보가 첫 번째 목표로 제시되고 있다. 「제4차 우주기본계획」에서는 '우주안전보장의 확보'를 위한 9개 시책으로 제3차와 유사하게 1) 준천정위성시스템, 2) X밴드방위위성통신망, 3) 정보 수집 위성, 4) 즉응형 소형위성 시스템, 5) 각종 상용위성의 활용, 6) 조기경계기능, 7) 해양상황파악, 8) 우주상황파악SSA, 9) 우주 시스템 전체 기능 보증 강화를 제시하고 있다(宇宙基本計画, 제4차).

「제4차 우주기본계획」의 우주안전보장에 대한 내용은 2018년 「방위계획대강」의 우주 영역에서의 국방 능력 강화 논의와 긴밀하게 연결된다. 2018년 「방위계획대강」에서는 육·해·공의 기존 영역에, 우주, 사이버, 전자파 세 영역을 더 해 6영역에서 방위력을 유기적으로 융합하는 것을 목표로 제시하고 있다. 우주 영역에 대한 구체적 대처 사항으로 2018년 「방위계획대강」은 1) 우주 영역을 활용한 정보 수집, 통신, 측위 등의 각종 능력 향상, 2) 상시 계속적인 우주상황감시SSA 체제의 구축, 3) 평시부터 유사시까지 모든 단계에서 우주 이용의 우위를 확보하기 위한 능력 강화를 제시하고 있다(平成 31 年度以降に係る防衛

計画の大綱). 「제4차 우주기본계획」의 9개 시책은 2018년 「방위계획대강」의 우주안보 목표 달성을 위한 수단이기도 하다.

다섯 차례의 「우주기본계획」은 내용적 변화가 아닌 내용의 구체화로 이해될 수 있다. 안보적 고려 속의 안보 정책의 내실화를 목표로 하는 가운데, 일본 정부가 실행 계획을 구체화하는 과정인 것이다. 그러한 구체화 과정의 결과로 2023년 「제5차 우주기본계획」 제정 당시에 「우주안전보장구상」의 새로운 정책 문서가 등장했다.

3) 반격 능력과 위성정보 수집 능력 연계

2023년 「우주안전보장구상」은 2022년 안보 3문서와 직결되어 있다. 2018년 「방위계획대강」에서 새로운 영역으로 등장한 우주, 사이버, 전자파 세 영역에 대한 일본 정부의 적극적 대응은 2022년 말에 작성된 안보 3문서를 통해 더욱 강화되었다. 2022년 제정된 「국가안보전략」, 「국가방위전략」, 「방위력정비계획」에서 우주안보 정책은 보다 구체화되고, 배정된 방위예산도 증가했다. 일본은 2023년 이후 국방예산의 급격한 증액을 추진하고 있고, 그중에서 향후 5년간 우주안보 분야에 활용될 예산은 1조 엔으로 상정되어 있다(박영준 외, 2023: 78).

2022년 안보 3문서의 계획에 맞춘 우주 정책의 변화는 2023년 6월에 「제5차 우주기본계획」에 반영되어 개정되었다(宇宙基本計画, 제5차). 더불어 일본에서 최초로 「우주안전보장구상」 문서가 채택되었다. 10년의 유효 문서로 등장한 「우주안전보장구상」은 우주 정책의 일부로 다루어온 우주안보 정책이 자체적으로 강력한 위상을 지니게 되었음을 의미하며, 2022년 12월 발행된 안보 3문서와 긴밀하게 연결되어 있다.

「우주안전보장구상」에서는 우주안보 정책의 3대축과 세부적 목표를 다음과 같이 제시하고 있다.

1. 안전보장을 위한 우주 시스템 이용의 근본적 확대(우주로부터의 안전보장): 우주로부터의 광역·고빈도·고정밀도의 정보 수집 태세 확립(정보 수집), 우주 시스템에 의한 미사일 위협 대응(미사일 방어), 높은 위성 정보 통신 보안 태세 확립(정보 통신), 위성 측위 기능 강화(위성 측위), 대규모 유연한 우주 수송 태세 확립(우주 수송)
2. 우주공간의 안전하고 안정적인 이용 확보(우주에서의 안전보장): 우주 영역 파악 등의 내실화·강화(우주 영역 파악 등), 궤도상 서비스를 활용한 위성의 라이프사이클 관리, 예상치 못한 사태에 대한 정부의 의사결정·대응, 우주공간에서의 국제적 규범·규칙 제정에 대한 주체적 공헌
3. 안보와 우주산업 발전의 선순환 실현: 민관 일체가 된 첨단·기반기술 개발력 강화, 중요 기술의 자율성 확보, 관민의 종합력에 의한 실장 능력 향상, 우주개발의 핵심 기관으로서의 JAXA의 역할 강화, 민간 주도 개발 촉진과 정부 지원 확대, 경쟁력 있는 기업에 대한 선택적·종합적 지원, 기술 성숙 수준에 따른 관민의 투자·계약의 다양화

'안전보장을 위한 우주 시스템 이용의 근본적 확대(우주로부터의 안전보장)'은 2022년 안보 3문서 개정의 중점 사항이었던 반격 능력과 긴밀하게 연결되고 있다. 반격 능력의 당초 개념인 적기지공격능력은 자위의 범주에 해당한다는 일본 정부의 오랜 해석이 있었으나, 현실적으로 선제공격 능력과 구별되기 어렵기 때문에 그동안 일본 정부는 보유와 행사를 추구해 오지 않았다. 전수방위를 위한 방위 능력에 해당된다고 판단하기 어려운 상황에서 평화주의적 규범을 고려한 정책이었다. 하지만 안보적 위협이 커지는 가운데 억지 능력으로 이제 보유하겠다는 것이 일본 정부의 논리이다(김준섭, 2022: 453~472). 반격 능력의 실체인 스탠드오프 미사일 보유는 단기적으로 토마호크 미사일을 미국으로부터 구매하는 한편, 장기적으로 일본이 자체 개발하는 것이다.

반격 능력 행사는 정보 수집 능력이 필요로 하고, 「우주안전보장구상」의 1.

항목은 정보 수집 능력 강화에 대한 일본의 자체적 역량 강화를 의미하기도 한다. 하지만 위성 정보수집 능력 강화와 반격 능력 행사의 연계를 통한 일본의 독자적 억지 능력과 행사 체계 구축은 일본 정부에 의해서 논의되지 않고 있다. 일본 정부는 지속적으로 반격 능력 행사와 위성정보 수집의 체계 운용을 미일 협력을 통해서 실시하겠다는 의사를 표명해 왔다(≪日本経済新聞≫, 2023.1.12).

그럼에도 불구하고, 현재 일본 정부의 우주안보 역량 강화 계획에 포함되어 있는 위성정보 수집 능력 강화를 위한 위성 콘스텔레이션 구축 방안에 대해서 미국에서 그 필요성에 대한 의문이 제기된 것이다. 2022년 안보 3문서에 포함된 위성 콘스텔레이션 역량 구축에는 향후 10년 이내에 50여 개의 소형 위성을 일본이 자체로 발사한다는 내용이 고려되어 있었다. 2023년 「제5차 우주기본계획」에서는 2020년대 후반에 36기 체제 구축을 목표로 하는 독자적 위성 콘스텔레이션 역량 구축 계획은 지속되고 있다. 36기 체제는 지구 표면 어느 곳이든 10분에 한 번 정도 관측 가능한 체제를 구축할 능력을 의미한다(≪産経新聞≫, 2023.6.13). 일본은 군사위성 보유 측면에서 미국, 러시아, 중국에 뒤떨어지는 가운데, 소형위성의 콘스텔레이션 체제 구축으로 다른 국가들의 위성정보 수집 능력에 대응하고자 하는 계획이 선명하다. 여기에는 최근 전개되고 있는 소형위성 발사의 비용 감소의 기술적 변화 이점을 후발 주자로서 활용하고자 하는 일본 정부의 의도가 반영되어 있다(小松伸多佳·後藤大亮, 2023: 105~110).

4. 일본 우주안보 정책의 미일 협력 중심성과 부분적 자립성

1) 우주안보의 이중구조와 국제 협력의 효과성

하지만 일본 정부의 위성정보 수집 능력 향상 계획은 명시적으로 독자적 감시 능력 확보를 추구하지는 않는다. 2024년 4월 미일 정상회담에서 포함되었듯이 위성감시 시스템 구축에 있어서 미일 협력은 양국 정부 간에 적극적으로 추진하는 안보 협력 사안이기도 하다(「FACT SHEET: Japan Official Visit with State Dinner to the United States」). 일본의 위성정보 수집 능력 강화를 위한 위성 콘스텔레이션 구축 계획은 미국 중심의 위성정보 수집 능력을 대체하는 것이 아닌 보완하는 것을 목표로 한다. 그리고 이를 통해 동맹국 미국의 우주안보 정책 추진에 있어서 일본의 '전략적 불가결성'을 향상시키겠다는 의도에 가깝다.

더불어, 위성정보 수집 능력 강화는 일본의 '우주로부터의 안보' 정책 측면에서 핵심이지만, 이 부분은 일본 우주안보 정책의 전체가 아니다. 일본 우주안보 정책의 다른 축은 '우주에서의 안보' 확보에 있다. 이는 위성에 대한 안보 위협ASAT, anti-satelite weapon에 대응하는 기초로서의 우주상황인식SSA과 우주영역인식SDA 역량 강화를 의미한다(長島純, 2024: 44~50).

현재 일본 자위대의 우주군은 우주영역인식에 대응하는 편성이다. 항공자위대 산하에 설치된 우주안보조직은 2018년 「방위계획대강」에 우주상황감시를 하는 역할로 제시되었고, 그 맥락에서 2020년 항공자위대에 우주작전대가 편성되었다(青木節子, 2021: 138~151). 2021년 우주작전대의 상급부대로 우주작전군이 새롭게 편성되고, 우주작전군은 제1우주작전대(우주작전대의 개편), 제2우주작전대(야마구치 소재로 신설), 우주시스템관리대로 확대 편성되었다(이기완, 2023: 58). 한편, 제1우주작전대에 의한 우주상황감시는 2023년 3월에 개시되었으며, 자위대는 2026년 자체 SSA위성 도입 목표도 지니고 있다(『令和 5年版防衛白書』, 2023: 293~295).

하지만 자체 SSA위성 도입 목표는 일본 우주안보 정책의 자립적 성격의 등장을 의미하지 않는다. 현재 일본 우주안보 정책의 핵심 내용인 우주상황감시는 철저하게 미일 협력 속에서 작동하고 있다. 우주상황감시의 일반적 방법은 지상에 설치한 광학망원경과 레이더를 이용한 감시이고, 미국 등은 이에 더해

SSA위성을 운용해서 중요 군사위성에 대한 공격 가능성을 감시하는 중이다. 우주상황감시의 효과성을 높이기 위해서 세계 최고 수준인 미국과 협력을 강화하는 것은 필수불가결하다(青木節子, 2021: 150).

나아가 우주상황 감시체제 구축의 비용은 막대하다. 일본 정부는 자위대의 통신위성 3기 체제에 감시위성도 3기가 필요하다고 고려하고 있으나, 2026년도 예정인 SSA위성 1호기에 1000억 엔이 배정되어 있지만, 추가로 2기 발사에 대한 예산 편성은 아직 미성립 상태에 있다. 이 가운데 자위대 차기 통신위성에 소형의 감시기능을 추가하는 것을 고려 중이다(≪読売新聞≫, 2023.12.23). 일본이 우주안보 정책에 새롭게 투여하는 예산은 큰 규모이지만, 효과적 자립성 체제를 구축하는 것은 한계가 뚜렷해 보인다. 이 상황에서 일본 우주안보 정책의 미일 협력 중심성은 증가하는 안보 위협 대응을 위한 가장 효율적 수단으로서의 성격을 지니고 있다. 이 맥락에서 2026년 발사로 계획하고 있는 일본의 SSA위성도 미국의 SSA 네트워크에 포함될 예정이다.

2) 우주 능력 향상을 위한 자주와 미일 협력의 공존

최근 일본의 우주안보 정책의 미일 협력의 불가피함은 자주적 성격이 부재함을 전혀 의미하지 않는다. 자주와 미일 협력의 두 방향성은 현재 일본 우주안보 정책에서 함께 발견되고 있으며, 이 두 방향성의 공존을 이해하는 데 적절한 개념틀로 스즈키가 활용한 '전략적 불가결성'과 '전략적 자율성'이 유용하다. '전략적 불가결성'와 '전략적 자율성'은 일본 경제안보 정책의 두 축으로 제시되었던 개념인데, 스즈키는 일본의 우주안보 정책에서도 이 두 개념을 사용해 설명하고 있다. 하지만 우주안보 정책에서 '전략적 불가결성'과 '전략적 자율성'은 경제안보 정책에서 작동하는 두 축보다 더욱 긴밀하게 연결되어 있다. 일본 우주안보 정책의 '전략적 불가결성'은 미일 협력 속에서 일본의 공고한 위상 정립을 위한 우주 능력 향상을 의미한다(編集委員会 編, 2022: 24). '전략적 불가결성' 확보를 위해서는 일본의 자체적 우주역량 강화, 즉 '전략적 자율성'이 필요하다. '전략적 자율성'과 '전략적 불가결성'은 우주 분야에서 다른 목표가 아니라 상호 선순환적인 관계를 지닌다. 이 차원에서 자주적 성격을 지니는 일본의 독자적 위성 콘스텔레이션 구축은 미일 협력에서 벗어나려는 것이 아니고, 미일 협력에서 일본의 위치권력을 상승시키는 노력이기도 하다.

한편, 미일 협력을 중심으로 전개되는 '전략적 불가결성' 추구는 일본 우주안보 정책에서 해외 민간사업자와의 적극적 협력도 요구되고 있다. 최근 민간사업자의 우주 비즈니스에서의 적극적 참여와 역량 강화가 미국을 중심으로 적극 전개되고 있다. 과거 국가기관 중심으로 작동하던 우주 정책의 행위자가 다양화되는 가운데, 우주안보 분야에서도 민간사업자의 위상이 상승하는 중이다(小松伸多佳·後藤大亮, 2023: 39~40). 특히 미국의 민간 우주 비즈니스 업체의 역량이 두드러지고 있다. 이와 같은 상황에서 우주안전보장구상 등의 문서에서는 민간과의 적극적 협력이 강조되는 가운데, 국내 민간 기업과 해외 정부 및 해외 민간 기업이 협력 대상으로 나열되고 있다. 2023년 방위성은 스타링크사의 위성통신망을 일본의 방위위성통신에 연계하는 계획을 구상한 바 있다(≪每日新聞≫, 2023.6.27). 이 방향성은 일본 우주안보 정책의 미일 협력 지향성이 해외 민간 기업과의 연계 강화와 연결되고 있음을 보여준다.

일본의 위성 콘스텔레이션 구축에도 국내외 민간사업자 및 해외 정부(미국) 위성 자산과의 연결이 강조되고 있다. 물론, 일본의 우주개발사에서 일본 정부 조직의 핵심적 파트너였던 일본의 중공업 기업들과 통신사업자들은 앞으로도 방위성과 자위대의 우주안보역량 강화에서도 핵심적 파트너로 위상을 유지할 것이다. 관건은 글로벌 경쟁력을 보여주고 있는 해외 민간 기업들과의 협력이 어느 정도로 진행될 수 있는지이다. 일본의 우주안보 민관 협력에서 일본 민간 기업들의 중심성을 탈피할 수 있는지에 대해서는 의문이 존재한다. 특히 경제안보추진법의 일환으로 이루어지고 있는 경제안전보장중요기술프로그램에서 선정되어 지원되고 있는 우주 분야의 프로젝트들은 일본 기업들에 의해 주도되고 있으며, 향후 10년간 1조 엔 투자 규모로 2023년에 창설된 우주전략기금도 일본 기업들의 역량 강화에 투자될 가능성이 크다. 결국 일본 국내적 우주개발 민관네트워크의 지속 속에서, 해외 기업과의 관계는 소극적으로 작동될 가능성이 크다.

일본 우주안보 정책의 민관 협력이 지니는 국내적 지향성은 '전략적 자율성'의 근간이 된다. 일본의 우주 정책사에서 민간 기업이 우주개발에 참여한 사례는 적지 않았다. 로켓 개발과 위성 능력 강화에서 일본 민간 기업들과 정부조직 사이의 민관 협력은 매우 활발했었다(스즈키 가즈토, 2013: 228~230). 현재 진행되고 있는 방위성·자위대의 우주안보 능력 강화에서 민간 기업의 적극적 참여도 적극적으로 고려되는 가운데, 파트너로서의 민간 기업의 실제 대상군이 일본 국내 기업이 되는 것이 현재 상황이다. 일본 우주안보 정책의 '전략적 자율성'은 일본 기업을 중심으로 하는 우주 능력 향상 계획에 가깝다.

일본 자체적 위성 능력 개발이 대중국 억지 능력 차원에서 미국의 우주 능력과 중복되는 것이겠지만, 일본의 우주 능력 향상이라는 기술입국적 관점에서는 일본의 국가경쟁력 강화를 위해 반드시 필요한 것이다. 일본 자체적 기술 능력 구축의 근간이 되는 일본 국내 민관 협력 메커니즘을 통해 추구되는 '전략적 자율성'은 미일 협력에서 일본의 위치권력을 장기적으로 상승시켜 줄 '전략적 불가결성'의 원천이라는 점에서도 그 의의가 있다.

우주안보 정책에서 '전략적 자율성'이 '전략적 불가결성'의 원천이 되는 것은 모든 국가에게 해당되는 상황은 아닐 것이다. 우주역량이 부족한 국가는 국제협조에 편승하는 전략이 가장 효과적이다. 하지만 과거의 우주개발 정책을 통해 상당 수준의 우주역량을 집적했던 일본은 그 수준을 향상시키는 것을 위한 미일협조와 자주의 두 방법론을 동시 병행하고 있는 것으로 볼 수 있다.

5. 결론

일본의 우주안보 정책은 최근 일본 안보 정책 진화의 성격과 동일한 맥락에서 이해될 수 있다. 냉전기에 비해 증가한 안보위협인에 대해서 미일 협력을 강화하여 대응하는 양상이 두드러지게 나타난다. 이 가운데 냉전기에 구축되어 왔던 요시다 노선의 전수방위와 기반적 방위력 개념이 형해화되면서, 미일 협력 속에서 일본의 역할 강화가 선명하다. 우주안보 정책을 포함한 최근 일본 안보 정책에서의 미일 협력 중심성은 그 방법이 가장 효과적이기 때문이다.

동맹국과의 협력에 대한 편승과 자율성의 조합 속에서 동맹국과의 협력을 향상시키고, 이를 동한 동맹 네트워크 내의 위치권력을 상승시키는 양상은 최근 일본의 외교안보 정책에서 두드러지게 발견된다. 그리고 편승과 자율성의 방법론은 안보 정책의 세부 분야마다 그 조합이 동일하지 않으며, 이에 따라 미일 협력에 임하는 일본의 자세가 분야마다 미세하게 차별된다. 편승과 자율성 사이의 조합 편차는 각 분야에서 일본이 가지고 있는 국가 능력에 따라 달라진다.

우주안보 정책에서 발견되는 일본의 전략적 자율성 추구는 우주 분야에서 그동안 축적한 일본의 국가기술경쟁력에 기반한 위치권력 상승 전략 차원에서 이해된다. 일본 우주 정책 목표 중 하나인 '자립하는 우주이용대국이 되는 것'은 우주안보 정책에서도 그 근본적 성격이 유지되고 있다. 우주개발 정책을 대체하는 우주안보 정책의 자주성은 일본 우주 능력 향상의 핵심 수단이기도 하기 때문이다. 미일 협력은 필연적이지만, 그 미일 협력의 결과가 일본에 보다 긍정적인 것이 되도록 하기 위한 전제로 자주적 국가 능력 향상 노력을 중시하는 일본 정책 관여자들의 전략 사고가 엿보이는 대목이다.

김경민. 2010.「일본의 우주개발전략 연구: 우주의 평화이용원칙을 중심으로」. ≪일본연구논총≫, 31.
김두승. 2009.「일본 우주정책의 변화: 우주기본법 제정의 안보적 함의」. ≪한일군사문화연구≫, 7.
김준섭. 2022.「'적기지 공격능력'과 '반격능력'의 보유문제에 관한 고찰: 일본국내의 논의를 중심으로」. ≪일본학보≫, 133.
박영준 외. 2023.『일본 안보 관련 정책 3문서 개정 결정의 의미와 평가』. 경남대학교 극동문제연구소.
스즈키 가즈토. 2013.『우주개발과 국제정치: 경쟁과 협력의 이면』. 이용빈 옮김. 한울.
이기완. 2023.「항공우주자위대 창설을 통해 본 일본 우주정책의 변화와 전망」. ≪국제정치연구≫, 26(4).
이케우치 사토루. 2021.『일본의 우주개발: 평화에서 군사안보로』. 한은아 옮김. 박영사.
한은아. 2013.「일본 우주개발정책의 군사적 변화에 관한 연구」. ≪일본연구논총≫ 제37호.

Nakamura, Ryo and Masahiro Okoshi. 2023. "U.S. ready to help Japan improve counterstrike capability: NSC official John Kirby says U.S.-Japan alliance entering 'modern age'." *Nikkei Asia*. Jan. 13. https://asia.nikkei.com/Editor-s-Picks/Interview/U.S.-ready-to-help-Japan-improve-counterstrike-capability (검색일: 2024.4.23.)
Hornung, Jeffrey and Christopher Johnstone. 2023. "Japan's Strategic Shift is Siginificant, but Implementation Hurdles Await." https://warontherocks.com/2023/01/japans-strategic-shift-is-significant-but-implementation-hurdles-await/ (검색일: 2024.4.23.)
Teraoka, Ayumi and Ryo Sahashi. 2024. "Japan's Revolutionary Military Change: Explaining Why It Happened Under Kishida." *Pacific Affairs*, 92(3).
Hughes, Christopher W. 2017. "Japan's Strategic Trajectory and Collective Self-Defense: Essential Continuity or Radical Shift?" *The Journal of Japanese Studies*, 43(1).
Chai, Sun-Ki. 1997. "Entrenching the Yoshida defense doctrine: three techniques for institutionalization." *International Organization*, 51(3).
「FACT SHEET: Japan Official Visit with State Dinner to the United States」, https://www.mofa.go.jp/files/100652149.pdf (검색일: 2024.4.23.)

角南篤. 2019.「宇宙政策: 月探査をめぐる競争と新たな国際協力の可能性」. ≪国際問題≫ No.684.
渡邊浩崇. 2019.「日本の宇宙政策の歴史と現状　自主路線と国際協力」. ≪国際問題≫ No.684.
福島康仁. 2019.「安全保障からみた宇宙　作戦支援から戦闘の領域へ」. ≪国際問題≫ No.684.
福島康仁. 2020.『宇宙と安全保障 - 軍事利用の潮流とガバナンスの模索』. 千倉書房.
西山淳一. 2023.「安全保障における宇宙利用」. 玉井克哉·兼原信克 編.『経済安全保障の深層: 課題克服の12の論点』. 日経BP.

笹川平和財団新領域研究会. 2024. 『新領域安全保障 サイバー・宇宙・無人兵器をめぐる法的課題』. ウェッジ.
小松伸多佳·後藤大亮. 2023. 『宇宙ベンチャーの時代: 経営の視点で読む宇宙開発』. 光文社..
宇宙基本計画(제1차). https://www8.cao.go.jp/space/pdf/keikaku/keikaku_honbun.pdf (검색일: 2024.4.23.)
宇宙基本計画(제2차). https://www8.cao.go.jp/space/plan/plan.pdf (검색일: 2024.4.23.)
宇宙基本計画(제3차). https://www8.cao.go.jp/space/plan/plan3/plan3.pdf (검색일: 2024.4.23.)
宇宙基本計画(제4차). https://www8.cao.go.jp/space/plan/kaitei_fy02/fy02.pdf (검색일: 2024.4.23.)
宇宙基本計画(제5차). https://www8.cao.go.jp/space/plan/plan2/kaitei_fy05/honbun_fy05.pdf (검색일: 2024.4.23.)
宇宙基本法. https://elaws.e-gov.go.jp/document?lawid=420AC1000000043 (검색일: 2024.4.23.)
長島純. 2024. 『新·宇宙戦争: ミサイル迎撃から人工衛星攻撃まで』. ＰＨＰ研究所.
青木節子. 2019. 「宇宙ガバナンスの現在 課題と可能性」. ≪国際問題≫ No.684.
青木節子. 2021. 『中国が宇宙を支配する日~宇宙安保の現代史』. 新潮社.
青木節子. 2023. 「宇宙安全保障と国際法」. ≪国際問題≫ No.716.
編集委員会 編. 2022. 「太論」. 『TARON一太論 第1号: 宇宙空間における戦略的競争』. 国政情報センター.
『令和 5年版防衛白書』. https://www.mod.go.jp/j/press/wp/wp2023/pdf/R05zenpen.pdf (검색일: 2024.4.23.)
「平成 31 年度以降に係る防衛計画の大綱」. https://www.mod.go.jp/j/policy/agenda/guideline/2019/pdf/20181218.pdf (검색일: 2024.4.23.)

≪読売新聞≫, 2023.12.23. "中国やロシアの「キラー衛星」に対抗 `自衛隊の通信衛星で宇宙監視…30年代打ち上げ". https://www.yomiuri.co.jp/politics/20231223-OYT1T50200/ (검색일: 2024.4.23.)
≪産経新聞≫. 2023.6.13. "小型レーダー衛星打ち上げ成功 予定軌道に投入 九州の宇宙ベンチャー".
≪日本経済新聞≫. 2023.1.12. "日米 `反撃能力の「協力深化」 宇宙でも対日防衛 2プラス2閣僚協議".

제3부

우주신흥안보의 창발

8 우주 정보·데이터와 지구·인간·군사안보

송태은 | 국립외교원

1. 시작하며

오늘날 우주기술과 우주 시스템은 첨단 정보통신기술Information & Communication Technology: ICT, 사물인터넷Internet of Things: IoT 등 다양한 기술과 결합되어 세계 각국의 기술경쟁과 군사경쟁의 핵심 분야로 부상하고 있다. 특히 인공지능Artificial Intelligence: AI 기술이 우주기술에 접목되면서 우주에서 표적의 변화를 탐지하고 수집하며 분석하는 영상분석 능력은 더욱 첨단화되고 있고, 그렇게 얻어진 정보는 과거와 비교할 수 없이 중요해졌다. 위성은 기상과 기후, 지형과 토지이용, 해수면이나 빙하의 변화 등을 모니터링하며 국토와 환경을 관리할 수 있게 하고, 도시의 밀집도와 도로의 분포, 주요 기간시설의 배치 등을 파악하여 도시계획을 세우는 데에도 도움을 준다. 또한 인공위성은 사물과 자연에 대한 실시간 모니터링이 가능하기 때문에 재난·재해에 대한 대응에도 기여한다. 결과적으로 위성은 생태환경과 도시관리 및 경제·산업 및 군사안보 분야에서의 다양한 국가적 기획에 필요한 방대한 규모와 다양한 형태의 각종 데이터를 제공하고 있다. 또한 위성정보는 시계열 분석, 표적 탐지와 추적, 지상 센서 데이터와의 융합, 오픈소프트웨어, 딥러닝deep learning, 클라우드 컴퓨팅 기술을 통해 다양한 연구와 정책 결정에 활용되고 있다. 우주기반 정보의 규모, 정보생산 속도, 수집된 정보의 광범위한 활용 분야를 감안하면 위성 정보·데이터가 국가 안보에서 차지하는 위상은 날이 갈수록 커지고 있다.

오늘날 육상, 해상, 공중 및 사이버와 우주는 전방위로 연결된 하나의 전장battlefield을 형성하고 있다. 초연결hyper-connected 시대 현대 군의 지휘통제·통신·컴퓨터·사이버·정보Command, Control, Communication, Computer, Cyber & Intelligence: C5I와 감시·정찰 및 정밀타격 등 통합적인 합동 군사작전은 사이버 공간이나 우주를 통한 무선 네트워크를 사용할 수 없다면 불가능하다. 우주 자산이 군사안보에 기여하는 방식은 위성의 우주상황인식, 정보감시정찰, 항법 및 위성통신 등 다양한 역할과 기능을 통해 이루어진다. 이미 우주는 지상과 해상에서의 군사활동을 지원하고 사이버 공간과 연결되어 정보작전이 직접적으로 이루어지는 전략공간으로 기능하고 있다. 2022년 2월 시작된 러시아-우크라이나 전쟁과 2023년 10월 시작된 이스라엘-하마스 전쟁이 보여주듯이 현대 군이 주요 정보와 첩보를 신속하게 공유하고 적에 대한 인지우세cognitive superiority를 달성하기 위해서는 군의 통신위성과의 연결성connectivity이 필수적인 변수이다.

전통적으로 항공수단을 이용해 왔던 군의 감시정찰 활동은 이제 우주 영역의 임무로 전환되고 있고, 실시간으로 얻어진 대규모 데이터는 국가 간 정보우위를 결정짓고 있기 때문에 우주안보는 국가의 데이터 안보와 직결된다. 즉, 현대 정보전information warfare의 주요 전장은 이미 우주로 옮겨지고 있고 우주 자산은 본격적으로 무기화되고 있다. 즉, 앞으로 국가의 안보는 국토에 대한 정밀하고 방대한 정보를 수집, 분석하고 다양한 군사작전을 가능하게 하는 우주자산에 달려 있다고 해도 과언이 아니므로 향후 각국의 우주 기반 데이터에 대한 의존도 더욱 심화될 것이다.

이렇게 우주 자산이 국가안보에서 차지하고 있는 핵심적 위상으로 인해 우주기반의 데이터 및 정보 자산은 앞으로 적성국이나 비정부 행위자가 공격하는 우선순위 타깃이 될 것이다. 이번 러시아-우크라이나 전쟁에서 우크라이나 군의 지휘통제를 파괴시키기 위해 러시아 해커들이 개전 바로 1시간 전에 우크라이나 군이 사용하는 미 상업 위성 회사 비아샛Viasat을 'AcidRain'으로 불리는 와이퍼wiper 멀웨어malware를 통해 대규모 사이버 공격을 감행했다(O'Neill, 2022). 위성 시스템에 대한 러시아의 이번 사이버 공격은 모든 전쟁에서 위성 시스템이 가장 먼저 공격을 받을 수 있는 대상이 될 것임을 예측하게 하는 사례가 되었다. 즉, 궤도상의 우주 자산 자체, 지상 스테이션, 데이터 자체 및 데이트 전송을 제어하는 시스템이 모두 사이버 공격의 대상이 될 수 있다. 따라서 세계 주요 우주 강국들은 우주 시스템에 대한 사이버 공격에 대응하여 우주 보안 및 방위 정책을 발표하고 있고 관련된 법 제도를 마련하는 데에 속도를 내고 있다. 세계 최고 우주 강국인 미국도 국가 우주 전략에 있어서 동맹과 우호국 간 우주 시스템의 사이버 복원력 강화를 위한 국제 협력에 큰 비중을 두고 있다(U.S. Department of Defense, 2020: 6).

이러한 맥락에서 이 연구는 우주 자산과 우주 시스템 기반을 통해 생성되는 정보·데이터가 국가 안보와 어떤 관계를 갖는지 국토 및 사회 감시 기능, 즉 ① 지구 안보와 ② 인간 안보 및 ③ 군사안보의 세 차원에서의 역할을 살펴보는데 군사안보의 측면은 미국의 사례를 통해 검토한다. 또한 이 연구는 우주 자산의 정보·데이터를 국가가 사용·활용하는 것을 방해하거나 악의적 목적으로 그러한 정보·데이터를 탈취하려는 사이버 공격이 어떤 방식으로 이루어지는지도 검토한다. 이렇게 다양한 인공위성의 활동에 대해 적대적 행위자가 사이버 공간과 인공지능 기술 및 인공위성의 정보분별을 방해하는 기만전술을 사용하여 구사할 수 있는 다양한 위협이 기술발전과 함께 증대하고 있는 것이다. 마지막으로 이 연구는 우주 자산에 대한 외부로부터의 다양한 위협에 대응하여 어떤 우주기술이 개발되거나 군사전략이 추구되고 있는지 주요국의 우주기반 정보·데이터 안보 정책을 살펴본다.

2. 우주기반 정보·데이터와 지구·인간·국가 안보의 관계

1) 우주기반 정보·데이터와 지구안보

지구관측 데이터를 서로 연결하여 시각화를 달성하는 컴퓨터 시스템인 지리 정보 시스템, 즉 GISGeographic Information System는 광범위한 정보를 신속하게 확보할 수 있는 위성정보를 활용할 경우 그 효과가 극대화된다. 인공위성이 촬영하는 영상은 항공이나 드론을 통해 촬영하는 이미지와 비슷한 수준의 해상도를 가지면서 더 많은 정보를 담을 수 있는 데다가, 최근 인공지능 기술이 인공위성에 적용되면서 위성의 정보 자산으로서의 가치는 더욱 커지고 있기 때문이다. 저궤도 위성의 경우 한 픽셀pixel에 0.3m의 구분이 가능하고 한 번에 100km² 면적을 촬영할 수 있다(김동원, 2021). IBM은 이미 2022년 5월 스페이스X의 '팰컨9FALCON9' 인공위성에 IBM의 지구 관측 및 궤도 엣지 컴퓨팅edge computing 장비를 탑재했고, 최근 IBM의 인공지능, 오픈소스open source, 하이브리드 클라우드 기술과 IBM의 자회사 레드햇Red Hat 기술이 탑재된 인공위성을 발사한 바 있다(박현진, 2022).

정보 수집을 위한 다양한 모니터링 기능을 수행할 수 있는 인공위성은 정보 수집 대상에 따라 다양한 임무를 수행한다. 먼저 '기상위성'에는 수증기량·기압·태양광선의 반사량 등의 정보를 측정하는 탑재체가 실리고 한 번에 넓은 지역을 관찰하여 날씨 변화를 예측한다. 기상위성의 경우 고도가 높을수록 더 넓은 지역에 대한 관측이 가능하므로 정지궤도 고도인 3만 5786km에 위치하며, 주변국들은 정확한 날씨예측을 위해 서로 기상정보를 교환한다. 반면 첩보위성의 경우 특정 대상을 지구 가까이서 관찰해야 하므로 저궤도인 고도 200km 궤도까지 이동했다가 다시 원래의 궤도로 복귀하기도 한다.

'지구관측위성'의 경우 고해상도 카메라와 레이더, 적외선 카메라와 같은 장비를 장착하고 지상을 촬영하고 지구 자기장, 중력, 빙하의 변화를 감시하며, 자원탐사, 해양 감시, 환경오염 파악, 산림 상태 등을 파악하는 임무를 수행한다. 이러한 지구관측위성은 지구 표면을 가까운 거리에서 관찰해야 하므로 저궤도에서 이동한다. 2023년 2월 미 항공우주국National Aeronautics and Space Administration: NASA은 IBM과의 협업을 통해 지구관측 위성인 마샬우주비행선에 IBM의 인공지능 파운데이션 모델 기술인 '지형공간 정보 파운데이션 모델'을 탑재했다. 이 인공지능 기술은 지구 궤도 위성에서 수집한 토지, 자연재해, 주기적 작물 수확량, 야생동물 서식지, 토지이용 변화에 대해 페타바이트Petabyte: PB 규모의 데이터를 기록하고 분석한다(김찬호, 2023).

위성정보가 지리정보 시스템에서 활용되는 분야는 크게 ① 토지 피복 모니터링, ② 기후변화와 환경 모니터링, ③ 도시 계획, ④ 재난·재해 대응의 네 개다. 위성정보는 머신러닝machine learning: ML, 시계열 분석, 광학, 레이더, 전파를 사용하여 물체를 감지하고 물체의 크기와 거리를 측정하는 LiDARLight Detection And Ranging 센서 등 다중센서가 만들어내는 데이터와 융합되기도 하고, 클라우드 컴퓨팅 및 객체탐지 등에 적용되어 다양한 분석결과를 도출할 수 있다. 토지피복에 대한 위성정보는 원격탐사에 사용되어 천연 자원을 관리하거나 토지이용 변화를 탐지하여 지속가능한 토지 관리에 유용하다(강희종, 2024: 8~13).

또한 위성정보는 산불, 삼림 벌채, 사막화, 수자원의 변화, 탄소CO2 농도, 대기질, 극지방의 빙하 및 해수면 상승도, 생물 다양성 등 환경에서 발생하는 다양한 변화를 모니터링하는 데에 유용하다. 위성정보는 화산분출, 홍수와 지진과 같은 재난과 재해에 대한 조기경보, 매핑에 더하여 피해의 평가와 대피 계획과 비상 자원 활동 등 복구와 관련된 활동에도 유용한 정보를 제공한다. 더불어 위성정보는 도시의 토지 이용 실태, 건물 밀도 및 이용 패턴 및 도시 인구 규모 등을 파악할 수 있게 하여 복원력 있는 도시계획에도 활용된다. 이러한 지구관측 데이터들은 무료로 오픈소스open source로서 제공되기도 하여 관련 전문가들의 연구와 알고리즘 개발에 기여하기도 한다(강희종, 2024: 8~13).

2) 우주기반 정보·데이터와 인간안보

정치적·군사적 혹은 경제적 위기에 의해 국경에서 대규모 인구가 이동하여 다른 지역으로 난민이 유입되는 경우 국가 간 새로운 사회적 문제와 폭력적 상황으로 인한 분쟁이 야기되기도 한다. 국경 지역에 대한 우주기반의 광범위한 감시는 국경에서의 마약 및 무기 거래와 테러의 발생을 방지하기 위한 효율적인 방책이 되고 있다. 해상에서 해적 활동을 일삼는 선박뿐 아니라 해적 캠프와 같이 육지에 설치된 해적 인프라도 그러한 감시가 이루어지는 주요 표적이다. 불법 작물 활동의 경우 마약 밀매상이나 준準군사 조직들paramilitary forces은 농부들에게 아편이나 코카인을 키우도록 하는데 다중분광multispectral 혹은 초분광hyperspectral 영상 데이터는 작물의 종류를 분별하는 데에 도움을 준다. '유럽연합인공위성센터European Union Satellite Centre: EU SatCen'의 경우 테러리스트 훈련 캠프나 무기밀거래와 같은 활동 등을 담은 위성정보를 포함한 다양한 공간정보 및 분석결과를 유럽연합European Union: EU에 제공하는 역할을 한다.[1]

이와 같이 위성정보는 지구상에서 일어나는 다양한 형태의 폭력을 감시하고 차단하는 데에 기여하므로 인도주의적 차원에서 인간안보를 증진시킬 수 있다. 인권침해 현장에 대한 증거로서 위성정보가 기여하는 바는 국제형사재판소International Criminal Court: ICC가 위성 데이터를 근거로 인종학살과 같은 전쟁범죄 등을 증거로 사용하는 데에서 나타난다. 무력충돌이 일어나고 있는 현장에서 발생하는 범죄는 직접 수집하기가 극단적으로 어려운 정보들이다(Larsson, 2016).

최근 서방의 전문가들은 위성정보 분석을 통해 중국이 신장 위구르 자치구 뤄부포호에 위치한 핵실험장 인근에서 시설확장 공사를 진행하는 모습을 포착하여

1 SATCEN, "General Crime and Security Surveillance," https://www.satcen.europa.eu/services/general_crime_and_security_surveillance.

중국의 이 지역에서의 핵실험 재개 가능성을 제기하기도 했다(Broad, 2023). 또 다른 사례로는, 맥사테크놀로지Maxar Technologies와 플래닛랩스Planet Labs가 우크라이나에 제공한 정보는 키이우 외곽에 2022년 7월 18일부터 21일 동안 방치된 민간인의 시신으로 보이는 15개에서 20개의 물체가 곧 러시아의 민간인 학살, 즉 전쟁범죄의 증거로 추정되며 우크라이나와 러시아 간 진실공방의 대상이 되었다(Schwirtz et al., 2022). 이 밖에도 이스라엘-하마스 전쟁에서도 가자Gaza 지구의 라파Rafa를 중심으로 하마스 핵심 4개 부대가 결집하고 있고 이곳을 통해 하마스가 군수 물자를 공급받고 있는데 이곳에 위치한 난민촌을 이스라엘이 2024년 5월 말 공습했다. 이 공습에 대해 이곳에 파견된 의료기관들이 반발하는 가운데 플래닛랩스가 제공한 위성정보는 이스라엘의 공습으로 난민촌인 라파 지역이 어떻게 전장으로 변했는지를 가시적으로 보여주기도 했다(Saleh et al., 2024). 이러한 위성 이미지들에 대해 라파에서의 이스라엘의 군사작전이 이스라엘-하마스 전쟁 초기 이스라엘이 펼쳤던 군사작전과 비슷한 양상이 분석되면서 (Murphy, 2024) 이스라엘의 군사작전이 국제사회의 감시를 받는 상황이 전개되고 있는 것이다.

이렇게 위성이 제공할 수 있는 구체적이고 광범위한 정보는 서로 이해관계가 다른 다양한 사용자들이 추구하는 목적에 따라 서로 다른 사실과 증거로서 사용되기도 한다.[2] 한편 위성이 수집하는 인권침해나 다양한 범죄 및 테러 등에 대한 광범위한 감시 데이터는 무차별적으로 수집되는 정보이기 때문에 본질적으로 프라이버시 침해와 같은 개인정보 보호 문제로부터 자유로울 수 없다(Kannegieter, 2023).

2 https://www.humanitarianstudies.no/resource/the-use-of-satellites-in-humanitarian-contexts.

3) 우주기반 정보·데이터와 군사안보

(1) 정보감시정찰(ISR)

우주 자산이 수집하고 분석해내는 다양한 정보는 원활한 군사작전의 수행 및 전쟁 수행 방식에 전술적·전략적 효과를 낳으므로 국가의 안보를 증진하는 데에 기여한다. 미래 우주작전 역량을 갖추기 위해 한국이 가장 우선적으로 갖춰야 할 분야에 대한 국내 항공우주 및 국방 분야 전문가 대상 설문 결과 '감시정찰' 역량이 압도적으로 높은 수치를 보이고 있듯이(최충현 외, 2022) 우주기술 발전의 가장 중요한 기반은 감시정찰을 통한 정보와 데이터의 수집활동이다. 군은 인공위성의 도움으로 기존에 가능하지 않았던 전장에 대한 상황인식 역량을 갖게 되었고, 상세한 정보와 실시간 감시 및 통신, 치밀한 탐색과 공격 목표에 대한 정밀한 조준이 가능해졌다. 군은 GPS를 통해 자국 부대의 위치와 적의 위치를 정확하고 신속하게 식별할 수 있게 되었고, 공격을 위한 정밀한 타기팅이 가능해진 것이다. 이러한 기능은 무인항공기Unmanned Aerial Vehicle: UAV의 개발에도 적용되고 있다. 결과적으로 우주 자산은 전 영역all domains에서의 군의 작전 수행에 기여하게 되는 것이다.

우주 자산의 군사작전 지원 역량은 정보감시정찰ISR, 미사일 발사 탐지 및 추적 등 우주상황인식, 우주 환경 모니터링, 위성통신, 우주기반 항법PNT 등이 있고, 우주 자산이 제공하는 정보와 데이터는 군의 군사작전에 중대하게 기여하게 된다. 특히 우주강국인 미국의 경우 미군은 '네트워크 중심 환경network-centric environment'을 넘어 '데이터 중심 환경data-centric environment'을 도모하고 있고, 우주 자산이 이러한 인식의 변화에 결정적인 영향을 끼치고 있다. 우주 중심의 지휘통제 네트워크를 통해 모든 센서, 발사체, 데이터들이 연결되는 미군의 '프로젝트 컨버전스Project Convergence'가 그러한 사례라고 볼 수 있다(Walker, 2022).

인공위성과 같은 우주 자산이 정보와 데이터 수집, 생산, 분석 등을 통해 국가 안보에 기여하는 중요성으로 우주 자산 자체의 보안 및 지상스테이션에 대한 사이버 공격을 통한 우주 자산 불능화 이슈도 중요해지게 된다. 더불어 우주기술과 인공지능 기술이 빠르게 결합되고 있으므로 경쟁국이나 적국의 우주기술을 무력화하기 위해 이들의 위성 등 우주기술 자체보다 인공지능 기술 발전의 핵심인 학습데이터 오염을 통해 적국의 우주 자산을 무력화하는 적대적 공격adversarial attacks도 증대할 것이다.

군사작전에 영향을 끼칠 수 있는 우주 자산의 중차대한 안보적 기능 때문에 각국은 우주 자산에 대한 외부로부터의 공격과 간섭을 차단하고 우발적 위험으로부터 우주 자산을 보호할 견고하고 다층적인multi-layered 대우주작전counterspace, DCS operations 역량을 갖추려한다. 민간이 운용하는 우주 자산은 비용과 규모 차원에서 국가가 필요로 하는 정보를 효율적으로 제공할 수 있고 국가의 정보역량을 보완하는 역할을 하며 국가 우주 자산에 대한 의존도를 감소시키는 장점이 있다. 한편 잠재적 적이 민간위성을 이용하여 감시정찰을 수행하며 다른 국가의 안보를 위협할 가능성도 커지고 있다.

군사위성은 미사일 발사 징후나 성능을 평가하거나 타국 군부대의 이동을 추적하는 임무를 수행하고, 인공지능 기술 탑재 시 데이터를 분석하는 기능도 수행한다. 특히 정찰위성에 탑재되는 '고성능영상레이더Synthetic Aperture Radar: SAR'는 위성에서 지상이나 해양에 레이더를 순차적으로 쏜 후 굴곡면에 반사되어 돌아오는 시간차를 처리하여 지상지형도를 만들 수 있다. 이러한 SAR을 이용한 지표 관측은 주간, 야간, 악천후의 영향을 받지 않는다. 최근에는 AI 기술이 적용된 다수의 소형위성 감시정찰 체계, 즉 군집형 소형위성 운용을 통해 표적의 변화를 빠르게 포착, 감시하고 조기경보를 수행하는 정찰 개념이 주목받고 있다.

(2) **우주상황인식**(SSA)

우주상황인식Space Situational Awareness: SSA은 우주물체와 우주작전 환경에 대한 지식을 얻는 활동, 즉 우주로부터의 위협과 우주 환경의 상황을 실시간으로 관측, 분별하고 추적하며 예측하는 활동이다. 우주상황인식은 우주안전과 우주교통관리Space Traffic Management: STM의 기반이 되고 있고 이러한 활동을 실시간으로 수행하는 것이 우주교통관리의 목표이다. 따라서 우주작전을 수행하기 위한 우주영역인식Space Domain Awareness: SDA에서 우주상황인식SSA은 중요한 구성 요소이다.[3] 우주궤도 내에 위치한 다양한 위성과 사물을 추적하고 모니터링하는 우주상황인식과 우주교통관리는 앞으로 인공지능 기술이 대신할 경우 우주기술과 인프라 부족 문제를 해소할 수 있다.

우주상황인식을 위해 광학망원경, 레이더, 레이저 등 다양한 지상기반의 감시와 추격체계가 활용되고, 우주에 대한 정확한 상황인식과 예측은 군의 지휘결심에 필요한 정보를 제공한다. 미국의 경우 정지궤도우주상황인식프로그램Geosynchronous Space Situational Awareness Program: GSSAP을 수행하는 인공위성은 정지궤도에 위치하면서 미 우주사령부U.S. Space Command의 우주감시 작전을 지원한다(U.S. Space Force, 2020). 또한 미 전략사령부U.S. Strategic Command: USSTRATCOM는 지상의 수많은 센서와 추적 시스템을 지구적으로 관리하는 '우주감시네트워크Space Surveillance Network: SSN'를 운영하고 있다.

한 국가의 완전하지 못한 감시정찰 능력은 민간과의 협력과 동맹국의 협조를 통해 보완될 수 있다. 미국의 경우 우주상황인식을 위해 우주군Space Force이 클라우드 기반의 '통합데이터도서관Unified Data Library: UDL'을 운영하고 있는데 민간의 SSA 데이터를 UDL에 통합시키는 노력을 펼치고 있다(U.S. Government Accountability Office, 2023). 미국은 미사일 방어 및 미사일 발사를 탐지하고 추적하기 위해 다층위성 네트워크를 구축하고 있는데, 이를 위해 상업 용도의 민간의 우주위성 네트워크가 군사적 용도의 우주 네트워크를 보완하기도 한다. 미군은 C5ISR 센터Command, Control, Communication, Computers, Cyber, Intelligence,

3 "Space Situational Awareness" Aerospace Corporation, https://aerospace.org/ssi-space-situational-awareness(검색일: 2023.9.20.)

Surveillance and Reconnaissance Center를 통해 이러한 네트워크 환경을 구축하고 산업계와도 공조하고 있다(Walker, 2022).

한편 우주상황인식과 관련된 미군의 민간과의 협력은 최근 새로운 변화를 시도하고 있다. 2023년 4월 트래비스 랭스터Travis B. Langster 미 국방부 우주 및 미사일 방어담당 선임국장Principal Director of Space and Missile Defense Policy은 미 국방부가 정부 조직이기 때문에 보안 및 절차적 제약, '실패를 불허하는 임무no-fail type mission' 등 다양한 제한을 받고 있기 때문에 국방부로부터 상무부Department of Commerce로 상업 및 민간의 우주상황인식 관련 역량을 이전하고 있다고 언급했다(Luckenbaugh, 2023). 이러한 변화가 시도되는 것은 민간이 우주공간으로 쏘아 올리는 인공위성의 수가 급증하고 있고, 정부 차원에서는 이러한 민간위성이 수집하는 정보와 데이터를 최대한 융통적으로 획득할 수 있는 환경을 이용하는 것이 국가 안보에 더욱 유익이기 때문이다.

(3) 항법정보

'범지구위치결정시스템Global Positioning System: GPS'과 같은 위성항법 시스템은 인공위성을 기반으로 한 항법 시스템이다. GPS는 위성을 통해 위치Positioning 및 항법Navigation, 시각Timing 정보, 즉 위치·항법·시각Positioning, Navigation, Timing: PNT 정보를 제공해 준다. 정확한 위치 정보를 지상으로 전송해야 하는 항법위성은 지구상의 건물 위치나 이동수단의 경로 정보를 제공해야 하므로 고도 2000~3만 km에 위치하며, 정확한 위치정보를 획득하기 위해 여러 대의 위성이 운용되기도 한다. PNT는 국가 경제, 교통안전, 국토안보에 기여하고, 다른 위성에 정확한 위치정보를 제공하며 인공지능 기술이 탑재된 PNT가 인공위성에 적용될 경우 인공위성은 커뮤니케이션 능력과 아울러 위치자율성position autonomy을 갖추게 된다.

군사적 목적의 PNT는 군의 지휘소, 전투원, 플랫폼의 정확한 위치와 시간을 제공하여 모든 부대와 전투력이 원하는 공간과 시간에 위치할 수 있게 하므로 합동 군사훈련에서 PNT는 핵심적인 역할을 수행한다. 우주작전의 효과적인 전개는 우주 자산의 PNT를 안전하게 운용할 수 있는 수많은 위성과 플랫폼을 필요로 하는데, 미국의 경우 동맹 및 파트너국의 우주기지 사용에 있어서 상호 간의 긴밀한 협력을 성공적인 우주작전의 필수 요건으로 인식하고 있다(Headquarters U.S. Air Force, 2023). 미 국방부는 미군의 합동전영역지휘통제Joint All Domain Command and Control: JADC2가 미 전군의 통합된unified 네트워크를 필요로 하고, 이러한 네트워크의 핵심은 우주이므로 우주공간을 통해 전군이 상호 통신할 수 있는 다양한 채널을 보유해야 한다고 보고 있다.

미 항공우주국National Aeronautics and Space Administration: NASA은 지구상의 어떤 지점에서도 적의 초음속 무기를 탐지·추적하고, 적의 공격을 교란하며, 정확한 PNT 정보를 제공하기 위해 2026년까지 1000개 이상의 100~400kg의 소형 군집위성을 저궤도low Earth orbit: LEO에 띄우는 계획을 추진하고 있다. NASA의 SSTSmall Spacecraft Technology 프로그램과 미 국방부 국방고등연구계획국Defense Advanced Research Projects Agency: DARPA의 블랙잭BlackJack도 군집형 소형위성 네트워크 구축을 위한 프로젝트이다. 이러한 군집형 소형 위성 네트워크는 회복력 있고 지속적인 커버리지persistent coverage를 갖춘 초연결의 고속 네트워크를 군에 제공할 수 있다. 더군다나 시스템 설계 주기가 짧고 빈번한 기술 업그레이드가 필요하며 탑재체 설치에 드는 비용이 저렴한 군집형 소형 위성은 상품화도 쉽고 군사적 유용성도 높은 것으로 인식되고 있다.[4]

(4) 위성통신(SATCOM)

지상 통신국에서 보내는 신호를 받아 이를 다른 통신국에 전달하여 이동통신을 지원하는 '통신위성Satellite communication: SATCOM'은 최대한 넓은 범위에서

4 Stephen Forbes, "Blackjack," DARPA, https://www.darpa.mil/program/blackjack(검색일: 2023.4.5.)

신호를 받아 통신을 중계하므로 중궤도보다 높은 고도인 정지궤도에 위치한다. 또한 통신위성은 정해진 범위의 신호를 전담하여 중계하므로 지구의 자전 속도와 동일한 속도로 적도상에서 지구를 공전한다. 통신위성은 위성이 서비스를 제공하는 통신 범위가 넓고, 해저 통신 케이블 서비스가 제공되지 않거나 유선 전화망 설치가 어려운 대륙에도 서비스가 제공되는 등 지리적 제한을 받지 않는다. 따라서 저궤도에 수백, 수만 개 위성을 배치하는 군집위성 기반 위성통신 시스템을 구축할 경우 전 지구를 대상으로 통신 서비스를 제공할 수 있다. 통신위성은 통신 품질이 비교적 균일하고, 다양한 기가헤르츠GHz 대역의 전파사용에 따른 전송이 가능하며, 동시에 다양한 지점으로 동일 정보를 분배하는 브로드캐스팅과 다지점 간 회선을 설정하는 다중 접속이 가능하다. 또한 통신위성은 이동통신을 제공할 수 있으므로 지상, 공중, 해상에서도 서비스 이용이 가능하다. 한편 위성통신은 원거리 전송에 따른 전송지연, 수신신호 세력 약화, 수신방법 용이성에 따른 취약한 보안성, 높은 주파수 사용에 따른 강우감쇠 및 태양간섭 등 기후의 영향을 받는다.

위성통신은 군사용이건 민간용이건 군 지휘부에 전략적 상황인식strategic situational awareness을 제공하고 특정 지역에서 합동작전을 수행할 수 있게 한다. 특히 위성통신 역량SATCOM capability은 반우주 전력counterspace forces에 통제 능력을 제공하는 필수 요소이다. 미국은 최근 기밀통신 위성 네트워크 개발을 위한 다양한 프로젝트를 민간 기업과 시작했다. 2022년 5월 미 우주군Space Force은 '기밀통신 위성 네트워크classified communications satellites' 개발을 확대하기 위해 향후 5년 동안 80억 달러의 자금 지원을 정부에 요청했다. 특히 '진화한 전략위성통신Evolved Strategic Satcom: ESS 프로그램'은 미군 사령부와 미국 전역에 흩어져 있는 전략 폭격기, 탄도 잠수함 및 대륙간탄도미사일과 통신하는 위성으로서 사이버 공간과 극지대도 관할한다. ESS 위성 및 지상 시스템은 핵 지휘 통제 및 통신을 위한 것으로서 우주공간에서 국가의 지휘가 가능하도록 지원한다. ESS 프로젝트를 통해 보잉Boeing, 록히드 마틴Lockheed Martin, 노스롭 그루먼Northrop

Grumman Corporation이 제안한 3개의 위성 탑재체 및 지상 시스템 개념 개발이 지속될 것으로 알려져 있다(Sandra Erwin, 2022).

미 우주군은 우주군의 통신위성에 사용할 전파방해 방지 탑재체payloads 개발을 위해 별도의 자금 약 25억 달러를 5년간 투자하여 '방어전술위성Protected Tactical Satcom: PTS'과 지상 시스템인 '방어전술산업 서비스Protected Tactical Enterprise Service: PTES' 개발 프로젝트를 추진하고 있다. 재머jammer의 위치, 실시간 무력화, 주파수 호핑 기술을 제공하고 적대적인 재밍에 대응하는 PTS는 고도의 재밍jamming 공격에도 통신이 방해받지 않도록 하는 위성이다. 미 우주군은 2020년 보잉과 노스롭 그루먼이 이러한 PTS 탑재체를 개발하도록 했고, PTES의 주 계약자인 보잉은 2024년 현재 개발하고 있는 PTS를 출시할 계획이다(Sandra Erwin, 2023).

3. 우주기반 정보·데이터에 대한 위협

1) 적대적 머신러닝 공격과 사이버 공격

거대 데이터를 처리하기 위해 딥신경망deep neural networ 기반의 인공지능 기술이 적용된 관측위성이 기계학습machine learning 알고리즘 공격을 받는 경우 알고리즘 모델이 잘못된 예측을 하도록 왜곡된 조작 데이터를 투입하여 모델을 속이는 방식이 사용된다(Du et al., 2022a, 2022b). 하지만 현대 각국의 모든 인공위성이 인공지능 기술을 탑재하고 있는 것은 아니다. 유럽연합이 추진하고 있는 인공위성 집합체constellation 프로젝트인 IRISInfrastructure for Resilience, Interconnectivity and Security by Satellite의 경우 유럽이 아직 인공위성을 우주궤도에 쏘아 올리기 전인 현재 시점에 '구식' 위성으로 인식되고 있다. IRIS에는 인공지능 기술이 적용되지 않았기 때문에 '스마트 재밍smart jamming'으로도 불리는 적대적 공격 혹은 적대적 머신러닝adversarial machine learning을 탐지할 수 없고 자동적인 반격이 불가능하기 때문이다(Mercier and Fontaine, 2023).

적대적 행위자가 공격 대상 인공위성이 수집하는 방대한 정보 능력을 방해하기 위해 인공위성의 궤도 이탈을 유발하는 형태의 사이버 공격을 수행할 수도 있지만 정보 자체를 해킹할 수도 있다. 위성 해킹을 통해 해커는 주요 장소에 대한 구체적인 정보, 커뮤니케이션 내용, 이메일을 통해 전달되는 온갖 문서와 같은 방대한 정보를 쉽게 획득할 수 있다.[5] 일찍이 미국은 적성국이 위성의 이미지 정보를 분석하는 데에 사용되는 센티언트Sentient와 같은 머신러닝 소프트웨어 수출을 통제하는 조치를 취하기도 했다. 미국 상부무 산하 산업안보국Bureau of Industry and Security: BIS은 2020년 1월 6일 미국 기업이 센서, 드론, 위성에 적용될 수 있는, 지리 정보를 분석하는 인공지능 소프트웨어를 수출할 경우 정부의 사전 승인을 받도록 하는 규정을 발표했다(Associated Press, 2020). 센티언트는 위성 이미지에서 비정상적 이미지를 찾아내 타국의 무기 프로그램 개발이나 병력 이동 등 군사활동을 감시, 추적하는 데에 사용되는 인공지능 프로그램이다(Wheatley, 2020).

전파교란과 같은 재밍공격이 인공위성에 대한 고전적인 형태의 공격이라면 최근 인공위성에 대한 공격은 사물인터넷Internet of Things: IoT에 대한 공격을 통해서도 수행될 수 있다. 즉, 다수 인공위성 간 네트워크에서 커뮤니케이션 프로토콜이나 명령체계 혹은 소프트웨어 등 하나의 인공위성 장치가 교란을 받거나 무력화될 경우 서로 연결되어 있는 다른 위성의 작동에도 차례로 영향을 끼쳐 전체 네트워크가 파괴될 수 있다. 근접해 있는 위성들이 많아지면 한 위성으로부터의 신호가 다른 위성의 신호에 간섭하게 되는 근접위성간섭Adjacent Satellite Interference: ASI 현상이 일어나고, 그 결과 신호의 질이 나빠지거나 데이터

5 "Satellites as a Susceptible Databank to Hackers and Artificial Intelligence," https://www.mhu.edu/wp-content/uploads/2020/03/BLUF.pdf

오염 및 커뮤니케이션 무력화 등의 현상이 일어날 수 있다. 위성 간 배열이나 장치의 오작동에 아무 문제가 없어도 신호간섭의 횟수가 많아지고 간섭 시간이 길어지면 그러한 문제는 피할 수 없게 될 수도 있다(Maguire, 2024).

특히 표준화되어 있지 않은 프로토콜이 다양한 민간, 상업 및 군용 위성에 적용되어 있을 경우 IoT에 대한 공격으로 위성 보안의 취약성이 심화될 수 있다. 더군다나 위성 자체에 탑재되어 있는 하드웨어 기반의 보안은 값비싸고 그러한 장치는 무게가 더 나가며 위성발사나 작동에 더 큰 비용을 수반할 수 있다. 위성은 대개 보안 업데이트와 오작동에 대한 물리적 수리가 쉽지 않기 때문에 이러한 문제가 가중될 수 있다. 또한 일반적으로 많이 알려져 있는 인공위성의 궤도이탈이나 지상 스테이션에 대한 사이버 공격 외에 배터리나 태양광 패널과 같이 인공위성에 탑재되어 있는 IoT에 대한 사이버 공격도 위성 시스템에 대한 공격 방식이 될 수 있다(Maguire, 2024).

더군다나 해커들은 오픈소스 기술이나 소프트웨어를 통해 민간위성을 쉽게 사이버 공격할 수 있고, 민간위성의 경우 보안 관련 비용을 절감하는 방식으로 제작되거나 사이버 공격 가능성에 대한 안이한 인식으로 외부로부터의 사이버 공격에 더 취약할 수 있다. 민간 우주기업이 제공하는 상품과 서비스는 위성, 지상단말기, 데이터와 정보 네트워크 등 광범위하기 때문에 다양한 해커로부터 지상 스테이션 등에 대한 사이버 공격에 지속적으로 노출되고 있다. 2023년 8월 미 공군과 우주군이 주최한 '핵-어-샛Hack-A-Sat' 대회에서 이탈리아 팀이 실제 운용 중인 위성(2023년 6월 발사된 큐브위성)에 대한 최초의 해킹에 성공한 바 있다.

이러한 위성에 대한 다양한 형태의 사이버 공격 문제를 해결하기 위해서는 위성을 운용하는 정부와 민간 및 국제사회가 인공위성 보안 기술에서 동일한 표준과 프로토콜을 사용하는 것이 강조된다. 또한 암호화encryption, 인증 메커니즘authentication mechanism, 보안과 관련된 엄격한 감사audit의 적용도 중요해지고 있다. 더불어 IoT 제공 기업에 대한 최소한의 보안표준 준수 요구 및 이들

기업 간의 정보 공유 촉진 메커니즘의 구축도 위성에 대한 사이버 보안에 기여할 수 있다(Maguire, 2024).

한국의 경우 최근 정찰위성의 역할을 하는 다목적실용위성 아리랑 3호와 3A호의 관제, 위성영상 수신 및 관리를 담당하고 있고 차세대 중형위성, 소형위성 등 저궤도 위성 70기를 운영할 예정인 제주 국가위성운영센터가 2023년 12월 외부로부터의 해킹 공격을 받은 바 있다. 전 세계적으로 정보통신기술Information & Communication Technology: ICT과 위성 시스템의 공급망에 대한 사이버 공격, 보안 패치나 업데이트 문제 등 민간의 역할이 큰 우주 시스템의 개발, 관리, 활용, 소유의 모든 과정에 보안 문제 발생 가능성도 높아질 수 있다.

2) 생성형 AI 및 가짜 모형을 사용한 기만

인공위성이 지구상의 다양한 대상에 대한 정확한 정보를 제공하면서 국가가 수행하는 외부에 노출되지 않은 은밀한 활동이나 외부로부터 단절된 공간에서 일어나는 다양한 활동이 새롭게 드러나기도 한다. 예컨대 2016년과 2018년 사이 중국 정부가 신장 지역에 포로수용소를 대거 새로 건설하는 활동이 인공위성에 포착되면서 중국의 인권유린 문제가 국제사회에서 크게 주목받은 바 있다. 또한 이란이나 북한이 은밀히 개발하는 핵과 미사일 개발 관련 시설이 인공위성에 찍히면서 이들 국가의 은폐된 군사활동이 지속적으로 드러나고 있다. 구글맵Google Maps, 플래닛닷컴Planet.com, 플래닛랩스Planet Labs, 막사테크놀로지Maxar Technologies Inc., 디지털글로브Digital Globe 등이 제공한 위성사진은 2021년 시작된 미얀마 내전에 의해 파괴된 마을의 모습, 시리아 내전, 예멘 내전으로 홍해상에서 해적에 의해 나포된 상선의 모습, 수단 내전에 의해 파괴된 공항의 모습 및 러시아-우크라이나 전쟁과 이스라엘-하마스 전쟁의 참상을 정확하게 보여주고 있다(Jacob, 2024).

인공위성의 관측 기술과 정보 분석 기술이 점점 고도화되면서 각국의 군사

활동의 완벽한 은폐가 점점 어려워지는 상황은 인공위성이 촬영하는 대상의 이미지에 대한 국가의 다양한 기만과 교란 시도를 유발하기도 한다. 러시아-우크라이나 전쟁에서 양국이 상대의 무기를 인공위성이나 드론을 통해 촬영하며 정보를 수집하고 식별된 무기에 대해 물리적 공격을 수행하기 때문에 두 국가는 플라스틱, 목재나 직물을 사용한 가짜 무기, 즉 모형decoy을 전문적으로 제작, 배치하고 있다. 우크라이나 철강회사 메트인베스트Metinvest는 이러한 가짜 무기를 전문적으로 제조하고 있고,[6] 양국 군은 모두 위성에 의한 실시간 감시를 기만하기 위해 진짜 무기를 다루듯이 가짜 무기를 운반, 배치하고 은폐하는 활동도 수행하고 있다. 이러한 가짜 무기는 적의 값비싼 무기체계의 빠른 소진을 유도하기 위한 장치로서 인공위성의 정보식별 기술에 대한 직접적인 정보작전information operations: IO이자 기만전술이 되고 있다.

한편 인공지능 기술의 발전 자체가 그러한 정보를 왜곡하는 현상을 유발하기도 한다. 2021년 보 자오Bo Zhao 교수는 '사이클갠CycleGAN' 알고리즘 프로그램을 사용하여 시애틀과 베이징의 위성사진을 이용하여 시애틀이 베이징처럼 보이게 하는 딥페이크deep fake 지도를 제작해 보였다. 이러한 방식을 통해 도시 전체가 정전이 일어난 것처럼 조작할 수도 있고 도시의 분위기를 완전히 바꿀 수도 있다. 이렇게 제작된 지도의 진위를 탐지하기 위해서는 시공패턴temporal-spatial patterns 분석이 활용되고 있지만 발전하는 AI 기술은 탐지를 막기 위한 패턴 조작 방법도 학습할 수 있기 때문에 AI를 이용한 탐지와 탐지 방해 기술은 결국 알고리즘 대 알고리즘의 대결을 초래하고 있다(Knight, 2021). 예컨대 딥페이크 탐지 알고리즘에 대해 해상도가 낮아지게 하는 공격, 즉 '소음제거확산모델denoising diffusion models: DDMs' 공격을 수행할 경우 그러한 탐지 알고리

6 "Metinvest begins production of decoy military equipment that misleads the enemy" Metinvest (August 25, 2023), https://metinvestholding.com/en/media/news/metnvest-rozpochav-virobnictvo-maketv-vjsjkovo-tehnki-scho-vvodyatj-voroga-v-omanu

즘의 정보분별 능력이 감소되는 등 딥페이크 탐지를 회피할 수 있는 공격 기술도 개발되고 있다(Ivanovska and Struc, 2024).

4. 맺음말

살펴본 바와 같이 오늘날 우주위성이 수집하고 분석하는 정보와 데이터의 가치는 지구안보, 인간안보, 군사안보 차원에서의 역할이 최근의 첨단기술의 발전, 미중 기술패권경쟁 및 전 세계적 군사안보 사안들과 맞물려 더욱 중요해지고 있다. 다양하고 광범위한 정보활동을 수행하는 우주 자산이 국가안보에서 차지하게 된 핵심적 위상으로 인해 앞으로 우주기반의 데이터 및 정보 자산은 적성국이나 비정부 행위자가 공격하는 우선순위의 대상이 될 것이고, 러우전쟁이 이미 보여주고 있듯이 사이버 안보는 우주안보의 주요한 이슈로서 부상할 것이다. 지구환경을 모니터링하고 인간의 안전에 기여하며 군사활동을 지원하는 우주 자산은 궁극적으로 국가 안보와 세계 안보에서 가장 중요한 기술자원이 됨과 동시에 세계적 군사경쟁으로 시간이 갈수록 무기화 추세가 심화될 것이다.

2024년 9월 유엔이 개최하는 '미래정상회의the Summit of the Future'는 우주의 평화롭고 안전하며 지속가능한 사용을 위한 고위급 수준에서의 정치적 합의를 이끌어낼 것을 추구하고 있다. 국제사회의 이러한 움직임에도 불구하고 군사화되고 있는 우주 자산과 우주 시스템의 현 발전 단계를 감안할 때, 앞으로 우주 관련 기관과 우주 자산에 대한 보안체제 및 위기관리 체제가 국가 안보 차원에서 사이버 안보 정책과 연계되어 더욱 중요해질 것이다. 특히 우주기술 인력과 지원체계가 절대적으로 부족한 국가는 동맹이나 우호국들과의 안보 협력에 있어서 우주 분야가 반드시 포함되도록 하는 다양한 군사외교적 노력을 펼칠 것으로 보인다.

인도-태평양 지역(이하 인태 지역)에서의 중국의 군사적 부상과 해양에서의 회색지대 전술의 빈번한 사용, 그리고 러우전쟁이 보여준 우주 자산을 사용한 정보전이 전세에 끼친 위력을 고려할 때, 인태 지역 국가 간 광범위한 우주 자산 기반의 정보공유 협력은 앞으로 사이버, 우주 및 해양 영역에서의 한층 진전된 군사안보 협력으로 발전될 것이다. 특히 최근 인태 지역에서 본격화되고 있는 국가 간 위성기반 정보의 공유, 해양에서의 재난, 위기 및 불법적 활동에 대한 모니터링 및 공동 대응 등 인태 지역 우호국들과 한국의 다양한 정보 협력은 향후 진전될 군사안보 협력의 실질적 토대가 될 것이므로 적극적인 참여가 필요하다. 즉, 한국의 경우 인태 지역에서 재난, 위기 및 불법적 활동에 대한 공동 대응을 위해 진전되고 있는 다양한 다국적 위성정보 공유 협력 협의체와 역내 이니셔티브에 한국의 인태전략을 연계시키는 노력이나 우주의 평화로운 사용을 위한 다양한 규범구축 노력에 기여할 수 있어야 한다. 또한 이러한 국제 협력 외에도 미래 한국군의 효과적인 우주작전은 우주 분야 정보가 지상, 해상, 항공과 사이버 공간의 정보와도 융합되어 더 종합적인 정보체계 구축을 요구하므로 민간과 우주 분야의 체계적 정보공유 시스템을 마련하는 노력도 중요하다.

인태 지역에서 미국과 유럽이 주도하고 있는 다양한 정보공유 협력 이니셔티브에 한국이 적극적으로 동참해야 하는 가장 큰 이유는 자유로운 항행과 규칙기반의 질서, 안정적인 무역항로와 공급망 유지, 국제법, 특히 국제해양법 United Nations Convention on the Law of the Sea: UNCLOS의 준수 등 한국은 인태 지역 국가들이 추구하는 이해와 가치를 공유하고 있고, 이 지역에서 중국의 공격적 군사력의 투사에 대한 우려를 공유하기 때문이다. 더불어, 한국에 대한 군사적 위협은 북한의 핵과 미사일 외에도 해상과 근우주에서의 북한이나 중국의 회색지대전술이나 하이브리드 위협같이 불명확하고 복잡하며 조악한 형태로 다가올 수 있다. 2022년 12월 우리 영공에 북한의 조악한 드론이 진입했다 돌아간 사건이나 2024년 5월 쓰레기를 실은 풍선의 우리 영토 진입 등 소형 비행체를 이용한 북한의 하이브리드 위협에 대한 우리의 공중 정찰 능력과 대응태세 뿐 아니라 주변국들과의 정보 공유는 앞으로 더욱 중요해질 것이다. 국가 간 정보 공유는 상호 간 신뢰구축과 외부 환경에 대한 동일한 인식과 이해를 촉진시키고 이후 발전된 형태의 군사안보 차원에서의 안보 협력에 기여하게 된다. 따라서 한국은 현재 활발하게 진행되고 있는 인태 지역의 위성정보를 비롯한 다양한 정보 공유 이니셔티브 및 우주 관련 TTX와 군사훈련 등에도 적극적으로 참여해야 한다.

강희종. 2024. 「위성정보를 활용한 지리정보 시스템(GIS) 연구 동향 및 시사점」. ≪SPREC Insight≫, 14, 국가우주정책연구센터.

김다혜·백기연·김성훈. 2024. 「「주요국 우주 사이버시큐리티 정책 동향 조사·분석」. ≪KISA Insight: Digital & Security Policy≫, 4. 한국인터넷진흥원.

김동원. 2021. "인공위성과 AI가 만나면? 할 수 있는 일 무궁무진하죠". ≪AI 타임스≫, 2021.9.7. https://www.aitimes.com/news/articleView.html?idxno=140533(검색일: 2023.2.1.)

김찬호. 2023. "IBM, 나사 우주비행선에 인공지능 기술 공급". ≪테크월드≫, 2023.2.2. https://www.epnc.co.kr/news/articleView.html?idxno=231329(검색일: 2023.2.4.)

박현진. 2022. "인공위성에 하이브리드 클라우드 및 인공지능 기술 탑재 … IBM, 우주를 공략한다". ≪인공지능신문≫, 2022.5.30. https://www.aitimes.kr/news/articleView.html?idxno=25159(검색일: 2022.6.1.)

최충현 외. 2022. "미래 우주전 무기체계 개발을 위한 핵심기술 도출 연구". 한국과학기술기획평가원에서 총 100명의 전문가에 대해 2022년 11월 설문조사한 결과.

Associated Press. 2020. "US restricts exports of AI for analyzing satellite images." January 6, 2020. https://apnews.com/general-news-24c677b19237e6051d186aac313945fc

Broad, William J., Chris Buckley and Jonathan Corum. 2023. "China Quietly Rebuilds Secretive Base for Nuclear Tests." *New York Times*, January 9, 2023. https://www.nytimes.com/interactive/2023/12/20/science/china-nuclear-tests-lop-nur.html.

Du, Andrew, Bo Chen, Tat-Jun Chin, Yee Wei Law, Michele Sasdelli, Ramesh Rajasegaran, and Dillon Campbell. 2022a. "Physical adversarial attacks on an aerial imagery object detector."

Paper presented at the IEEE Winter Conference on Applications of Computer Vision(WACV).
Du, Andrew, Yee Wei Law, Michele Sasdelli, Bo Chen, Ken D Clarke, Michael S Brown, and Tat-Jun Chin. 2022b. "Adversarial attacks against a satellite-borne multispectral cloud detector." Digital Image Computing: Techniques and Applications(DICTA).
Erwin, Sandra. 2023. "Northrop Grumman developing military communications satellite for 2025 launch" *Space News*, April 9, 2023. https://spacenews.com/northrop-grumman-developing-military-communications-satellite-for-2025-launch(검색일: 2023.4.11.)
Erwin, Sandra. 2022. "U.S. to ramp up spending on classified communications satellites." *Space News*, May 1, 2022. https://spacenews.com/u-s-to-ramp-up-spending-on-classified-communi cations-satellites(검색일: 2023.2.1.)
Forbes, Stephen. "Blackjack." DARPA. https://www.darpa.mil/program/blackjack(검색일: 2023. 4.5.)
Headquarters U.S. Air Force. 2023. "Air Force Global Futures Report." Washington D.C. March 2023, pp.16~17. https://www.af.mil/Portals/1/documents/2023SAF/Air_Force_Global_Futures_Report.pdf(검색일: 2023.4.1.)
Ivanovska, Marija and Vitomir Struc. 2024. "Onthe Vulnerability of Deepfake Detectors to Attacks Generated by Denoising Diffusion Models." https://openaccess.thecvf.com/content/WACV 2024W/MAP-A/papers/Ivanovska_On_the_Vulnerability_of_Deepfake_Detectors_to_Attacks_Generated_by_WACVW_2024_paper.pdf.
Jacob, Jeffy. 2024. "Satellite Imagery Shows Conflicts around the Globe." Geospatial Media and Communications, January 8, 2024. https://www.geospatialworld.net/prime/Geospatial Media and Communicationsbusiness-and-industry-trends/satellite-imagery-shows-conflicts-Geospatial Media and Communicationsaround-the-globe.
Knight, Will. 2021. "Deepfake Maps Could Really Mess With Your Sense of the World." *Wired*, May 28, 2021. https://www.wired.com/story/deepfake-maps-mess-sense-world.
Larsson, Naomi. 2016. "How Satellites Are Being Used to Expose Human Rights Abuses." The *Guardian*, April 4, 2016. https://www.theguardian.com/global-development-professionals-network/2016/apr/04/how-satellites-are-being-used-to-expose-human-rights-abuses.
Luckenbaugh, Josh. 2023. "SPACE SYMPOSIUM NEWS: DoD Transitioning Space Capabilities to Commerce Department." *National Defense*, April 20, 2023. https://www.nationaldefense magazine.org/articles/2023/4/20/transition-of-space-situational-awareness-from-dod-to-comm erce-on-very-good-path-officials-say(검색일: 2023.9.5.)
Maguire, Paul. 2024. "Satellites and the specter of IoT attacks." *Spacenews*, January 26, 2024. https://spacenews.com/satellites-specter-iot-attacks/
Mercier, General Denis and Marc Fontaine. 2023. "Is Europe's new satellite initiative already outdated?" *Politico*, December 7, 2023. https://www.politico.eu/sponsored-content/is-europes-new-satellite-initiative-already-outdated/

Murphy, Paul P., Abeer Salman and Andrew Raine. 2024. "Israeli military operations in Rafah expand from airstrikes to ground operations, satellite images show." *CNN*, May 9, 2024. https://edition.cnn.com/2024/05/08/middleeast/rafah-israel-idf-ground-operation-intl-latam/index.html.

O'Neill, Patrick Howell. 2022. "Russia hacked an American satellite company one hour before the Ukraine invasion." *MIT Technology Review*, May 10, 2022. https://www.technologyreview.com/2022/05/10/1051973/russia-hack-viasat-satellite-ukraine-invasion.

Saleh, Heba, Mai Khaled, Jana Tauschinski, and Neri Zilber. 2024. "Satellite images show Rafah transformed into combat zone." *The Financial Times*, May 30, 2024. https://www.ft.com/content/89f91420-632a-4c1d-96b0-1cec16f06123.

U.S. Government Accountability Office. 2023. "Space Situational Awareness: DOD Should Evaluate How It Can Use Commercial Data." April 24, 2023. https://www.gao.gov/products/gao-23-105565(검색일: 2023.9.20.)

U.S. Space Force. 2020. "Geosynchronous Space Situational Awareness Program." October 2020. https://www.spaceforce.mil/About-Us/Fact-Sheets/Article/2197772/geosynchronous-space-situational-awareness-program(검색일: 2023.9.20)

Walker, Amy. 2022. "Space provides key to Joint All Domain Command and Control." *US Army*, June 14, 2022. https://www.army.mil/article/257523/space_provides_key_to_joint_all_domain_command_and_control.

Wheatley, Mike. 2020. "US restricts export of AI software used to analyze satellite images." Silicon Angle. January 5, 2020. https://siliconangle.com/2020/01/05/u-s-restricts-export-ai-software-used-analyse-satellite-images/

9 우주 사이버 안보의 복합적 도전과 한국에 주는 함의*

윤정현 | 국가안보전략연구원

1. 들어가며

최근 우주 사이버 안보 이슈가 중대한 국가안보적 도전으로 부상하고 있다. 우주 자산, 시스템과 인프라를 보호하고 안전하게 유지하는 것을 의미하는 우주 사이버 안보는, 우주활동이 컴퓨팅 시스템과 통신 네트워크에 의존하면서 중요성이 더욱 커지고 있다. 실제로 오늘날의 우주기술은 통신, 위치정보 제공, 금융 거래, 날씨 예측 등 다양한 분야에서 적용되고 있으며, 우주기술에 대한 의존도도 높아지는 중이다. 그뿐만 아니라 국가 간 경쟁에서 우주는 전략적으로 중요한 영역으로 인식된 지 오래다.

그러나 뉴스페이스 시대가 견인하고 있는 우주기술의 고도화는 컴퓨터와 네트워크 시스템에 의존하고 있기 때문에, 우주 자산, 시스템과 인프라의 개발과 운영을 포함한 전 단계에서 사이버 위협의 표적이 될 수밖에 없다. 특히, 통신

* 이 장은 윤정현, 「우주사이버 위협의 복합적 진화와 우리의 대응 방안」, ≪INSS 전략보고≫, 285호 (2024)를 토대로 보완, 재구성하였다.

시스템, 네트워크 등의 우주 시스템은 이를 거부하거나 저하, 또는 방해시키는 등의 악의적 행위에 취약하다. 또한 사이버 위협의 결과는 데이터의 손실, 우주 시스템 또는 위성의 수명 및 기능 저하, 우주선에 대한 통제력 상실, 시스템에 대한 잠재적 손상이나 궤도 잔해물의 생성 등 다양한 피해로 확대될 수 있다.

경제적·군사적으로 새롭게 부상하고 있는 우주 영역은 또 다른 신흥 영역인 사이버 공간과 긴밀히 결합되고 있으며, 이 과정에서 취약한 연결고리가 유발하는 안보 이슈들을 제기하고 있다. 우주 사이버 안보 환경의 도전적 양상을 살펴보기 위해서는, 우주 영역에서 사이버 위협이 부상하는 구조적인 원인은 무엇이며, 어떠한 경로로 변화가 예상되는지에 대한 선제적인 탐색이 필요하다. 그러나 기존 연구들은 최근 우주 자산이 양적으로 급격히 증가한 점에 주목하고, 이들에 대한 물질적 위협에 초점을 맞춰왔다. 우주 영역의 활동이 과학 탐사뿐만 아니라 경제·군사적으로 확대된 만큼, 안보적 가치 역시 증대되었다는 시각이다(이성훈, 2023b; 오일석, 2023; Brooks, 2022; Brooks, 2022; Defense Intelligence Agency, 2019). 그러나 우주 영역에서 제기되는 안보적 이슈는 더욱 면밀한 고찰이 필요하다. 기존 연구에서 다룬 이슈들은 우주 자산에서 표면적으로 드러난 문제지만, 이를 해결하기 위한 대응 방안은 우주 강국과 신흥국 관계, 동맹을 중심으로 한 진영화, 국가 내부의 민관군 협력 등 다층적 인식과 책임의 문제와 연결되기 때문이다.

즉, 효과적인 우주 사이버 대응을 어렵게 하는 비물질적 속성은 우주 사이버 안보 문제를 보다 복합적 이슈로 만든다. 우주와 사이버가 접목된 활동은 양적으로 증대하고 있을 뿐만 아니라 질적으로도 변화되고 있음을 시사한다. 우주 사이버 위협이 갖는 이슈 연계의 다차원성과 복합성은 새로운 도전이 되고 있다. 특히, 우주 사이버 영역은 공격자가 우위에 있는 전형적인 비대칭 구도라는 점도 대응을 어렵게 하고 있다. 또한 우주 사이버 안보 이슈들은 의도적 위협threat과 비의도적 위험risk을 구분하기 어렵다는 점도 난제이다. 여기에 상업 분야뿐만 아니라 군사안보 분야에서 역할이 확대되고 있는 민간 행위자의 부상은 우주 사이버 보안 규정의 엄격한 적용과 통제를 제약하는 요인이 되고 있다.

이처럼 우주 사이버 영역의 다차원적 연계 취약성, 의도 파악이 어려운 우주 사이버 위협의 안보딜레마, 우주 사이버 전략과 국가안보전략의 체계적인 연계성 문제, 그리고 민간 행위자의 부상에 따른 국가안보 차원의 민관군 파트너십 정립 문제 등은 우주 사이버라는 복합 영역의 안보 취약성을 유발하는 비물질적 요인이자 본질적인 속성이라 할 수 있다. 이 연구는 이러한 대안적 시각을 통해 우주 사이버 안보의 구조적 문제들을 짚어보고 한국에서 나타날 수 있는 취약성 진단과 정책적 대응 방안을 제시하고자 한다.

2. 우주 사이버 안보 이슈의 부상과 접근법

1) 선행 연구의 주요 초점

우주 사이버 안보의 기존 연구 대부분이 주목하는 점은 우주 자산의 증대와 이들이 제공하는 정보 의존성에 따른 반작용이다. 즉, 우주 영역 내 사이버 위협의 심각성이 제기되고 있는 첫 번째 이유는 통신, 관측, 감시위성 등 다양한 임무를 수행하는 우주 자산이 급증했고, 이들을 표적으로 하는 공격 가능성도 증대되었다는 접근이다. 실제로 민간 우주기업들은 저궤도, 소형 위성들을 앞다투어 발사하고 있으며, 이 같은 추세 속에서 향후 10년간 추가 발사될 위성은 약 2만 4800개에 달할 것으로 전망된다. 물론, 현재까지 우주 시스템을 직접 겨냥한 사이버 공격이 공개된 사례는 극히 드물다. 그러나 최근 민간 부문의 활발한 진출과 함께 접근 장벽이 확연히 낮아지고 있으며, 반작용으로 광범위해진 취약성과 높아진 우주 자산에 대한 의존도가 결합하여 우주에서 위협은 증가하고 있다. 실제로 상업적 서비스 공간으로서 우주 영역이 확대되면서, 민간 우주 자산의 보안 취약성도 중요한 문제로 부상하는 중이다. 여기에 국가의 전폭적인 지원 없이도 대우주counterspace 사이버 작전이 가능한 비국가 행위자들의 등장도 우주 사이버 공간의 위험성을 가중시키고 있다(Payload, 2023). "Global Counterspace Capabilities Report 2023"에 따르면, 우주 자산들을 기만, 교란, 거부, 저하, 또는 파괴하는 데 사용될 수 있는 공격적인 대우주counterspace 역량의 확산에 대한 각국의 우려가 커지고 있음을 지적했다(GCCR, 2023).

둘째, 우주 자산의 급증에 따라, 비약적으로 증가한 통신·데이터의 취약성도 사이버 위협에 따른 광범위한 피해를 유발할 수 있음에 주목하고 있다. 최근 국가들의 우주 시스템에 대한 활용과 의존이 증가하면서 우주 시스템에 대한 사이버 공격이 공공의 안전을 위협하는 것은 물론 국가의 통치와 주권에도 영향을 끼칠 수 있다. 항법, 농업, 기상, 통신 네트워크(예: 우주항법 시스템에 의존하는 5G 통신 등), 보건, 응급 서비스, 에너지와 금융은 위성 네트워크와 지상 인프라 등 우주 시스템에 의존하고 있다. 그런데 우주 자산의 운용은 설계 개념화부터 발사 및 비행에 이르는 전주기life cycle에 걸쳐 무선 주파수에 기초한 통신 네트워크에 의존하므로 다양한 사이버 위협에 취약할 수밖에 없다. 이러한 시스템 및 네트워크 채널 등은 지상과 위성 간의 원활한 통신을 저하, 방해하거나 파괴까지 시킬 수 있는 악의적 공격 행위에 노출되기 쉽다. 애널리시스 메이슨Anlaysis Mason 보고서에 따르면, 2030년까지 발사된 위성에서 생성하는 데이터 규모는 약 50만 4000페타바이트에 이를 것으로 예상되며, 이는 악의적인 사이버 공격의 대상 역시 증가함을 의미한다.[1]

셋째, 우주 사이버 환경의 비대칭적 특성이 외부의 공격에 취약성을 높인다

1 https://www.nsr.com/research_cat/satellite-and-space-app-reports/

그림 9-1 우주공간 속 운용 위성 수의 증가와 이에 대한 사이버 공격 유형

연간 위성 공격 수와 1958~2018년 사이 위성 운용 수

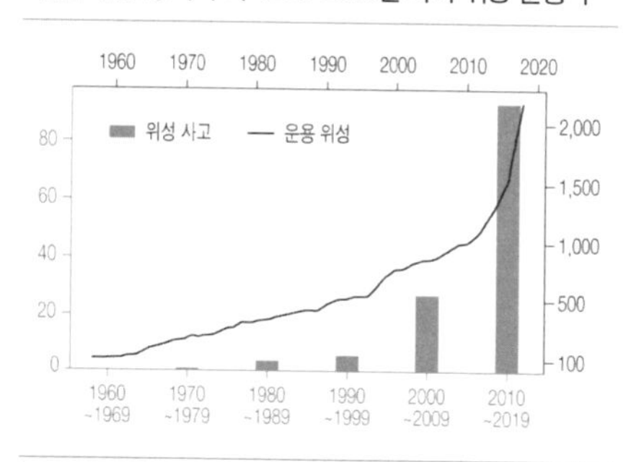

위성 사고의 원인과 사용된 기술의 분류

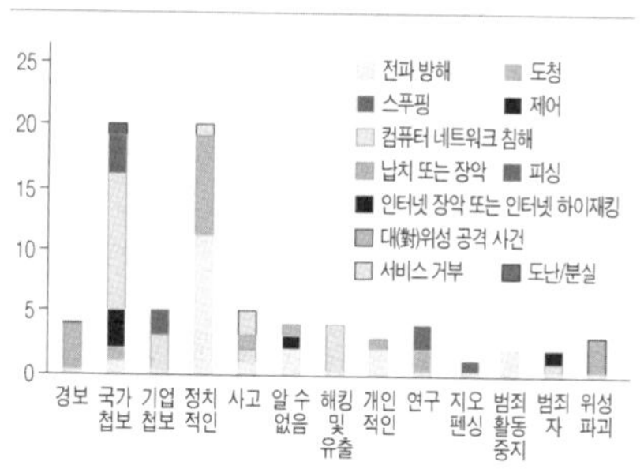

자료: 임종빈(2023: 16).

는 분석도 존재한다. 우주 영역은 공격자 우위의 비대칭적 위협 영역으로 간주되고 있으며, 이는 사이버 공수 구도의 비대칭적 속성과도 유사하다. 통상적으로 사이버 공간은 공격에 대비하여 효과적인 방어가 어려우며, 상당한 비용을 수반하는 공·수 비대칭적 논리가 작용하는 공간으로 인식된다. 익명성, 억제의 어려움, 첨단 인프라의 역설 등이 제약 요소로 작용하는데, 이 같은 사이버 위협의 비대칭적 특징은 우주 영역에도 유사하게 작용하기 때문이다. 실제로 적대국의 우주 자산이나 우주 통신체계를 공격하는 것은 이를 방어하는 것보다 훨씬 쉬운 것으로 간주된다. 다시 말해 우주와 사이버 공간은 기술적으로 '공격' 행위가 '방어' 행위보다 비용 대비 효과적인 '비대칭적 위협asymmetric threats'의 논리가 작용한다.

특히, 위성 네트워크는 지상의 유·무선 네트워크와 유사하지만, 우주에서 임무를 수행하면서 지상보다 훨씬 취약한 상황이다. 위성은 매우 넓은 범위를 담당하는 만큼, 넓은 공격 표면을 노출하게 된다. 지상 네트워크와 달리 위성 네트워크는 공격자의 위치를 특정하기도 어렵다. 또한 위성 네트워크를 활용하는 넓은 서비스 영역이 장기간의 치명적인 피해를 입을 수 있다. 예를 들어 공격자가 군집위성satellite constellation 중 하나의 제어권을 확보하면 전체 군집위

성에도 피해를 줄 수 있다. 위성은 지상과 달리 손상되었거나 오작동할 경우, 수리와 기능 복구가 어렵다. 더욱이 위성 네트워크는 지상 인프라에 대한 사이버 공격에도 비대칭적 취약성을 갖는다. 위성 네트워크에는 다양한 게이트웨이 시스템이 구축되어 있는데, 이들은 지상 네트워크와 연결되기 때문에 다수의 공격 표면이 존재한다(김선우, 2023).

마지막으로, 최근의 우주 사이버 안보 위협의 심각성을 검토하는 연구들은 우주 분야에 도입되는 신흥기술의 발달과 융합에 주목한다. 이들은 특히 우주 사이버 공격을 고도화시키고 위협을 증폭시키는 원인으로 작용할 수 있다. 우주 빅데이터와 접목된 AI의 활용, 6G 통신의 발전이 대표적이다. AI는 증대된 우주 자산을 통해 축적된 빅데이터를 통합적으로 분석·처리하는 것을 넘어, 스스로 시스템 자체를 운용·제어하는 수준으로 진화하고 있다. 6G 등 위성 기반 차세대 통신체계의 경우, 사이버-물리-우주의 공간적 연결을 더욱 가속화시킬 것으로 전망되며, 사이버 공격의 다차원적 전개와 초월적 피해 가능성을 시사한다. 실제로 우주상황인식space situational awareness을 수행하는 위성의 경우, AI의 도입에 따라 광범위한 우주를 탐지하는 과정을 사람에게 일일이 통제받지 않고 자율적으로 수행하는 추세이다. 일상적 운용 과정에서도 양질의 데이터를 학습시킴으로써 정보 식별의 정확성을 높일 뿐만 아니라, 위성·장비의 최적 운용, 나아가 내구성 예측을 통한 대체 시점을 계산할 수 있다. 특히 AI는 우주 잔해물space debris을 추적하고 모니터링하는 데 매우 효과적이며, 잠재적 충돌 예측과 운영 중인 위성을 보호하는 임무를 수행한다. 이처럼 AI 등 신흥기술은 우주 자산의 효과를 높여준다.

2) 대안적 시각의 필요성: 우주 사이버 공간의 비물질적 속성

살펴본 바와 같이, 우주 사이버 안보의 부상을 설명하는 기존의 연구들은 주로 우주 자산의 급격한 양적 증대와 이에 수반하는 우주 정보 의존과 취약성 심화, 우주 사이버 공간의 공수 비대칭성, 신흥기술의 융합에 따른 불확실성 등을 짚고 있다. 이러한 이슈들은 실제 우주 사이버 위협에 직면하는 정부와 군, 기업에게 실질적 도전 요소임은 분명하다. 그러나 우주 사이버 환경의 본질적 속성에 대한 이해에도 불구하고, 효과적인 대응을 어렵게 하는 제도적 문제와 거버넌스 등에 대해서는 면밀한 고찰이 필요하다. 특히 우주 사이버 안보에 대한 체계적 대응이 어려운 구조적 맥락에 주목하여, 다층적 수준에서 이해관계자 간 우주 사이버 위협을 둘러싼 인식과 '안보화securitization'를 살펴봐야 한다.

이와 관련하여 이 연구는 우주 사이버 위협 이슈의 안보화에 영향을 미치는 네 가지 속성에 주목한다. 첫 번째는 우주-사이버-지상 간의 밀접한 다차원적 연계가 야기하는 취약성이다. 우주 시스템은 우주와 지상 자산을 통해 운영하며 이들을 연계하는 링크 부문에서 데이터와 통신이 이루어진다. 따라서 우주 시스템을 연계하는 사이버 공간을 주목할 필요가 있다. 예를 들어 러시아-우크라이나 전쟁과 같이 우주 시스템에 대한 사이버 공격은 궤도에 있는 위성보다 지상국이나 지상 네트워크를 대상으로 했다. 게다가 다차원적 연계에 AI와 같이 신흥기술이 적용되면서 위협은 더욱 커질 수 있다. AI 기술은 정밀한 가상 시나리오를 통해 공간 기반 충돌 효과를 계산하고, 최적의 공격 명령을 내리거나 이를 시뮬레이션, 전략 수립하는 데 이용될 수 있다.

두 번째는 의도를 확인하기 어려운 우주 자산의 강화가 낳는 안보딜레마이다. 감시 자산을 포함한 일국의 우주 역량 강화는 공격과 방어의 명확한 경계를 규정짓기 어렵기 때문에 상대방 의도에 대한 불확실성을 자극할 수 있다(Jervis, 1978: 167~214). 실제로 우주전space warfare은 공격과 방어 태세를 구분하기 어려우며, 대부분의 군사용 및 상업용 우주 자산은 민군 겸용으로 활용된다. 즉, 민간과 군용뿐만 아니라 공격과 방어의 활용성 측면에서도 이중용도 기술이다. 이는 상대방의 우주 군사력 확충 의도와 능력 평가를 제약하는 요인이다. 또한, 자국의 우주 자산의 기능 문제들이 고장인지, 적대국의 공격에 따른 피해인지도 명확히 구분하기 어렵다(엄정식, 2024a: 181).[2] 이처럼 공격과 방어에 대한 불확실성은 우주 능력이 열세한 행위자가 우주 강국의 우주 시스템을 사이버 공간에서 공격할 수 있는 유인이 되기도 하다. 따라서 우주 능력의 강화와 우주 사이버 공간의 비의도적 상황은 안보딜레마를 악화시킬 가능성이 있다.

세 번째는 우주 사이버 안보전략과 국가안보전략 간의 연계성이다. 이는 제도적 측면에서 우주 사이버 위협에 대한 국가적 대응의 체계성과 실행력을 확보하는 원동력이다. 실제로 군사용·민간용 위성을 가장 많이 전개하고 있는 우주 강국들은 우주 자산의 사이버 보안 문제를 민감한 사안으로 인식한다. 특히, 미국의 경우 2020년 트럼프 전 대통령이 최초로 사이버 보안 정책 원칙을 제시하는 우주정책지침 5호Space Policy Dirctive(이하 SPD-5)를 발표했다(박은주, 2023). 여기에는 우주 시스템을 "과학관측, 탐사, 기상관측, 국가안보 등의 핵심 기능을 구현하는 필수품"으로 정의하고 있으며, 이를 사이버 위협으로부터 보호하는 것이 필수적임을 강조하고 있다. 그리고 적절한 규칙, 규정, 지침 등을 통해 우주 사이버 보안을 증진하는 원칙을 수립하고, 우수한 관행과 행위 규범을 채택함으로써 우주 시스템을 강화한다는 방향을 명시했다(Space Foundation, 2024).

넷째, 상업 부문을 넘어 안보적 측면에서 요구되는 민관군의 긴밀한 파트너십이다. 민관군이 공유하는 역할만큼, 위협에 대한 대응체계와 보안 수준 역시 균형적으로 확보되어야 하나 간극이 존재하며, 이는 민간 시스템을 우주 사이버 영역의 취약점으로 만드는 결과를 낳기도 한다. 특히 저궤도에서는 통신용 군집위성을 비롯한 다수의 상업용 위성들이 운영 중인데, 이들의 네트워크 통신망은 취약점으로 인식되고 있다. 또한, 2010년대와 달리 최근 민간 우주기업은 정부와 국가안보 차원의 계약을 체결하는 등 군사안보 임무에서도 결정적

2 실제로 EU에서 실시한 위성항법체계 '갈릴레오'에 대한 2016년 2월~2019년 1월 사이의 위협분석에 따르면, 전체 방해전파의 87%가 의도하지 않은 영향인 것으로 분석되었다.

인 역할을 하고 있다. 이처럼 민간 우주기업이 군사안보 임무에 활발히 참여할수록, 민간이 제공하는 각종 서비스와 클라우드 기반 인프라, 사물인터넷IoT 및 네트워크가 사이버 공격을 받을 경우, 국가안보 분야 전체에서 물리적 피해가 확대될 수 있다.

3) 우주 사이버 위협 유형 및 대응을 위한 이론적 분석틀

종합하면, 최근의 우주 사이버 위협을 심화시키는 동인으로는 우주 자산의 양적 증가에 따른 공격 표면 확장뿐만 아니라 비물리적 속성에 따른 안보화 또한 작용하고 있음을 이해할 필요가 있다. 새롭게 부상한 안보 영역으로서 사이버와 우주공간의 결합은 이 같은 물질적·비물질적 복합성으로 인한 구조적 취약성을 갖는다. 동시에, 이러한 구조적 취약성은 사안별, 혹은 이슈별 파편적 대응이 아닌, 시스템 차원에서 대응할 필요가 있으며, 복합적인 우주 사이버 위협 속성을 종합적으로 이해하는 인식의 전환을 요구한다. 나아가, 미시적 차원을 넘어, 거시적 차원에서 광범위한 도전 요인들에 대응할 수 있는 민관군 거버넌스도 조성해야 한다.

따라서 이 연구는 우주 사이버 위협 양상을 유형화하고 효과적 대응을 위한 분석틀을 제안하고자 한다. 먼저 우주 사이버 안보의 복합적 속성을 이해하고 우선적으로 초점을 두어야 하는 핵심 쟁점들을 짚어본다. 이를 위해 우주 사이버 분야와 같이 혁신 정책의 주요한 패러다임으로 자리 잡고 있는 '국가혁신체제National Innovation System' 이론을 기반으로 대안적 분석틀을 적용한다. 국가혁신체제는 시장 원리가 최우선하는 민간·기업 분야의 혁신보다는 공공 부문의 정책 효과성을 증진하기 위한 요소에 주목하는 이론이다(Song, 2009: 1~19). 따라서 우주 사이버 안보 분야와 같이 공공성과 안보적 의미를 가진 새로운 영역에서 정부의 역할이 중요한 이슈에 적합한 시각이라 할 수 있다.

무엇보다도, NIS는 장기적 차원에서 시스템 전환을 목표로 두고 있으며, 다

그림 9-2 NIS 기반의 우주 사이버 난제 대응을 위한 분석틀

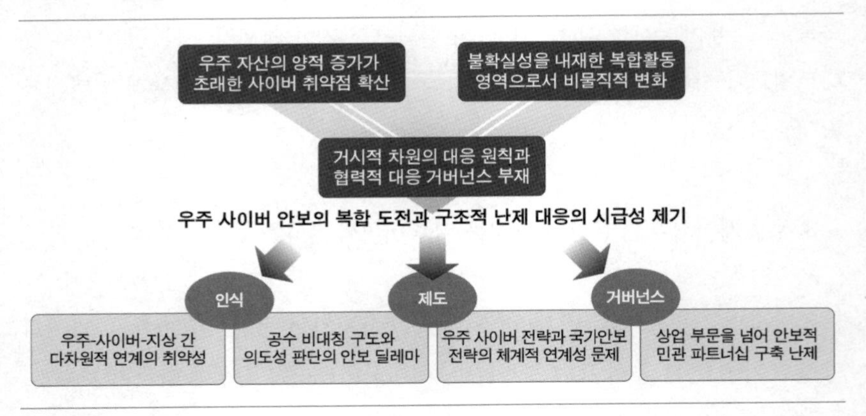

양한 이해관계자 간의 공유된 목표를 추구하는 과정에 초점을 둔다(Song, 2009: 13). 또한, 이들 간의 역할 조정과 거버넌스를 효과적으로 정립하는 것이 혁신의 필수 요소임을 강조한다(Hong, 2016: 23~25). 결국 NIS는 우주 사이버 안보와 같은 공공 분야에서 시스템을 구성하는 이해관계자들이 직면한 도전에 대한 공동의 인식, 상호 협력을 위한 역할의 조정, 이를 뒷받침하는 제도적 정합성congruence을 확보할 것을 요구한다고 볼 수 있다. **그림 9-2**는 앞서 제시한 우주 사이버 난제와 이에 대응하기 위한 분석틀이다.

첫째, 우주-사이버-지상 공간의 다차원적 연계의 취약성이다. 둘째, 공격과 방어 의도를 확인하기 어려운 우주 자산의 확대가 낳는 안보딜레마이다, 셋째, 우주 사이버 전략과 국가안보전략의 체계적인 연계성 확보의 문제이다. 넷째, 변화된 우주 안보 환경에 대한 국가안보 차원의 민관군 파트너십 정립 문제이다. 실제로 이들 도전 요소들은 우주 사이버 위협에 대한 체계적 대응을 저해하는 속성으로 작용하며, 실효적인 '우주 사이버 안보 정책'을 추진해 가는 조직과 제도, 기술적 차원의 혁신이 전제되어야 함을 시사한다. 이어지는 장에서는 우주 사이버 안보 위협을 대표하는 네 가지 난제가 제기하는 구체적인 도전

의 내용을 살펴보고, 향후 한국에서 나타날 수 있는 취약점 진단과 대응을 위한 시사점을 제시하고자 한다.

3. 우주 사이버 안보의 위협 양상

1) 우주 사이버 위협의 다차원적 속성

최근 우주 사이버 공격의 치명성과 예방을 어렵게 만드는 첫 번째 요소는 지상과 우주, 위성 등을 넘나드는 사이버 공격의 다차원성이다. 실제로 최근의 우주 사이버 공격은 내부 아이디를 통해 악성코드를 심어 위성에서 보내는 데이터를 탈취하거나 감시하는 공격에서부터 지상관제소에 조작 데이터를 침투시켜 위성 제어를 위한 데이터를 손상하거나 관제 오류를 발생시키는 방법까지 광범위하게 시도되고 있다. 나아가 위성의 통제권을 탈취하여 위성 추진체의 연료 소모를 유도하거나 센서 등의 기능 장애를 유발함으로써 우주에서 사고를 발생시키는 방법까지 발전하는 중이다. 특히, 우주 서비스를 위한 소프트웨어는 우주 데이터의 수집, 전달과 위성 제조 및 발사에도 영향을 미칠 수 있기 때문에 사이버 공격의 표적이 되고 있다. 또한 저궤도 기반 엣지 클라우드와 같이 우주 데이터센터·클라우드 활용의 증가는 우주 시스템에 대한 취약성을 증대시키고 있다(김선우, 2023: 35).

표 9-1과 같이 우주 시스템에 대한 사이버 공격은 위성과 같은 우주 부문이 아니더라도 지상과 링크 부문에서 일어날 수 있다. 게다가 AI와 같은 신흥기술은 우주 시스템 내에서 다양하게 활용되고 있기 때문에, 다차원적 연계성을 더욱 취약하게 만들 수 있다. AI 기술은 위성의 신호 처리, 데이터에 대한 통합전략적 분석, 통신 라우팅에 대한 의사 결정 등을 보다 자발적으로 수행하도록 일조한다. 이미지 처리 및 분석 측면에서 지구 표면의 변화를 모니터링하고,

표 9-1 우주 데이터 시스템 자문위원회(CCSDS)의 우주 사이버 공격 유형 구분

구분	공격명	공격의 주요 특징
지상 연계 공격	• 불법 접근	- 허가받지 않은 공격자가 명령어를 전송하거나 위성 혹은 지상국 데이터에 접근하는 것
	• 정보 유출	- 위성과 지상국 간의 명령어 및 데이터 송수신 과정에서 발생하며 특정 주파수를 청취하는 스니핑 공격을 통해 송수신 데이터에 대한 위치와 운영정보 등 중요 정보에 불법 접근하는 것
	• 서비스 거부(Dos)	- 위성 혹은 지상국에서 정상적인 기능을 수행할 수 없도록 지속적인 부하를 가하여 처리 능력을 마비시키거나 명령 송수신을 방해하는 공격
	• 소프트웨어 위협	- 위성 혹은 지상국에서 사용하는 소프트웨어의 취약점을 노린 공격으로 시스템을 파괴하거나 정보유출 및 변조 등의 형태로 공격 가능
	• 사회공학적 해킹	- 지상국 관리자와 사용자를 대상으로 원하는 정보를 얻어내기 위한 심리적 공격 기법
링크 부문 공격	• 재전송 공격	- 통신 내용을 가로채어 보관 후, 나중에 이를 재전송하는 공격
	• 트래픽 분석	- 통신 트래픽의 패턴을 분석하여 정보를 추출하는 것으로 추론을 통해 위성에 송수신되는 신호를 임의로 조작하거나 탈취하는 공격
	• 데이터 변조	- 정상적인 명령어 및 데이터의 일부 내용을 불법적으로 변경하는 공격
	• 재밍	- 무선 주파수(RF) 또는 광학 신호를 이용하여 의도적으로 통신 링크에 간섭을 주는 공격으로 통신 안정성 방해 및 링크 손실 유발

자료: 류재철(2023); 엄정식(2024a: 73~83)을 토대로 재정리.

특정 물체나 이상 징후를 식별하고, 움직임을 추적할 수 있기 때문이다. 패턴 인식에 있어서도 지형, 인프라 또는 환경 조건의 비정상적인 활동이나 변화를 감지하는 등 위성 데이터로 수집한 패턴과 이상 징후를 탐지·식별하고 유형화할 수 있다. 특히, 머신러닝은 신규 데이터를 학습하고 모델을 개선하여 위성의 오경보를 줄이고 시스템의 신뢰성을 높여 탐지 알고리즘의 정확도를 지속적으로 향상시킬 수 있다.

이런 추세를 반영하여 최근 미 우주군은 '2024 데이터-인공지능 전략 실행 계획Data and Artificial Intelligence FY 2024 Strategic Action Plan'을 수립하고, 데이터 최적

화와 인공지능 기술을 우주작전에 적용하고자 한다(U.S, Space Force, 2024). AI는 대우주counterspace 역량을 강화시킬 수 있으며, 실제와 같이 정밀한 가상 시나리오를 통해 다각적인 충돌 효과를 계산하고, 최적의 공격 명령을 내리거나 이를 시뮬레이션하고 공격과 방어 전략을 수립하는 데 이용될 수 있다. 이처럼 신흥기술의 적용은 우주개발의 혁신 동력으로도 기능하지만, 다차원적 연계를 특징으로 하는 우주 사이버 영역에서 통제의 불확실성과 예상치 못한 안보적 파급효과로 이어질 수 있다.

2) 우주 사이버 위협의 공수 비대칭성과 의도의 불확실성

최근 몇 년 동안 우주 분야에서 사이버 위협의 부활과 복잡성은 증가해 왔다. 그동안 우주 시스템에 대한 사이버 위협 사례를 보면, 공격의 주체는 국가 혹은 국가가 지원하는 해킹 집단이 우세한 구도를 형성해 왔다. 특히, 우주 사이버 공격은 우주력이 열세한 국가나 비국가 행위자도 강대국을 상대로 감행할 수 있다. 실제로 사이버 공격의 주체는 국가에만 머물지 않으며 랜섬웨어와 같이 금전적 이익을 목적으로 하거나 정보를 획득하려는 비국가 조직이나 개인 해커들도 시도한다. 게다가 우주 시스템은 국가뿐 아니라 많은 민간 기업에서도 운영하고 있으며, 사이버 공격에 따른 피해가 국가와 사회 전체에 미치게 된다. 따라서 우주 능력이 우세한 국가도 우주 시스템에 의존하는 만큼 사이버 공격에는 취약할 수 있다. 이 때문에 그간 미국과 같은 강대국은 우주 시스템에 대한 의존도로 인한 자국의 취약성을 최소화하는 데 전략적 중점을 두어왔다(엄정식, 2024a: 178).

실제로 우주 시스템에 대한 사이버 공격은 일반적으로 훨씬 저렴하고 대규모 물리적 수단을 요구하지 않기 때문에 짧은 기간에 개발할 수 있다. 소프트웨어에 기반하는 사이버 무기는 적에게 가역적 또는 비가역적 조치를 포함하여 우주 시스템에 미칠 영향을 선택할 수 있는 상당한 유연성을 제공한다. 사이버 공격은 파편을 남기지 않고 위성을 파괴하여 부수적인 피해를 줄이거나 단순히 플랫폼을 장악할 수도 있다. 특히, 우주 환경은 지상과 달리 방사능이 강한 적대적 환경이므로, 우주선에서는 시스템 장애가 일어나기 쉽고, 지상 시스템과 달리 물리적 접근이 불가능하기 때문에 장애 원인을 파악하기도 어렵다.

게다가 사이버 공격은 수년 동안 우주 시스템에 내부에 잠복해 있다가 결정적인 순간에 활성화할 수 있다. 즉, 우주 시스템에 대한 운동성 공격은 잔해물 발생, 국제사회의 비난, 책임 귀속 등 행위의 부담이 높지만, 사이버 공격은 다양한 공격 표면과 책임 귀속의 제한으로 수행의 부담이 적으므로 더 빈번한 공격을 유인해 왔다(엄정식, 2024a: 178). 특히 책임 귀속의 제한은 공개적으로 우주의 평화적 이용을 장려하는 국가들이 은밀하게 공격 능력을 개발하는 배경이기도 한다(Koerner, 2016).[3] 많은 국가들에게는 우주 무기 프로그램을 만드는 것보다 사이버 능력을 갖추는 것이 훨씬 더 현실적인 수단으로 인식된다. 이들 국가는 기존의 사이버 능력을 우주 시스템을 대상으로 활용할 수도 있다(Smeets, 2018: 90~113). 이처럼 우주 영역에서 사이버 공격자 우위의 조건들은 안보딜레마를 심화시킴으로써 은밀하면서도 호전적인 우주 사이버 안보 환경을 만드는 데 기여했다(Harrison, Johnson and Roberts, 2018; Sigholm, 2013: 1~37).

특히 우주 사이버 공격의 비대칭성은 우주 역량이 열세인 행위자가 상대방 우주 자산의 방해나 정보 탈취를 위해 원거리의 위성이나 우주비행체를 노릴 필요가 없다. 즉, 지상의 우주제어 인프라에 타격을 가함으로써 의도한 효과를 얻을 수 있다. 일반적으로 우주전space warfare은 우주 시스템을 보유한 국가 사이의 전쟁으로 생각하기 쉽다. 그러나 사이버 공격은 우주 시스템을 체계적으

3 운동성 공격은 몇 분 안에 발견되고 신뢰할 수 있는 출처가 밝혀지지만, 데이터 유출은 중요한 시스템에서도 평균 200일 동안 탐지를 피할 수 있다.

로 갖추지 못한 국가도 상대방의 우주 시스템을 공격할 수 있는 방법이 될 수 있다. 이는 정교한 우주 시스템을 갖춘 국가일수록 공격 표면이 증가하고 완벽한 방어가 어려운 '첨단 인프라의 역설' 상황을 야기하게 된다. 사이버 공격은 우주 시스템을 방어하기 위한 노력보다 훨씬 적은 비용이 든다. 우주 시스템에 대한 사이버 공격 역시 같은 논리가 통용될 수 있다. 지구 궤도에 있는 위성이나 우주비행체를 직접 공격하기보다는 지상과 링크 부분을 표적으로 공격할 때 충분한 피해를 입힐 수 있기 때문이다. 게다가 우주 시스템은 대부분 지구상에서 원격이나 자율체계로 운영되므로 하드웨어보다 소프트웨어가 중요하다. 따라서 우주 시스템에 대한 사이버 위협은 기존의 사이버 공격 양상이 진화하는 만큼 높아질 수밖에 없다(엄정식, 2024a: 178).

3) 우주 사이버 전략과 국가안보전략의 체계적 연계성 문제

미국의 경우, 우주 시스템에 대한 취약성을 최소화하고 복원력을 강화하며, 우주통신 체계의 신뢰성과 기밀성도 유지하기 위해 관련 정책을 시행 중이다. 미국은 '국가안보전략National Security Strategy'(2017)을 통해 우주에서 리더십과 행동의 자유를 안정적으로 유지하도록 명시했다. 이어 2018년 9월 발표된 '국가사이버전략National Cyber Strategy'(2018)은 우주 자산과 인프라를 보호하며, 진화하는 사이버 위협에 대응하기 위한 다층적 협력체계를 강화하도록 했다(Koerner, 2016).

그중에서도 눈여겨볼 부분은 '우주정책지침SPD-5'이다. SPD-5은 우주 시스템의 전주기life cycle에서 사이버 보안이 적용되도록 우주개발의 모든 단계에서 사이버 보안을 통합하도록 규정한 원칙이다. 또한 진화하는 사이버 위협으로부터 우주 자산 및 인프라를 보호하는 지침을 제공하고 악의적인 사이버 활동으로 인해 유해한 우주 파편이 발생할 가능성을 줄이는 데 목표가 있다.[4] SPD-5은 우주의 상업적 측면을 포함, 민간 우주 사업자와의 협력을 통한 최적의 관행을 도출하고 사이버 보안에 대한 규범을 확립하며, 사이버 보안 행동 개선 촉진을 담은 5대 우주 사이버 보안 원칙으로 구성된다. 특히 우주 시스템의 소유자와 운영자는 사이버 보안 계획의 개발과 실행에 있어 우주 시스템이 제공하는 핵심 기능과 임무 서비스 및 데이터의 무결성, 기밀성, 가용성 등을 검증하는 능력을 확보해야 하며, 위험 평가와 내구력 등을 반드시 포함하도록 명시했다.

SPD-5에 따르면, 미국은 모든 국가의 우주 시스템이 우주에서 간섭 없이 작전을 수행하고 통과할 수 있는 권리를 가지고 있다고 본다. 따라서 우주 인프라에 대한 의도적 간섭은 미국과 동맹국의 국가이익을 침해하는 것으로 간주하고, 이에 대응하도록 하고 있다(The White House, 2020: 3~4). 또한, 영국 우주청에서도, 2020년 5월 발표한 '사이버 보안 툴킷'을 통해 우주 자산에 대한 사이버 보안 지침을 제시했다. 이 지침은 취약점 점검과 보완, 보안성 위험 평가뿐 아니라 신뢰할 수 있는 부품 공급망 구축과 관련 지침을 제공한다. 반면, 한국은 '제4차 우주개발진흥계획'(2022.12)을 통해 우주안보 개념을 처음으로 도입했으며(관계부처합동, 2022: 39), 한미동맹의 협력 범위를 사이버와 우주 영역까지 확대했다(국가안보실, 2023: 30). 그러나 한국은 우주 사이버 안보를 국가 차원에서 체계적으로 다루기 위한 연계성이 부족하다. 한국은 국가우주안보전략이 없기 때문에, 국가안보전략과 국가사이버안보전략을 수행하는 과정에서 유관 부처 간 능동적 협력과 조정을 저해할 수 있으며, 우주 사이버 공격에 대한 전반적인 대응력을 약화시킬 수 있다. 이러한 체계적인 연계성 부족은 미국 등 동맹국과의 우주 사이버 안보 협력에서 역할 분담뿐 아니라 국제공조에서 일관된 역량을 발휘하는 데 장애 요소가 될 수 있다.

4 https://trumpwhitehouse.archives.gov/wp-content/uploads/2020/09/Factsheet-SPD-5.pdf

4) 민간과 우주 사이버 안보 파트너십 확장의 난제

마지막은 민간 우주기업과 새로운 파트너십을 맺거나, 역할을 확대하는 문제이다. 최근 민간 위성정보의 활용은 상업적 측면과 공공, 안보적 측면을 구분하지 않고 광범위하게 활용되는 추세이다. 러시아 우크라이나 전쟁에서도 위성 통신을 제공한 스페이스X SpaceX뿐 아니라(김상배, 2022: 4), 막사테크놀로지 Maxar Technologies Inc., 플래닛랩스 Planet Labs, 카펠라스페이스 Capella Space 등 민간 우주기업이 제공한 영상 정보가 전술적·심리적 영향을 끼친 사실은 익숙한 현실이다.[5] 나아가 우주 사이버 영역에서는 보안 문제가 중요해지면서 관련 서비스와 솔루션을 제공하는 민간 우주기업의 영향력도 증대되고 있다.

미국의 경우, 우주 사이버 안보 임무에 민간이 활발히 참여할 수 있도록 개방하고 있다. 특히, 우주사령부 US Space Command는 민간 상업용 우주개발 시스템을 국가안보 우주 생태계에 포함시키고 혁신을 장려하기 위해 계약 프로세스를 단순화·가속화하는 등 신규 기업의 진입 장벽을 낮추려 하고 있다. 그러나 이 같은 민간의 참여 확대는 우주 사이버 위협의 측면에서 취약점으로 작용하기도 한다. 우주경제 발전과 함께 개방화, 탈중앙화, 민간 협력이 활성화되면서 우주개발 전주기 life cycle에서 오픈소스 소프트웨어, 상용 부품 Commercial off-the-shelf 사용, 시스템 내 소스코드 재사용, 클라우드 서비스의 아웃소싱, 다단계 하청 체인을 활용하고 있으며, 서비스 공간의 진화를 염두에 둔 비즈니스 혁신모델을 지향하고 있다(김선우, 2024: 21). 하지만 이러한 혁신들은 사이버 공격 표면을 증대시켜 해킹 위험을 높일 수 있다.

예를 들어 AWS 그라운드 스테이션 AWS Ground Station과 마이크로소프트 애저 오비탈 Microsoft Azure Orbital은 위성 명령과 제어를 담당하며 우주로부터 데이터

5 https://www.space.com/russia-ukraine-invasion-satellite-photos

그림 9-3 글로벌 우주 사이버 보안 시장 규모 (단위: 10억 달러)

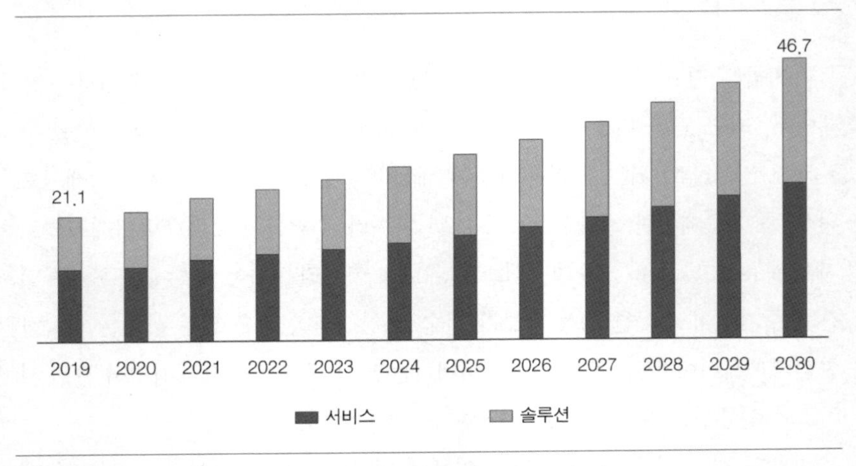

자료: https://www.kbvresearch.com/aerospace-cyber-security-market/

다운링크도 처리하게 된다. 또한 저궤도 기반 엣지 클라우드와 같이 우주 데이터센터·클라우드 활용의 증가도 우주 사이버 공간의 취약성을 증대시키고 있다(김선우, 2023: 34). 다양한 궤도와 주파수 대역을 통해 전례 없이 많은 위성이 지구관측, 통신, 항법, 기상 서비스 등 여러 상업적 군사적 서비스를 지원하기 때문이다. 이러한 각종 서비스는 첨단기술로 구동하는 AI 및 네트워크와의 연계를 심화시켜 사이버 공격에 따른 피해를 확대시킬 수 있다.

또한, 민관군이 협력·공유하는 역할인 만큼, 위협에 대한 대응체계와 보안 수준 역시 균형적으로 확보되어야 하는 문제가 남는다. 이는 민간 우주 시스템을 우주 사이버 위협에 대한 취약점으로 만드는 결과를 낳기도 한다. 특히, 일상에서 가장 많이 활용되는 우주기반 통신 위성은 민간 비즈니스는 물론 정부, 군 사용자에게 광범위하고 다양한 서비스를 제공한다. 하지만 위성에 탑재된 제어 소프트웨어, 위성과 지구 기지국 간의 데이터 링크, 지상기반 데이터 네트워크와 이를 연결하는 공유기, 장비들은 해커들의 주된 표적이 되고 있다. 이처럼 우주 시스템에 대한 공격은 우주에서 최적의 경로를 선택하게끔 만든다.

공격자들은 위성 정보를 방해하거나 신호를 위조하여 장애를 유발할 수 있으며, 위성의 자세와 위치 또한 통제 가능하다는 것이 보고되었다.

4. 한국의 우주 사이버 안보 환경 진단과 대응 방안

우주 사이버 안보 이슈는 한국 역시 직면하고 있는 중요한 도전이다. 한국 정부는 우주항공청 설립을 비롯하여 우주기술과 우주산업을 체계적으로 발전시키기 위한 노력을 시작했다. 그럼에도 불구하고 한국은 국제사회에서 국가적 우주개발 비전이나 목적을 체계적으로 제시하지 못했고, 많은 이해 당사자를 조율할 수 있는 컨트롤 타워가 없다는 지적을 받아왔다. 나아가 우주 사이버 안보에서 취약성을 분석하거나 대응 방안을 구체적으로 마련하지 않고 있다. 이를 고려하여 이번 장에서는 우주 사이버 위협 유형별로 한국 우주 시스템의 취약성을 살펴보고, 대응 방안을 제시한다.

1) 한국의 우주 사이버 안보 취약성 진단[6]

(1) 우주 사이버 위협에 대한 경계기반 접근과 실천 방안 부족

우주 사이버 안보는 우주기술과 시스템에 대한 신뢰성과 안정성을 저해하는 중요한 요소이나, 현재 한국 우주 정책에서는 지상과 우주, 위성 등을 넘나드는 사이버 공격의 다차원성에 대한 인식을 넘어, 대응 방안 구축을 위한 구체적인 계획이나 사업 기획이 수립되지 않았다. 실제로, 정부의 우주개발을 종합한 2024년 우주개발진흥 시행계획에는 우주 사이버 안보 관련 연구개발 사업이

6 '한국의 우주 사이버 안보 취약성 진단'은 안형준(2024)의 특집 내용을 참고하여 작성했다.

제외되어 있다. 다만, 국가우주개발의 최상위 계획인 제4차 우주개발 기본계획에서는 5대 임무 가운데 하나로 우주안보를 제시하고 있으며, 우주 자산과 위성 네트워크의 확장이 사이버 위협을 배가시킨다는 인식은 공유하고 있다. "우주-항공-지상-해양 초연결 사이버 안보 체계 확립"을 우주안보 임무의 핵심 요소로 제시함으로써, 우주 사이버 위협의 다차원적 연계성을 다루고 있기 때문이다. 그러나 "우주 분야의 사이버 안보 강화를 위한 전략 마련"이라는 필요성을 제기하는 수준에 그치고 있으며, 우주 사이버 안보 역량 고도화와 능동적 보호 시스템 구축 및 운영이라는 핵심 목표는 2030년 이후의 중·장기 과제로 남겨둔 실정이다.

현재 발표를 앞둔 우주 사이버 안보 관련 계획인 제3차 위성정보활용 종합계획(2024~2028)에서는 정보 활용 촉진과 이를 위한 인프라 구축을 주요 사안으로 다루고 있다. 예를 들어 국가위성 연간 획득 영상 용량이 2030년대에는 크게 증가할 것을 대비해 국가위성운영센터 내 서버 및 스토리지 확충을 계획한다. 그러나 위성 보안체계 및 암호화 장비 개발 등 관련 연구를 수행하겠다는 선언적 목표 설정에 가까울 뿐, 사이버 위협 대응에 대한 구체적인 논의는 여전히 미흡한 상황이다.

(2) 공수 비대칭성, 공격/방어 모호성에 대한 실천방안 모색 중

현재 한국의 사이버 안보 전략에는 상대방의 의도성 파악이 어려운 우주 사이버 위협에 대한 대응 수단 마련을 위한 논의가 진행 중이다. 우주감시 자산의 경우, 공수 활용 효과를 명확히 확인할 수 없기 때문에 한 국가의 우주 역량 강화는 경쟁국의 공격과 방어 능력을 강화하도록 만든다. 한국도 과학기술정보통신부를 중심으로 해킹 및 사이버 공격을 대비한 국가우주 자산 및 지상 시스템, 우주통신 및 지상통신망 보안 시스템 확보를 위해 우주 사이버 보안 가이드라인, 해킹 대응 시나리오 마련을 추진하고 있다. 또한 위성 통신의 보안성 제고를 위해 정지궤도의 광통신 데이터 중계위성 개발사업을 기획 중이다.

구체적으로 궤도 지구관측위성↔정지궤도 데이터 중계위성 간 고속 광통신을 통해 영상을 전송한 후, 중계위성↔국내 지상국 간 라디오 무선radio frequency 통신으로 영상을 수신하는 시스템이다. 이는 해외 지역 영상을 타국 네트워크를 거치지 않고 국내 지상국을 통해 바로 수신함으로써 보안성을 향상시킬 것으로 기대된다. 그러나 여전히 국가위성운영센터와 연계한 국가 핵심 인프라 구축이 시급하며, 국내 지상국 보안 취약성 점검 및 운영 대책 마련을 위한 심층 연구와 추진사업이 필요한 상황이다.

(3) **우주 사이버 전략과 국가안보전략의 연계성 부족**

2023년 6월 22일 시행된 '우주개발진흥법' 제21조에서는 국가안보 관련 우주개발사업 추진 시 국방부 등 중앙행정기관의 장과 협의하고, 보안 대책을 대통령으로 정하도록 규정하고 있다. 그러나 정작 국가안보 최상위 문서인 국가안보전략에서는 우주 사이버 안보와 관련한 내용이 다뤄지지 않고 있다. 이러한 상황은 유관 부처 간 능동적 협력과 조정을 저해하는 요인으로서, 우주 사이버 공격에 대한 전반적인 대응력을 약화시킬 수 있다. 또한, 2024년 2월 20일에 마련된 우주개발사업 보안관리 규정 제15조에서도 위성정보 데이터베이스 보호를 위한 일반적인 수준에서만 다루고 있는데, "해킹 등 불법 접근 및 컴퓨터 바이러스 예방 대책 강구"라는 내용이 그 예이다.

현재 과학기술정보통신부와 국가정보원, 국방부(군)가 우주 사이버 안보 관련 정부 대응을 하고 있으나, 분절적이고 파편적이어서 정책 총괄 및 조정이 어려운 실정이다. 2019년 정부가 사이버 안보 정책의 최상위 지침서로 발표한 국가사이버안보전략에는 ① 사이버 위협 대응 역량 강화 ② 정보보호 산업육성 ③ 사이버 안보 국제 협력 강화 등을 목표로 설정하고 있으나, 우주 사이버 안보 관련 내용은 포함되지 않았다. 대통령실도 2023년 6월 국가안보전략을 발표하면서, 한미동맹 70주년 한미 정상회담의 성과로 한미동맹의 협력 범위를 사이버와 우주공간으로 확대했음을 주요 성과로 제시했으나, 사이버와 우주는 분리된 영역으로 다루고 있다. 이처럼 제4차 우주개발진흥 기본계획, 국가안보전략, 국가사이버안보전략에 담긴 우주 사이버 안보에 대한 구체적인 내용뿐만 아니라 연계성이 부족하여 실행력을 확보하는 데 한계가 있다.

(4) 민관 우주 사이버 안보 파트너십을 강화할 실효적 가이드라인의 부재

현재 한국도 공공기관 주도의 우주개발에서 벗어나 민간 기업이 자체적인 발사 서비스, 위성 서비스, 우주과학·탐사 계획을 추진하도록 모색하고 있다. 예를 들어 올해 5월 민간 우주기업과 협업한 지구관측용 초소형 위성을 성공적으로 발사했으며, 2030년까지 민간 초소형 군집위성 등을 총 100기 이상 발사할 예정이다. 또한 발사체-위성체 제작 기업 사이의 자체 협업, 위성제작-위성활용을 겸업하는 기업도 나타나고 있다. 또한 우주 시스템 보안성 강화를 위한 기술 개발을 민간 지원 사업으로 추진하는 등 민관 우주 사이버 안보 파트너십 확장에 대한 논의도 시작되고 있다. 과학기술정보통신부도 한국인터넷진흥원과 함께 '신기술 적용 융합서비스 보안강화 시범사업'으로 위성 데이터 송수신 시스템에 양자암호·암호모듈검증제도 등 보안기술 개발을 추진하고 있다.

그러나 이처럼 우주 시스템에 대한 민간 개방 및 기술 이전, 활동의 증가는 사이버 공격 표적이 될 수 있으므로, 정부에서 민간의 자유로운 활동을 보장함과 동시에 사이버 안보에 대한 가이드라인을 제공할 필요성이 제기되고 있다. 하지만 우주 사이버 위협의 치명성과 파급효과를 고려할 때, 민간 우주기업이 위성설계 단계에서부터 우주 사이버 위협에 대비할 수 있도록 하는 실효적인 지침은 부족한 상황이다. 즉, '(가칭)우주 시스템의 사이버 안보 준수를 위한 가이드라인'을 마련하는 것이 시급하다. 나아가 우주 사이버 위협 대응을 위한 민관 공동 협의체 마련도 필요하다.

2) 우주 사이버 안보의 복합 도전에 대한 대응 방향

(1) 경계 기반에서 다층적 위험에 기반한 사이버 보안 방어 모델로의 전환

우주 시스템에 대한 사이버 위협에는 지상, 우주, 링크 부문ground, space, link segment에서 전방위 대응이 필요하다. 우주 사이버 위협은 한 부문에 대한 공격이 다른 부문을 통해서 전체 우주 시스템에 치명적인 영향을 줄 수 있다. 특히 우주 시스템은 소프트웨어 측면에서 발전이 가속되고 있다. 과거에는 지상국에서만 가능했던 위성의 소프트웨어 업그레이드가 링크 부문에서 데이터 업로드를 통해 가능한 방식으로 발전하고 있다. 또한 위성의 전력이나 용량을 줄이기 위해 위성이 수집한 데이터를 지상국에 전송하는 데 주력했던 방식에서, 위성 내 데이터 분석과 이를 위성 간 전송하는 방식이 발전하고 있다. 사이버 위협도 지구상에서 네트워크를 공격하는 방식에서, 우주 내에서 네트워크를 공격하는 방식으로 확대될 것이다.

특히 우주 사이버 위협의 취약성은 방어나 복원 능력이 갖추어진 새로운 우주 시스템 대신 그런 능력이 부족한 구형 시스템에서 나타나기 쉽다. 구형 시스템은 취약성이 많고, 여기에 침투할 경우 구형 시스템과 연계된 신형 시스템에도 영향을 미칠 수 있기 때문이다. 동시에 다수의 위성이 함께 기능하는 군집위성의 경우, 순차적으로 개발 및 발사될 수밖에 없으므로, 구형과 신형 시스템이 혼합되거나 주기적으로 교체되는 과정을 거친다. 이 과정에서 구형 시스템의 기능 마비나 이상 작동이 신형 시스템의 정상적인 기능을 방해할 수 있다.

예를 들어 우주 발사장space launch center의 사이버 위협을 들 수 있다. 현재 구축 중인 두 곳의 발사장은 전남 나로우주센터에 건설되며, 고체 연료를 쓰는 소형 발사장과 액체 연료를 쓰는 발사장으로 구성된다. 우주 발사장은 발사대launch pad와 임무 통제소mission control station 이외에도 발사체 시험 및 조립 시설, 위성체 보관 및 정비 시설, 전력·연료·물 저장 및 공급 시설 등으로 구성되며 발사장 외부에도 관련 산업 클러스터가 육성된다(주한은, 2024). 예를 들어 발사체에 주입되는 연료나 전력은 발사장 외부로부터 공급되는데 파이프라인이나 전력망은 소프트웨어로 관리되기 때문에 운영 시스템에 침투하거나 비정상 동작을 유도하는 사이버 공격으로 발사를 중단시킬 수 있다. 또한 발사대를 열과 소음에서 보호하는 대량의 물분사water flow 시스템을 방해하면 발사 과정에서 사고를 유발할 수도 있다. 이처럼 사이버 안보 영역에서는 시스템이 복잡할수록 정확한 운영이 어렵고, 오류 발생의 가능성도 커지기 때문에 그만큼 취약성도 증가한다.[7]

향후 우주 발사장 건설과 운영에는 사이버 위협에 대한 취약성을 인식하고, 대응 체계를 갖추어야 한다. 우선 우주 발사장의 다양한 공격 벡터를 식별해야 한다. 사이버 공격에 대비해야 하는 취약점에는 임무 통제소와 연결된 발사대, 발사체의 데이터 전송 시스템을 들 수 있다. 또한 발사 결정을 좌우하는 통신 시스템, 항법, 소프트웨어, 센서도 공격 벡터가 될 수 있다. 또한 공격 벡터를 줄이기 위해서는 시스템 사이 상호작용, 통신과 센서 정보의 이상 유무를 실시간 식별해야 한다. 또한 화이트리스트 등을 통해 인가된 플랫폼을 집중적으로 모니터링해야 한다. 핵심 시스템은 격리 상태를 유지하되, 소프트웨어 업데이트를 최신으로 수행하고, 시스템별 사이버 보안 기준을 엄격하게 시행해야 한다. 특히 우주 발사장에 포함된 민간 기업이나 연료, 전력, 물 등을 제공하는 연계 시스템에도 동일한 사이버 보안 지침을 적용해야 한다.

우주 발사장 운영에 참여하는 정부 및 민간 운영자 사이에 강력한 유대와 협력 체계는 사이버 위협에 대한 집단 방위를 강화하도록 해준다. 동시에 모든 인프라 운영자는 이상 징후 탐지나 공격으로 인한 피해가 발생했을 경우, 일치된 초동 조치를 취할 수 있어야 한다. 수립된 계획은 불시 훈련을 포함한 정기

7 제1회 KU(고려대학교) 사이버국방워크숍 발표자료(2024.5.10).

적인 상황 교육을 통해 행동화 수준이 되어야 한다. 내부망과 외부망이 분리된 발사장 시스템이라도 사이버 위협에 노출될 수 있다. 내부 인력 중 불만이 있거나, 해커로부터 사회공학적 해킹social engineering hacking을 받은 경우 인증키나 패스워드 등이 노출될 수 있다. 우주 사이버 대응 체계에는 내부 인력들도 보호 대상에 포함해야 한다.

우주 발사장을 비롯해 앞으로 국가안보에서 우주 시스템이 갖는 중요성은 더욱 커질 것이며, 국제적인 우주경쟁으로 비화될 가능성에도 대비해야 한다(김보미·오일석, 2024: 5). 우주 시스템에 연계된 국가 인프라를 비롯해 행정, 경제, 국방 자산이 계속 늘어난다. 이러한 연계는 우주 시스템에 대한 접근이 국제적·국가적 네트워크를 통해 가능하다는 의미이다. 전방위적 대응이 필요한 이유이다.

(2) 우주 사이버 위협의 비대칭성과 의도성의 복합 안보딜레마에 대비

우주 시스템에 대한 사이버 공격은 위협의 비대칭성, 주체의 다양성, 공격과 방어의 모호성 등으로 인해 안보딜레마를 심화시킨다. 우주 사이버 위협의 주체는 우주 능력이 우세하거나 동등한 국가만 수행하는 것은 아니다. '첨단 인프라의 역설'과 같이 우주 시스템에 더 많이 의존하는 국가가 그렇지 못한 국가보다 취약할 수 있다. 한국의 경우 우주 능력이 상대적으로 뒤처지는 북한의 우주 사이버 위협도 경계해야 한다. 북한은 한국의 우주 시스템을 우주공간이 아닌, 지상이나 링크 부문에서 공격할 수 있다. 한국은 북한보다 우주 시스템의 우위에 있지만, 우주 시스템 개발이나 유지에 연관된 수많은 기업과 개인, 정부와 국방의 복잡한 조직이 일관된 사이버 대응을 마련하긴 쉽지 않다.

이처럼 우주 사이버 위협의 비대칭성으로 인해 상대적으로 우주활동 능력이 부족한 위협 주체도 주목해야 한다. 알려진 대로 북한의 사이버 공격 능력은 위협적이다. 북한이 사이버 해킹으로 벌어들인 암호화폐 액수는 2022년 역대 최대를 기록했다. 게다가 북한은 국제사회의 제재에 적극적으로 대응하기 위해 다양한 해킹 그룹을 운영하면서 협업을 강화하고 있다(김보미, 2023, 2~3). 최근 북한은 대형 방산업체가 아닌 중소 방산업체까지 사이버 공격을 감행했다. 이들에 대한 공격은 북한이 공격 표적을 확대하고 있음을 보여준다. 중소 방산업체들은 핵심 기술을 보유하고 있으면서 대형 기업보다 상대적으로 방어가 약하기 때문에 사이버 공격에 취약하다. 실제로 북한이 해킹한 업체 중에는 군의 주요 무기체계에 사용되는 케이블 등을 국내 대형 방산업체 등에 납품하는 곳도 있었다(조재학, 2024).

또한 우주 시스템을 공격할 수 있는 주체는 기업이나 조직 내부자insider, 핵티비스트hacktivist, 돈을 갈취하려는 해커 등 다양하다. 사이버 공격은 개발이나 수행에 비용이 적게 들고, 책임 귀속이 제한되며, 공격의 시차 지연 등 은밀성이 높다. 특히 기업이나 조직 내부자는 처음에 검증된 인력이라도 업무 중 갖게 된 불만이나 개인적 문제 등으로 인해 공격에 가담할 수 있다.

이처럼 위협 주체가 다양하고 이들이 활용하는 위협이 비대칭적인 상황에서 어떤 대응이 필요할까? 국가사이버안보센터 등 정보기관과 관계 부서에서는 우주 시스템 개발과 생산 유지, 운영 기관까지 포함된 사이버 안보 지침을 수립해야 한다. 한국은 아직 우주 시스템이 다양한 분야에서 개발되는 상황인데, 개발과 생산 단계에 나타날 수 있는 취약성을 식별하고 이를 예방하기 위한 지침이 제시되어야 한다. 일반적으로 개발과 생산 기업 혹은 관계관들은 완성품이 아니므로 사이버 보안에 덜 민감할 수 있으나, 북한은 설계 정보를 입수하여 향후 사이버 취약성을 파악할 수 있다. 아무리 시스템의 일부만 다루는 기업과 조직의 정보라도 북한이 대규모로 탈취한 정보를 통합하면 우주 시스템 전체에 충분히 위협이 될 수 있는 정보로 전환될 수 있다.

또한 제주에 구축된 국가위성운영센터와 연계한 사이버 보안 대책을 수립하는 것도 시급하다. 이를 위해 최근 개청한 우주항공청은 국가 우주 시스템의 컨트롤 타워로서 우주 사이버 위협에 대한 연구개발과 정책 마련을 주도해야 한다. 지상국, 발사장, 시험장 등을 비롯해 우주 시스템을 개발 및 생산하는 민간 우주기업의 보안 취약성을 점검하고 대책을 마련해야 한다. 정부 주도의 우주개발이 민간의 참여와 기술 적용이 확대되는 상황에서 우주 사이버 안보는 국가안보에 직결되는 문제이다(고려대학교 정보보호대학원, 2024).

여기에는 내부자 위협에 대한 대응도 필요하다. 이를 위해 우주 시스템의 권한을 구분하되 이를 종합적으로 모니터할 수 있는 체계가 필요하다. 예를 들어 우주 시스템의 운영 인력이 전체 시스템에 접속하거나 통제할 수 없도록 권한을 구분해야 한다. 무엇보다 각 단계별·파트별 시스템 책임자의 업무는 실시간 기록되고 종합되어야 하며, 다음 단계의 책임자도 이를 확인할 수 있도록 해야 한다. 중요한 것은 임무 수행의 내용과 책임을 명확히 식별할 수 있는 체계의 구축이다. 이를 통해 불만을 가진 내부자가 공격을 하거나 공격에 협조하더라도 큰 부담을 안도록 해야 한다. 적어도 내부에서 일어나는 사이버 공격에 대해서는 책임 귀속과 시차 지연 방식이 어렵다는 인식이 공유될 필요가 있다. 이 밖에도 핵티비스트나 랜섬웨어로 공격하는 해커들이 우주 시스템 관계자들에게 시도하는 사회공학적 해킹social engineering hacking을 모니터해야 한다. 이를 통해 새로운 공격 방식이 등장하면 신속히 관계관들에게 공유하고, 보안 의식이 유지되도록 강조해야 한다.

(3) 국가우주안보전략과 국가사이버안보전략의 일관된 방향성 확보 및 거버넌스 조정

현재 한국은 국가우주안보전략이 없고, 국가안보실에서 수립한 국가안보전략과 국가사이버안보전략만 있다. 우주 안보 차원에서 보면, 국방부에서 작성한 국방우주전략서가 있지만, 이는 국방 차원의 전략서로서 군사력 건설에 지침이자 비밀로 관리되면서 우주 사이버 안보 차원에서 활용성은 제한된다.

앞서 살펴본 우주 시스템에 대한 사이버 위협에 전방위적으로 대응하기 위해서는 지상이나 우주 부문 등 특정 부문의 사이버 대응으로는 불가능하다. 우주 시스템을 생산하고 유지하는 공급망 안정, 우주 시스템의 활용에서 비롯되는 우주산업과 경제 발전, 우주 시스템 활용에 바탕이 되는 국제규범과 우방국 협력 등 국가 차원의 대응 방향과 체계 구축이 필요하다.

국가우주안보전략은 상위의 지침인 국가안보전략의 방향성과 맥을 같이해야 한다. 현 정부의 국가사이버전략은 기존에 추진되었던 국가 핵심 인프라 안정성 제고, 사이버 공격 대응 역량 고도화, 사이버 안보 거버넌스 정립 등 이정표적 성과를 더욱 발전시키는 데 방점을 두고 있다. 특히 사이버 공간의 위협 주체를 구체화하고, 이들의 악의적 사이버 행위 대응을 위한 공세적 역량을 확보할 것을 명확히 했다. 다음으로, 글로벌 중추 국가로서 국제사회에서 책임을 다하고 기여할 것을 명확히 하면서, 책임 있는 사이버 공간 사용자로서 책임과 협력 강화, 악의적 행위자에 대한 식별 및 억제, 공동 대응을 구체화했다. 마지막으로 이를 시행할 수 있는 대내적 사이버 안보 거버넌스를 구체화했고 관련된 제도 개선을 명시했다(김소정, 2024).

따라서 국가안보전략과 국가사이버전략 맥락에서 우주 사이버 안보의 지침이 될 수 있는 국가우주안보전략은 다음과 같이 수립될 필요가 있다. 우선, 우주 시스템에 대한 사이버 안보는 이러한 사이버 안보전략의 방향과 부합해야 한다. 이런 점에서 우주 시스템에 대한 위기 예방을 위해서는 다차원적 사이버 공격을 예상하고 이에 대한 취약성을 미리 분석해야 한다. 이러한 대응은 국가적 의사 결정이 필요하므로 대통령실 국가안보실(제3차장 산하 사이버안보비서관)과 국가우주위원회의 안보우주개발실무위원회, 우주항공청 등 우주사이버 안보 관련 상위 총괄 및 역할 조정으로 시급히 이루어져야 한다. 그중에서도 우주항공청이 국가우주 정책 차원에서 밑그림을 그리고 국방부, 국가정보원 등 안보기관과 충분히 협의하여 구체적인 지침을 마련해야 한다. 나아가 기존에 마련된 우주안보와 관련된 기관별 지침을 국가우주안보전략에 반영해야 한다. 특히 우주항공청은 민간 우주 사이버 안보 관련 업무를 주도할 필요가 있다.

이미 국가 차원의 우주안보전략을 수립한 국가들의 전략 과제를 분석하는 것도 필요하다. 우주 능력의 차이는 있지만, 안보전략이라는 관점에서 미국의 사례는 도움이 된다. 미국은 트럼프 행정부에서 2020년 9월 우주정책지침 SPD-5[8]과 2021년 우주정책지침SPD-7을 발표했다. 우주 시스템에 대한 사이버 안보의 기초가 되는 주요 원칙을 확립하고, 미국 중심의 위성항법 정책 수립 및 GPS 성능과 사이버 보안 수준을 개선했다. 특히 상업 우주와 민간 우주 사업자 사이의 협력으로 최적의 관행 도출, 사이버 안보에 관한 규범 확립, 사이버 안보의 행동 개선 촉진 등 5대 우주 사이버 안보 원칙을 규정했다. 특히 우주 시스템의 전주기life cycle에서 사이버 안보가 적용되도록 단계별 안보 지침을 통합했으며, 정부와 민간 기업의 협력을 강조했다.

이처럼 한국 우주안보전략에서도 사이버 위협의 취약성 노출을 예방해야 한다. 이를 위해 우주 시스템을 운영하는 정부(국방 및 정보기관 포함) 기관뿐 아니라 상업 기업, 민간 기관이 사이버 위협에 대한 정보를 공유하고 해결책을 함께 찾을 수 있는 민관군 거버넌스를 구축해야 한다. 또한 우주 시스템에 대한 사이버 위협은 해커 조직이나 국가가 지원하는 비정부 조직 등이 개입하므로, 동맹국 및 우방국과 대응 역량을 함께 발전시키는 국제 협력도 강화해야 한다.

(4) 안보의 뉴스페이스 시대에 부합하는 긴밀한 민관군 협력 파트너십 확립

국가우주안보전략이 수립된 이후에도 실질적인 우주 시스템의 개발과 운영에는 민관군 주체들이 중복되는 부분에서 협력하고, 공백이 발생하는 부분에서 책임을 정해야 한다. 우주 사이버 안보에 대한 책임 주체도 그중 하나이다. 예를 들어 국가정보원은 2021년부터 사이버 안보 및 위성 자산 등 우주 사이버 안보 관련 역할을 수행하고 있으며, 2024년 4월 '안보 관련 우주정보 업무규정 전부개정령'(국가정보원법 대통령령)을 입법 예고하면서, 정찰위성을 포함해 위

8 "Space Policy Directive-5," September 4, 2020, https://www.federalregister.gov/documents/2020/09/10/2020-20150/cybersecurity-principles-for-space-systems

성 자산 등 우주 분야의 안보 강화를 위한 '국가우주안보센터' 운영에 들어갔다(오일석, 2021). 그러나 정부 기관별로 마련하는 우주안보에 대한 이해는 민간과의 협력에 장애가 될 수 있다.

미국도 이런 문제를 인식하고 위성 네트워크에 대한 사이버 안보 프레임워크를 만들었다.[9] 이 프레임워크는 인공위성, 지상 통신 인프라 등 다양한 연결 지점을 걸쳐 글로벌 통신 서비스를 제공하는 우주 통신에 대한 사이버 보안 지침이다. 민관군 이해관계자들은 우주 사이버 안보의 위협을 인식하고 장애와 손상을 감지하며, 보안 사고 시 대응하며 이들 사이버 보안 자체평가 방식 등을 제공한다(김다혜·백기연·김성훈, 2024: 6). 한국도 우주 사이버 위협에 대응하기 위해서는 다양한 행위자들의 협력이 중요하다. 이를 위해 민관군 이해 당사자들 사이의 소통과 교류를 바탕으로 정책을 만드는 운영 방식, 즉 거버넌스 구축을 제안한다. 아울러 우주 사이버 안보에 대한 민관군 거버넌스가 효과적으로 운영되기 위해, 거버넌스 활동 범위와 역할을 구체화하고 활동 계획과 지원을 규정하는 법제적 노력이 필요하다.

우주 사이버 위협에 대응하기 위한 민관군 거버넌스는 두 가지를 정립할 필요가 있다. 첫째, 우주 시스템에 대한 사이버 위협을 탐지 및 식별하는 정보 수집과 관리 메커니즘이다. 기존의 사이버 위협에 대한 정보 수집과 관리를, 민간을 포함한 정부에 대해서는 국가정보원National Intelligence Agency이 맡고, 국방조직과 군 조직에 대해서는 사이버사령부가 맡았다면, 우주 시스템도 유사한 방식으로 접근할 수 있다. 다만, 민간 기업, 정부 기관, 군 기관과 국가정보원의 우주 자산이 계속 증가하고 이해 관계자가 다양화될 것임을 고려하면, 사이버 공격 유형이나 대응 방법에 대한 개별 기관의 독자적 투자가 국가 전체로는 노력의 중복과 비효율성을 초래할 수 있다. 반대로, 주요 표적의 정보를 특정 기

9 Cybersecurity Framework Profile for HSN(Hybrid Satellite Networks), NIST IR 8441 (Initial Public Draft), (2023. 6)

관의 우주 자산으로만 확보하는 것보다 민관군 우주 자산을 중복 및 교차 운영한다면, 정보의 질도 높아질 것이다. 즉, 민관군이 처할 수 있는 우주 사이버 위협을 공동으로 분석하고, 그 결과를 설명함으로써 위협인식을 공유해야 한다.

둘째, 민간 우주기업과 우주 자산을 국가안보 차원에서 활용하는 것과 보호하는 메커니즘이다. 미국, 일본 등 주요국 우주 안보는 민간에 대한 지원과 협력을 강화하는 추세이다. 우주기술이 민군 이중 용도라는 특성 외에도 우주 시스템의 개발과 운영에는 민간 우주기업이 국방 및 정보기관과 긴밀히 연계될 수밖에 없다. 과거 무기체계 개발과 같이 특정 방산업체가 국방 및 정보기관의 우주 시스템을 한정적으로 개발하거나 운영하려면 비용과 인력이 엄청나게 필요하다. 비용도 문제지만, 우주 시스템을 운영하고 여기에 사이버 위협에 대응할 수 있는 전문 인력이 민간, 국방, 정보기관에서 따로 충원할 만큼 존재하지 않을 것이다. 따라서 우주 시스템에 대한 사이버 위협을 한정된 예산과 전문 인력으로 효과적으로 대응하려면 국가안보 차원의 임무 우선순위 선정, 합리적 최종결정 권한, 민간과 정부·군 전문 인력의 양성과 인적 교류, 사이버 위협 대응 기술과 화이트 해커 운영 등 합동 기술 개발 등이 정립되어야 한다. 또한 우주 안보 차원에서 우주 시스템의 공급망 보안을 유지함으로써 우주기술을 보호하고 국가 차원에서는 기술 주권을 강화해야 한다.

5. 나오며

이 연구는 세계적인 우주공간의 발전과 확장 가운데 이에 대한 사이버 안보의 취약성도 높아지고 있다는 문제의식에서 출발했다. 그리고 글로벌 차원에서, 동시에 한국이 고려할 네 가지 도전 이슈와 대응 방안 역시 제시했다. 2024년에도 한국은 우주항공청Aerospace Agency의 개청, 군 정찰위성 2호 발사, 초소형 군집위성 1호 발사 등 우주 강국으로 도약하기 위한 국가적 역량을 집중하고 있다. 우주 영역을 이용한 국력 발전은 적대국 감시정찰과 대응과 같은 국방우주, 우주 정보와 제품의 생산 및 판매와 같은 우주경제, 국제규범 참여와 우방국 협력과 같은 우주외교에 이르기까지 모든 분야에서 활발히 진행 중이다. 이처럼 우주 시스템에 대한 의존도가 높아질수록 적대적·경쟁적 행위자들이 한국 우주 시스템을 공격하거나 방해하는 안보적 위협도 증가함을 목도하고 있다.

기존 연구는 뉴스페이스 시대 양적으로 증가한 우주 분야 발전 과정을 심층 분석하고 있으며, 미사일 공격과 같은 물리적 위협에 초점을 둔 것과 달리, 이 연구는 우주 시스템의 양적·물리적 위협뿐만 아니라 비물리적 위협인 사이버 안보 측면에도 주목했다. 우주 사이버 영역은 증가하는 우주 시스템의 활용이 낳은 이해관계자들 간의 복잡한 연계와 상호작용을 수반하고 있다. 그 결과 적대적·경쟁적 행위자가 접근하고 영향을 끼칠 수 있는 취약성도 증가하게 됨을 확인했다. 또한, 우주 사이버 위협은 위성뿐 아니라 지상통제소ground station와 같은 지상 부문, 업링크와 다운링크 등 링크 부문을 포함한 모든 우주 시스템에 효과를 발휘할 수 있다. 더욱이 사이버 위협은 우주 발사체나 위성체 등 우주 능력이 열세한 행위자도 사이버 능력만으로 수행할 수 있는 비대칭 수단임을 보여주고 있다.

이처럼 우주 사이버 안보가 부상하게 된 원인에는 많은 국가, 기업, 개인 들이 우주 역량에 더 많이 의존하게 되었다는 점, 우주 정보의 활용성이 높아지면서 통신, 데이터의 취약성도 커지고 있다는 점, 반면, 우주 능력에서 열세인 적대국이나 경쟁자도 사이버 위협을 비대칭 수단으로 활용할 수 있게 되었다는 사실은 우주 사이버 영역이 기본적으로 융합적 불확실성을 내포한 공간임을 시사한다.

이에 대한 한국의 대응 방안으로 네 가지를 제시했다. 첫째, 우주 시스템에 대한 사이버 위협에는 지상, 링크, 우주 부문을 포함해 전방위 대응이 필요하다. 우주 시스템에 대한 사이버 위협은 한 부문에 대한 공격이 연계된 다른 부문을 통해서 전체 우주 시스템에 치명적인 영향을 줄 수 있기 때문이다. 현재 한국 우주 시스템은 우주활동 유형인 우주영역인식space domian awareness, 우주 정보지원space intelligence support, 우주전력투사space power projection, 우주통제space control에 따라 단계적으로 개발되는 상황이다. 이러한 과정에서 우주활동별 혹은 우주 시스템별로 사이버 위협에 대응해서는 안 된다. 우주 시스템들이 갖고 있는 공통된 취약성이 있는지 식별하는 동시에 개별 시스템의 정보가 전달되고 종합되는 네트워크에 취약성은 없는지도 모니터링할 수 있는 전방위적 대응이 필요하다.

둘째, 우주 사이버 영역의 안보딜레마를 촉진하는 비대칭성과 주체의 다양성에 대비해야 한다. 한국의 우주 시스템은 다양한 분야에서 개발되는 상황인데, 개발과 생산 단계에 나타날 수 있는 취약성을 식별하고 이를 예방하기 위한 지침이 제시되어야 한다. 외부의 위협뿐 아니라 조직 내부자 위협에도 대응하기 위해 우주 시스템의 권한을 구분하되 이를 종합적으로 모니터할 수 있는 체계가 필요하다. 예를 들어 우주 시스템의 운영 인력이 전체 시스템에 접속하거나 통제할 수 없도록 권한을 구분해야 한다. 이를 통해 불만을 가진 내부자가 공격을 하거나 공격에 협조하더라도 큰 부담을 안도록 해야 한다.

셋째, 우주 안보를 국가안보 및 사이버 안보와 체계적으로 연계하기 위해 국가우주안보전략을 수립해야 한다. 이때, 국가우주안보전략은 상위의 지침인 국가안보전략의 방향성과 맥을 같이해야 한다. 이를 위해 국가 차원의 우주안보전략을 수립한 국가들의 전략 과제를 분석할 필요가 있다. 예를 들어 미국의 경우, 2020년 우주 시스템에 대한 사이버 안보의 기초가 되는 주요 원칙을 확립하고, 미국 중심의 위성항법 정책 수립 및 GPS 성능과 사이버 보안 수준을 개선했다. 한편, 국가우주안보전략은 이미 수립된 사이버 안보전략의 방향과도 부합해야 한다. 이런 점에서 우주 시스템에 대한 위기 예방을 위해서는 다차원적 사이버 공격을 예상하고 이에 대한 취약성을 미리 분석해야 한다.

넷째, 우주 사이버 안보 시대에 부합하는 민관군 협력 거버넌스를 새롭게 정립해야 한다. 이는 우주안보 분야에서 민간 기업의 역할과 비중이 증대되면서 새로운 파트너십이 필요하고, 우주안보와 관련된 기존 행위자들 사이에 효과적인 협력을 위해서이다. 최근 한국 우주안보 기관 중 국가정보원과 공군의 노력이 보도되었다(백종민, 2024; 김형준, 2024). 국가우주안보전략이 이러한 협력의 방향을 제공한다면, 민관군 거버넌스는 국가안보 목표를 달성하기 위한 노력에 긍정적이다. 나아가 우주 시스템에 대한 사이버 위협을 탐지·식별하는 정보 수집·관리 메커니즘뿐만 아니라 민간 우주기업과 우주 자산을 국가안보 차원에서 활용·보호하는 메커니즘을 제도화해야 한다. 우주 사이버 안보 영역은 개별 영역보다 연계된 영역에서 파급효과가 크고 불확실성도 높다. 따라서 국가안보 차원에서 연계성 분석, 위협의 비대칭성과 주체의 다양성 파악, 국가우주안보전략 수립 등을 종합적으로 고려한 새로운 민관군 거버넌스를 구축해야 한다.

관계부처합동. 2022.「제4차 우주개발진흥 기본계획」.

고려대학교 정보보호대학원. 2024.『사이버국방발전백서 2024』. LIG넥스원·고려대학교 정보보호대학원·사이버국방연구센터.

국가안보실. 2023.「윤석열 정부의 국가안보전략」.

김다혜·백기연·김성훈. 2024.「주요국 우주 사이버 시큐리티 정책 동향 조사 분석」. ≪한국인터넷진흥원≫, 4.

김보미. 2023.「진화하는 북한의 사이버 공격 현황과 대응」. ≪INSS이슈브리핑≫, 472.

김보미·오일석. 2024.「우주 핵무기 배치 가능성과 우주 안보」. ≪INSS이슈브리핑≫ 548.

김소정. 2024.「국가 사이버안보 전략 개정의 특징과 시사점」. ≪INSS이슈브리핑≫ 512.

김상배. 2022.「미래전의 시각으로 본 우크라이나 전쟁」. ≪Issue Briefing≫, 173.

김선우. 2023.「우주 사이버안보의 국가전략」. 한국 사이버안보학회 국가전략 특별 세미나. 2023.6.27.

김선우. 2024.「미래 우주경제를 위한 우주안보와 우주사이버보안: 주요 동향 및 시사점」.『제8차 사이버국가전략포럼 자료집: 우주 사이버 안보의 현황과 쟁점』.

류재철. 2024.「우주 사이버 보안 위협과 대책」.『제8차 사이버국가전략포럼 자료집: 우주 사이버 안보의 현황과 쟁점』.

안형준. 2024.「우주사이버 위협과 한국의 대응 진단」. ≪SPREC 글로벌이슈리포트≫, 5월호. 과학기술정책연구원 국가우주정책센터.

엄정식. 2024a.『우주안보의 이해와 분석』. 서울: 박영사.

엄정식. 2024b.「우주안보의 3축과 사이버 안보」. KACA-KASS 공동 컨퍼런스 발표자료, 2024.5.8.

오일석. 2021.「우주 정보활동과 위성자산의 보호」. ≪INSS 이슈브리핑 240호≫.

오일석. 2023.「뉴스페이스 시대의 우주 사이버위협 대응 방안」. ≪INSS 전략보고≫, 234

이성훈. 2023a.「뉴스페이스 시대 우주안보 신기술 경쟁: 현황과 전망」. ≪한국우주안보학회≫

이성훈. 2023b.「우주 자산 위협 양상과 주변국의 대응 정책 및 시사점」. ≪INSS 전략보고≫, 228

임종빈. 2023.「우주활동의 새로운 시대와 우주안보」. 한국우주안보학회 창립 세미나. 16쪽.

김동현. "방사청 "군 위성발사장 설립해 우주戰 대비". ≪한국경제≫, 2024.3.6.

김성진. "日 정부 첫 우주안보 구상,,, 중러 대항 방위목적 우주 이용 확대". 연합뉴스, 2023.6.13.

김형준. " "주도권 뺏길라"…공군, 우주항공청 인력 파견 속내는?" ≪한국일보≫, 2024.5.6. https://www.hankookilbo.com/News/Read/A2024050515110005315

박은주. "우주에서도 지금 사이버 보안이 필요하다". ≪보안뉴스≫, 2023.3.20. https://www.boannews.com/media/view.asp?idx=114644&kind (검색일: 2024. 2. 23.).

백종민. "국정원, 우주안보 업무 규정 개정‥우주안보 위협 차단 나서". ≪아시아경제≫, 2024.4.24. https://view.asiae.co.kr/article/2024042409022562088

신범식 외. 2023.「제5장: 다영역 작전의 등장과 미래 전장의 변화」. 성기은.『미래전의 도전과 항공우주 산업』. 서울: 사회평론.

윤석진. "2031년까지 위성 170여기 개발…발사체 40여회 발사 추진". ≪국방신문≫, 2021.11.16.

조재학. "북한 해킹조직, K-방산 10여곳 털었다". ≪전자신문≫, 2024.4.23.

주한은. "우주발사체산업 클러스터 본격 육성…민간발사장 구축에 2408억 투입". ≪하이테크정보≫, 2024.2.13.

차도완 외. 2021.「민간 우주기술을 접목한 육군의 우주력 발전방안에 관한 연구」.『한국항공우주학회 학술발표회 초록집』.

황수설 외. 2021.「차세대 한국형발사체 적용을 고려한 자율판단 비행안전시스템 방식 검토」. ≪항공우주산업기술동향≫, 19(2).

VOA.「일본, 첫 우주안보구상 채택…'우주 기술 발전, 군사적 이점과 직접 관련'」. ≪VOA≫, 2023.6.13. https://www.voakorea.com/a/7134869.html

Chuck. Brooks. 2022. "The Urgency To Cyber-Secure Space Assets." *Forbes*. Febraury 22, 2022.. https://www.forbes.com/sites/chuckbrooks/2022/02/27/the-urgency-to-cybersecure-space-assets/?sh=4c1a5d5c51b1 (검색일: 2024.3.22.)

CISA. 2022. "Strengthening Cybersecurity of SATCOM Network Providers and Customers"(Alert Code: AA22-076A). https://www.cisa.gov/news-events/ cybersecurity-advisories/aa22-076a

Cybersecurity Framework Profile for HSN(Hybrid Satellite Networks), NIST IR 8441 (Initial Public Draft). 2023.6.

Defense Intelligence Agency. "Challenges to Security in Space." DIA Policy Report." January 2019. www.dia.mil (검색일: 2024.7.31.)

GCCR. 2023. "Global Counterspace Capabilities Report 2023."

Harrison, T., K. Johnson, and T. Roberts. 2013. 'Space Threat Assessment 2018'.

Hong, sakyun. *An Exploratory Study on the National Science and Technology Innovation Strategies in Response to the Paradigm Shift in Technological Innovation,* (Science and Technology Policy Institute, 2016), pp.23~25.

J. Sigholm. "Non-State Actors in Cyberspace Operations." *Joint Military Studies*, 4(1).

Japan Space Industry Office. 2023. Cybersecurity Guidelines for Commercial Space Systems (ver.1.1). Ministry of Economy, Trade and Industry.

Jervis, Robert. 1978. "Cooperation under the Security Dilemma." *World Politics*, 30(2).

Koerner, B. I. 2016. "Inside the OPM Hack, the cyberattack that shocked the US government." Wired, National Cyber Security of the United States of America. Sept. 2016.

Ni, Adam, Bates Gill. 2019. "The People's Liberation Army Strategic Support Force: Update 2019." *China Brief*, 19(10). https://jamestown.org/program/the-peoples-liberation-army-strategic-support-force-update-2019/

Payload. 2023. "Secure World Foundation Releases 2023 Update to Counterspace Report."

RAND. 2021. "Multi-Domain Operations." RAND Corporation.

Smeets, M. 2018. "The Strategic Promise of Offensive Cyber Operations." *Strategy Studies Quarterly*, 12(3).

Song, Wichin. "The Policy Theory of National Innovation System," *STEPI Working Paper Series,* no. 1, May 2009. pp.1~19.

Space Foundation. 2024. "SPACE BRIEFING BOOK: U.S. Space Laws, Policies and Regulations, US Government." https://www.spacefoundation.org /space_brief/space-policy-directives/ (검색일: 2024.2.24.).

The White House. 2020. "National Space Policy of the United States of America." December 9, 2020.

U.S, Space Force. 2024. "Space Force publishes Data, AI strategic action plan," Secretary of the Air Force Public Affairs. May 14, 2024. https://www.spaceforce.mil/News/Article-Display/Article/3774329/space-force-publishes-data-ai-strategic-action-plan/(검색일: 2024.5.16.)

U.S. ACA. 2021. "Multi-Domain Operations", Army Combined Arms Center.

U.S. DoD. 2018. "Summary of the 2018 National Defense Strategy of the United States of America." Department of Defense.

Valencia, Lisa. 2019. Autonomous Flight Termination System (AFTS) Customer, NASA.

"Space Policy Directive-5." September 4, 2020. https://www.federalregister.gov/documents/2020/09/

10/2020-20150/cybersecurity-principles-for-space-systems

https://www.federalregister.gov/documents/2020/09/10/2020-20150/cybersecurity-principles-for-space-systems

http://www.gov.cn/zhengce/2019-07/24/content_5414325.htm

https://spacenews.com/u-s-space-force-ramps-up-cybersecurity-spending/

https://trumpwhitehouse.archives.gov/wp-content/uploads/2020/09/Factsheet-SPD-5.pdf

https://www.newsspace.kr/news/articleView.html?idxno=1593

https://www.nsr.com/research_cat/satellite-and-space-app-reports/

https://www.space.com/russia-ukraine-invasion-satellite-photos

https://www.whitehouse.gov/wp-content/uploads/2021/12/united-states-space-priorities-framework-_december-1-2021.pdf

国家航天局. 2017. "2000年11月22日≪中国的航天≫ 白皮书首次发表"(2017.11.22).https://www.cnsa.gov.cn/n6758968/n6758972/c6798634/content.html

日本, 米国, "共同声明: 宇宙に関する包括的日米対話 第 8 回会合". 2023年3月24日.

10 우주 환경 안보의 국제정치학*

정헌주 | 연세대학교

1. 서론

우주공간에 대한 안전하고 지속가능한 접근과 이를 통한 우주 활용은 인류의 삶과 국가안보와 경제에 매우 중요한 요소로 자리 잡고 있다(Weinzierl, 2018: 173~192). 특히 우주공간에서의 인간 활동이 증가하고 이를 통해 창출되는 군사적·경제적·사회적 가치가 증대함에 따라 이러한 우주활동에 대한 위협은 국가안보, 경제안보 차원의 문제로 부상하고 있다. 또한, 우주로부터의 위협은 우주공간에서 행해지는 활동뿐만 아니라 지상에서의 활동과 안전에 영향을 미치기도 하는데, 이러한 위협은 자연발생적이기도 하지만, 의도적·비의도적인 인간 활동으로부터 기인한다. 자연적으로는 태양활동에 의해 발생하는 태양에너지 입자가 위성체와 전파신호에 직접적인 영향을 미칠 뿐만 아니라 지상의 전력망, 통신망에도 영향을 미칠 수 있다. 더욱 중요하게는 인간의 우주활

* 이 장은 정헌주, 「우주 환경 안보의 국제정치: 우주잔해 국제협력에 대한 국제정치학적 접근」, ≪국가안보와 전략≫, 제24권 2호(2024)를 수정·보완하여 작성되었다.

동으로 인해 발생한 우주잔해space debris 혹은 우주쓰레기로 불리는 물체들은 보다 직접적인 위협을 야기한다(Bowen, 2014: 46~68).

이렇듯 우주에서 기인하는 다양한 위협으로부터 어떻게 안전과 안보를 확보할 것인가는 일국적 차원에서 해결될 수 있는 문제가 아니다. 이러한 점에서 우주 선진국들과 잠재적 우주활동국들은 자국의 우주 안보를 위해 치열하게 경쟁하고 있으며, 동시에 지구적 차원에서의 협력 역시 추구하고 있다. 우주 안보를 위한 다양한 노력 중 대표적인 것은 우주활동의 장기지속가능성long-term sustainability: LTS을 제고하기 위한 국제 협력이다. 2010년부터 유럽연합 주도로 시작된 이러한 논의는 국제사회에서 치열한 논쟁을 불러일으켰고, 이는 2019년 유엔 외기권평화적이용위원회UN Committee on Peaceful Use of Outer Space: COPUOS의 "외기권의 장기지속가능성을 위한 가이드라인Guidelines for the Long-term Sustainability of Outer Space Activities" 채택으로 이어졌다.[1] 이러한 노력에도 불구하고, LTS 가이드라인은 법적 구속력이 없다는 점에서 우주경쟁을 규제하기에는 제한적이다.

그렇다면, 안전하고 평화로우며 지속가능한 우주 환경을 위한 공동의 이해common interest와 국제사회의 노력에도 불구하고, 왜 우주 환경 안보를 위한 글로벌 협력의 수준은 여전히 낮은가? 기존 연구는 우주잔해가 우주 환경과 안전, 안보를 위협하는 현상에 대한 설명이나 이에 대한 국제사회와 우주활동국의 동향에 대해 설명하고 있다(Imburgia, 2021: 589~641; Hildreth and Arnold, 2013: 1~13; 정영진, 2014: 127~160; 김해동, 2020: 311~321). 나아가 최근에는 우주잔해에 대한 국가와 국제사회의 대응을 촉구하고 정책적 대안을 제시하는 데

1 LTS 가이드라인에 대한 자세한 사항은 UN COPUOS의 사무국인 UN 외기권사무국(Office for Outer Space Affairs: OOSA) 홈페이지를 참조하시오. UN OOSA, "Long-term Sustainability of Outer Space Activities," https://www.unoosa.org/oosa/en/ourwork/topics/long-term-sustainability-of-outer-space-activities.html(검색일: 2024.1.10.)

초점을 두는 연구가 수행되었다(Migaud, 2020: 1~9; Silverstein, 2023: 1~33). 이러한 연구는 우주잔해의 위험성에 대한 경각심을 불러일으키고 정책적 대안을 제시한다는 점에서 매우 중요하다. 이러한 유용성에도 불구하고, 우주잔해 경감·제거, 나아가 우주 환경의 안전, 안보 및 지속가능성을 위해 국제사회가 협력해야 한다는 당위성이 아닌 그 원인을 체계적으로 분석하는 연구는 매우 부족하다. 특히, 국제관계를 설명하는 이론적 접근법을 활용한 연구는 찾기 어렵다. 이러한 점에서 이 연구는 우주 환경의 변화, 특히 우주잔해가 안전과 안보를 위협하는 다양한 메커니즘과 이에 대응하기 위한 국제 협력의 현황을 먼저 살펴본 후, 국제관계의 다양한 이론적 접근과 대안적 설명을 활용하여 왜 이러한 협력이 어려운지를 탐색적으로 분석한다.

이 연구의 구성은 다음과 같다. 먼저 우주공간의 중요성이 부상하는 현재의 맥락에서 자연발생적 현상과 의도적·비의도적 활동이 어떻게 우주 안보를 위협하는지를 구체적으로 살펴본다. 특히 이미 열악한 조건인 우주공간에서 빠르게 증가하는 우주잔해는 우주에서, 우주를 통해서, 우주로부터 창출되는 다양한 가치를 위협함으로써 안보 문제로 부상하고 있다. 이러한 맥락에서 우주잔해가 안보에 미치는 영향을 체계적으로 분석할 필요가 있다. 이를 위해 위협 발생 경로(직접적 경로와 간접적 경로)와 위협 발생 위치(궤도상과 지표·공중)라는 두 가지 기준을 활용하여 우주잔해가 안보에 미치는 영향을 구체적으로 살펴본다. 다음으로 우주 환경의 지속가능성을 제고하고 우주 안보를 확보하기 위한 다양한 노력을 소개한다. 마지막으로 국제관계를 설명하는 다양한 접근법들을 활용하여 우주 환경 안보를 제고하기 위한 노력이 왜 제한적인가에 대해 설명하고 대안적 설명을 통해서 종합적 접근이 필요함을 제시한다.

2. 우주 환경의 변화와 우주 안보

무한하고 적막하며 평화로운 공간으로 인식되는 우주는 지구적 관점에서 보았을 때 매우 척박하고 가혹하며 심지어 적대적인 환경이다. 특히, 인류의 생존을 위해 필수적인 태양의 활동은 때로는 위성통신 전파장애, 우주인의 방사선 피폭, 글로벌항법위성시스템global navigation satellite system: GNSS 신호 교란, 위성의 궤도 변화뿐만 아니라 지상에서의 전력 전송 장애 등을 일으킨다(박진영 외, 2007: 125~134). 예를 들어, 태양흑점, 태양 플레어, 태양풍, 코로나 질량 방출, 지자기 폭풍 등은 지상, 공중, 우주에서 인간 활동에 중요한 영향을 미치고 있다. 이렇듯 최근 우주공간을 활용하는 인류의 노력이 빠르게 증가하면서, "우주공간 및 지상에 설치된 첨단 기기의 성능과 신뢰성에 영향을 미치고 인간의 생명이나 건강에 영향을 줄 수 있는 태양, 태양풍, 자기권, 전리권 그리고 열권에 이르는 공간의 물리적 상태" 전반을 의미하는 우주기상space weather의 중요성 역시 커지고 있다(한국천문연구원, 2014: 7). 이러한 우주기상이 자연적인 우주 환경의 물리적이고 현상학적인phenomenological 상태라면, 우주 환경은 자연적인 현상과 더불어 인간 활동에 의해서 발생하는 현상까지도 포함하는 우주공간의 총체적 상태로 규정할 수 있다.

우주 환경 중에서도 이 연구가 초점을 두는 공간은 대부분의 인간 활동이 발생하고 있고 또 발생할 것으로 예상되는 지구와 달을 포함하며 지구와 달 사이의 공간cislunar이다. 특히 지구 궤도상에서의 우주 환경은 매우 급격하게 변화하고 있는데 그 변화의 핵심은 빠르게 증가하는 인간이 만든 우주물체의 규모이다. 1957년 소련의 스푸트니크 1호가 우주공간에 인류의 첫 흔적을 남긴 이후, 지구 궤도상 우주물체는 점차 증가했지만, 그 증가 속도는 2000년대 이후 급격하게 증가하고 있다. 지구 궤도상에 존재하는 이러한 인공적인 물체들 중에서 우주잔해로 불리는 임무가 종료되거나 수명이 다한 인공위성 및 그 부속품, 충돌·파열로 만들어지는 파편, 우주발사체 중 상단 동체 부분, 발사체와 위

그림 10-1 물체 유형에 따른 지구 궤도상 물체의 수(월간)

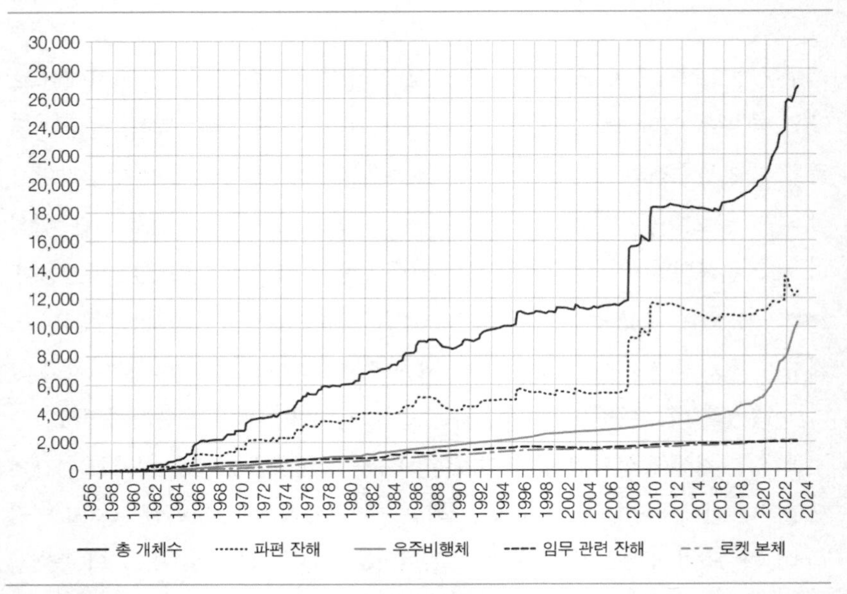

주: 2023년 2월 3일 현재 지구 궤도에 있는 목록화된 개체의 월별 개수로서, 미국 우주감시 네트워크가 공식적으로 목록에 추가한 지구 궤도의 모든 개체에 대한 요약임. "파편 잔해"는 위성 파괴 잔해 및 변칙적 사건으로 인해 발생한 잔해가 포함되는 반면, "임무 관련 잔해"는 계획된 임무의 일부로 분해, 분리, 또는 방출된 모든 개체를 포함함.
자료: NASA(2023a: 12).

성 분리 시 발생한 파편, 누출된 냉각제, 페인트 조각, 국제우주정거장International Space Station: ISS에서 배출된 물체 등은 우주 환경을 빠르게 변화시키고 있다(문성록·최충현·한민규, 2023: 4).

유럽우주국European Space Agency: ESA 우주잔해사무국Space Debris Office에 따르면, 2023년 12월 기준 크기가 10cm 이상인 우주잔해는 약 3만 6500개, 1cm 이상 10cm 미만 크기의 우주잔해는 100만여 개, 1mm에서 1cm 사이의 우주잔해는 약 1억 3000만 개에 달한다.[2] 특히, 최근 위성 등을 쏘아 올리는 비용이 감소하면서, 발사 빈도가 증가하고 이에 따라 더 많은 우주잔해가 발생하고 있다. 게다가, 2007년 중국의 지상발사 위성공격미사일direct-ascent anti-satellite missile: ASAT 실험, 2009년 미국의 통신위성인 '이리듐-33Iridium-33'과 러시아의 군사위성 '코스모스-2251Kosmos-2251' 간 충돌, 2021년 러시아의 ASAT 실험 등 수천 개에서 수만 개에 이르는 우주잔해를 발생시켰던 사건들로 인해 우주잔해 규모는 계단식으로 급격한 상승 형태를 보인다. 이러한 우주 환경의 변화는 우주잔해에 의한 충돌의 연쇄작용에 의해 우주공간의 활용이 어려워지는 케슬러 현상Kessler Syndrome이 단지 상상만은 아닐 수 있다는 우려를 낳고 있다.

실제로 지구 궤도상에 존재하는 다양한 물체들은 궤도 위 다른 물체들에 위협이 되고 있으며, 지상의 안전까지 위협하고 있다. 2023년 1월에 발생한 사례는 이러한 위험을 잘 보여준다. 2023년 1월 9일 오전 11시 31분과 오후 12시 13분 두 차례에 걸쳐서 한국의 과학기술정보통신부는 미국의 인공위성 잔해물이 한반도 인근에 추락할 가능성이 있다는 내용의 재난안전문자를 발송했다.[3] 이에 따라 혹시라도 발생할 수 있는 사고를 미리 방지하기 위해 제주공항에서는 29편의 항공기 이착륙이 지연되었다(YTN, 2023). 이 사례는 2013년 개봉한 영화 〈그래비티Gravity〉나 2021년 넷플릭스에서 공개된 〈승리호Space Sweepers〉 등 공상과학 영화 속에서나 발생할 수 있는 일들이 실제로 발생할 수 있으며, 지구 궤도에서 발생하는 사건이 지상의 안전을 위협할 수 있다는 점을 한국 국민에게 동시에 알린 최초의 사건이었다.

2 ESA, "Space Environment Statistics," https://sdup.esoc.esa.int/discosweb/statistics/(검색일: 2024. 2.10.)

3 재난안전문자의 내용은 "[과기정통부] 12:30~13:20 사이 한반도 인근에 미국 인공위성의 일부 잔해물이 추락할 가능성이 있습니다. 해당시간 외출 시 유의하여 주시기 바랍니다"였다.

3. 우주잔해와 우주 안보 위협

우주 환경 변화, 특히 지구 궤도상에 있는 현재의 그리고 잠재적인 우주잔해는 다양한 방식으로 우주공간뿐만 아니라 지상, 공중에서의 안전에 영향을 미치고 있다. 특히, 이중용도 기술dual-use technology의 특성을 지닌 우주 자산의 지속가능한 운영과 이를 위한 통제는 중요한 안보적 함의를 지니고 있다. 따라서 우주 환경의 변화가 안보에 미치는 영향을 구체적으로 분석할 필요가 있다. 이를 위해 위협 발생 경로와 위협 발생 위치라는 두 가지 기준을 활용하면 다음과 같다. 먼저 안보에 위협을 주는 경로로는 직접적 경로와 간접적 경로로 나누고, 위협 발생 위치는 지구 궤도상에서의 위협과 지표·공중에서의 위협으로 나누면, **표 10-1**과 같은 다양한 위협으로 구분할 수 있다.

1) 직접적 경로

우주잔해가 안보에 미치는 직접적 영향은 크게 궤도상에서 발생할 수 있는 위협과 지표·공중에서 발생할 수 있는 위협으로 나뉠 수 있다. 먼저, 궤도상에서 발생했거나 발생할 수 있는 직접적 안보 위협은 우주잔해가 군사용 위성(정찰, 통신)과 직접 충돌하여 그 기능을 마비시키거나, 군사용 위성이 회피기동을 하도록 강제함으로써 본궤도로 복귀하기까지 원래의 기능을 일시적으로나마 상실케 하는 경우이다. 이는 우주잔해가 위성의 군사적 가치에 직접 영향을 미침으로써 안보를 저해할 수 있다.

특히 지상발사 반위성요격미사일DA-ASAT 실험 등으로 인해 매우 짧은 시간에 다수의 우주잔해가 발생할 경우, 그 잔해는 예측가능하기 어려운 방향으로 매우 빠르게 퍼져나간다. 2000년대 들어서 가장 많은 우주잔해를 발생시켰던 사건 중 첫 번째는 중국의 DA-ASAT 실험이었다. 2007년 1월 약 800km 고도에 있었던 자국의 퇴역한 위성을 대상으로 한 이 실험으로 인해 3000개가 넘는 새

표 10-1 우주잔해가 우주 안보에 미치는 영향의 다양성

구분		위협 발생 경로	
		직접적 경로	간접적 경로
위협 발생 위치	지구 궤도	• 위성 간 충돌(정찰위성, 통신위성) • ISS 충돌 위험(회피기동 사례) • 우주 관광 시 인명, 재산 피해 가능	• 우주잔해 제거 기술(RPOs)로 인한 우주 안보딜레마 악화 • 가짜 우주잔해의 활용 가능성
	지표/공중	• 우주잔해로 인한 글로벌항법위성시스템(GNSS) 및 통신 신호 방해 • 위성의 낙하	• 우주상황인식 어려움(소행성 충돌 위험 식별 등) • 군사위성 적시 발사 방해 • 위성 교체, 보험료 등 부가 비용 발생

로운 잔해가 발생한 것으로 알려졌다. 2019년 인도는 약 300km 고도에 있었던 자국의 위성 중 하나를 파괴하는 ASAT 실험을 성공했고, 2021년 11월 러시아는 약 485km 고도의 퇴역한 자국의 첩보위성인 '코스모스-1408Kosmos-1408'을 ASAT으로 격추했다. 2021년 러시아의 ASAT 실험으로 인해 약 1500개 이상의 우주잔해가 발생한 것으로 알려졌다(김홍범, 2021).

이러한 우주잔해는 지구 궤도상의 안전을 위협하고 있다. 실제로 우주잔해가 위성에 충돌한 최초의 사례는 프랑스의 정찰위성이다. 1986년 폭발했던 아리안 로켓의 잔해가 우주공간을 떠돌다 1996년 프랑스 정찰위성'Cerise'에 달렸던 안테나를 파손시켰던 것이다. 이로 인해 정찰위성 자체의 작동에 중대한 문제가 발생하지는 않았지만, 위성의 자세가 불안정해졌고, 더 큰 피해가 충분히 발생할 수도 있었다. 또한, 2007년 중국의 ASAT 실험 후 약 6년이 지난 2013년 1월 러시아의 나노위성인 'BLITSBall Lens in The Space'가 당시 발생했던 우주잔해와의 충돌로 인해 궤도를 이탈한 것으로 알려졌다(Tate, 2021). 게다가, 매우 작은 우주잔해가 운영 중인 인공위성에 충돌하여 위성의 핵심 기능을 마비시킨다면, 충돌로 인한 파괴 못지않은 효과를 가져온다. 2016년 유럽의 지구관측위성인 '센티널-2Sentinel-2'의 태양 패널에 불과 몇 밀리미터밖에 되지 않는 우주잔해가 충돌하여 약 40cm가량의 구멍을 만들었고, 이로 인해 새로운 우주잔해가 발생했다(Pultarova, 2023). 다행히 핵심 기능에는 이상이 없었지만, 추적하기

힘든 1cm 미만 크기의 우주잔해가 1억 3000만 개 이상 궤도상에 존재하고 계속 증가한다는 사실은 우주잔해의 위협이 상존함을 의미한다. 이러한 사례에서 중요한 점은 우주잔해가 발생했던 원인·시점과 위성과의 충돌 사이의 시간적·물리적 간극이며, 이로 인한 책임성의 문제이다. 앞의 두 사례는 우주잔해의 발생 주체를 어느 정도 식별할 수 있었던 사례인 반면, 마지막 사례는 언제, 어디서, 누구에 의해서 발생한 우주잔해인지를 확인할 수 없었던 사례라는 점에서 상이하다.

우주잔해로 인한 충돌뿐만 아니라 위성 간 충돌 역시 현실화하고 있는데, 가장 중요한 사례는 미국의 현역 통신위성 '이리듐-33Iridium-33'과 러시아의 퇴역한 군사위성 '코스모스-2251Kosmos-2251' 간의 충돌이다. 2009년 2월 10일 발생한 이 사건은 시베리아 상공 약 789km의 고도에서 두 위성이 충돌한 사건으로 10cm 이상의 우주잔해만 해도 약 2000개 이상 발생한 것으로 알려졌다(Weeden, 2010). 이러한 잔해 중 일부는 적어도 100년 정도 지구 궤도에 남아 있을 것으로 예상되었다. 이 사건은 인류가 우주에 첫발을 내디딘 이후 최초로 발생한 두 개의 인공위성이 지구 궤도상에서 충돌한 사건이었다는 점에서 갈수록 복잡해지고 혼잡해지는 우주 환경의 안보적 함의가 매우 중요함을 보여준다.

우주잔해는 위성을 파괴하거나 기능을 마비시킬 뿐만 아니라 우주공간에 거주하거나 방문하는 우주인에 대한 직접적인 위협이 된다. 우주 안보는 대체로 국가안보의 관점에서 우주 자산에 대한 위협을 중심으로 논의되지만, 우주공간에 진출하는 우주인이 증가하면서, 우주 인간안보에 대한 우려 역시 증가하고 있다. 이를 가장 극적으로 보여주는 것은 국제우주정거장ISS에 대한 위협이다. 우주인이 거주하는 ISS는 그 크기로 인해 우주잔해와의 충돌에 취약하다. NASA에 따르면, 1999년부터 2023년 말까지 ISS는 충돌을 방지하기 위해 38번의 회피기동을 수행했으며, 그 빈도는 증가하는 우주잔해와 함께 증가 추세이다. 또한, 최근 기술발전과 가격 하락 등으로 인해 우주관광이 시작되고, 우주

그림 10-2 ISS 충돌 회피기동 횟수

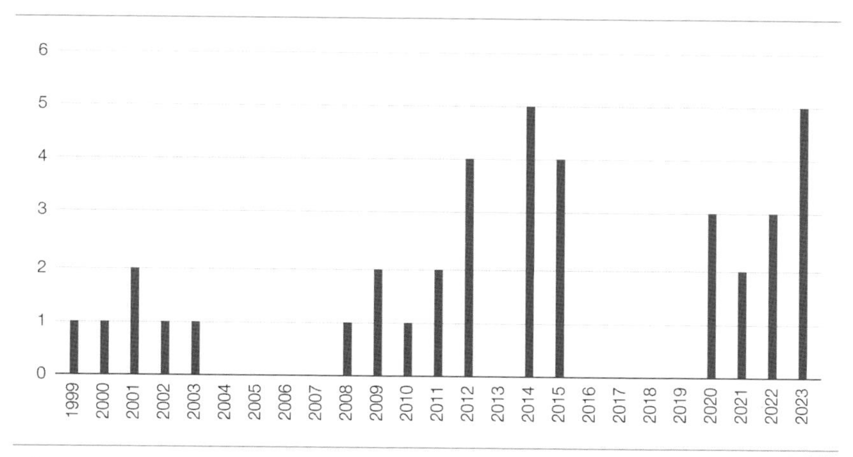

자료: NASA(2024: 2).

관광 시장이 활성화될 것으로 예측됨에 따라, 우주잔해로 인한 인명, 재산상 피해가 증가할 가능성을 배제할 수 없다.

이러한 우주잔해는 지표와 공중의 안전 역시 위협하고 있다. 한 보도에 따르면, 2018년부터 2022년 사이 지상으로 추락한 우주잔해는 250개에서 2461개로 약 10배 증가했다(윤슬, 2023).[4] 2022년 5월 인도 서부 농촌 지역에는 중국이 2021년 발사했던 창정-3B호 로켓 잔해로 추정되는 물체가 다수 추락해서 재산상의 피해를 준 것으로 보도되었다(김봉수, 2022). 또한, 우주잔해는 GNSS와 통신위성의 기능에 부정적 영향을 줌으로써 안보를 위협할 수 있다. 많은 연구는 대다수의 우주잔해가 분포된 지구 저궤도low Earth orbit: LEO 우주 환경에 초점을 두고 있다. 하지만 중궤도 및 경사궤도에 분포한 우주잔해의 경우, GNSS와의 충돌 혹은 GNSS 신호 교란을 통해서 정밀유도무기precision-guided munitions: PGMs

4 구체적으로는 2018년 250개, 2019년 330개, 2020년 422개, 2021년 534개, 2022년 2461개로 점증적으로 증가하다 2022년 급증한 것으로 나타났다.

등 위치기반 서비스를 활용하는 다양한 무기체계와 작전 활동에 부정적 영향을 미칠 수 있다. 물론 의도적이고 우발적인 GNSS 신호 방해에 대비하는 다양한 방식이 운용되고 있지만, 그렇지 못할 가능성도 고려할 필요가 있다. 또한, 군사용 통신위성의 기능에 영향을 미침으로써 지상과 공중에서의 작전을 방해할 수도 있다.

마지막으로, 우주잔해와 충돌한 위성 혹은 수명이 다하거나 통제력을 상실한 위성이 우주잔해가 되어 궤도 위를 떠돌다 지구 중력에 의해 지상에 낙하함으로써 공중과 지표상의 안전을 위협할 수 있다. 실제로 인간의 우주활동이 오래됨에 따라 지금은 운용되지 않는 노후한 많은 위성이 해체되거나 통제력이 상실된 경우가 이미 다수 발생했으며, 방사능 전지를 장착한 위성이 추락한 사례도 있다. 특히 이러한 위성의 낙하 궤도와 추락 지점을 예측하기 어렵다는 점에서 광범위한 지역에서의 군사적·경제적 활동에 영향을 미칠 수 있다.

2) 간접적 경로

우주잔해는 우주 안보에 간접적으로 영향을 미칠 수 있다. 간접적 영향 역시 위협이 발생하는 지리적 공간에 따라 궤도에서의 위협과 지표·공중에서의 위협으로 구분하여 살펴볼 수 있다. 먼저, 우주잔해에 대응하기 위한 노력이 오히려 궤도상에서의 우주 안보를 위협할 수 있다. 최근 우주잔해가 급증하면서 이를 제거하기 위한 우주기술, 즉 랑데부/근접운용rendezvous and proximity operations: RPOs 기술이 발전하고 있다. 로봇팔이나 그물을 이용하는 우주 청소위성으로 대표되는 이러한 기술은 평시에는 우주잔해를 포집·처리하는 데 활용될 수 있지만, 언제든 군사적 용도로 전용될 수 있다. 이렇듯 RPOs 기능을 갖춘 위성이 방어용 무기인지 공격용 무기인지 구분하기가 매우 어렵거나 불가능하다는 점에서 우주잔해를 처리하기 위해 다수의 위성이 궤도상에서 활동하게 되면, 오히려 우주 안보딜레마space security dilemma를 악화시킬 수 있다(정헌주, 2021: 9~40). 따라서 우주잔해로부터 위성을 보호하려는 움직임이 오히려 안보를 저해하는 상황이 충분히 발생할 수 있다.

나아가, 잠재적으로 가능한 시나리오는 "가짜" 우주잔해라는 새로운 우주 무기체계의 등장이다. 즉, 위성을 발사하는 과정에서 발생하는 "자연스러운" 우주잔해 혹은 실패한 위성으로 위장하여, 평상시에는 통제되지 않는 것처럼 보이는 "가짜" 우주잔해가 군사적으로 활용될 수 있다. 이 "가짜" 우주잔해는 무의미하게 궤도를 떠돌다가 필요시 작동되면서 군사적 목적을 달성할 수도 있다. 이러한 점에서 우주잔해는 궤도상에서 간접적으로 우주 안보를 위협할 수 있다.

우주잔해로 인해 발생할 수 있는 간접적 안보 위협은 지표와 공중에서도 가능하다. 먼저 우주잔해가 증가하면서, 지상/해상기반 우주감시체계에 부정적 영향을 미칠 수 있다. 게다가 우주잔해의 증가는 군사위성을 적정 궤도로 적시에 발사하는 것을 방해하고, 위성 교체, 보험료 등 경제적 비용을 상승시킬 수 있다.

4. 우주 환경의 지속가능성 제고를 위한 국제사회의 노력

우주잔해 등으로 인해 우주공간에서의 다양한 활동이 위협받음에 따라 우주 환경의 지속가능성을 제고하기 위해 국제사회는 다양한 노력이 전개되고 있다. 먼저 글로벌 수준에서는 유엔 외기권평화적이용위원회UN COPUOS와 기관간 우주쓰레기조정위원회Inter-Agency Space Debris Coordination Committee: IADC의 노력이 대표적이다.

1957년 스푸트니크 1호 발사 이후 2년 만인 1959년 평화, 안보, 발전 등 인류 전체의 이익을 위해 우주를 탐험하고 활용하는 것을 관리하기 위해 UN의 정식 위원회로 설립된 COPUOS는 UN총회 위원회 중 외기권의 평화적 이용을 위한 국제 협력을 유일하게 다루는 위원회이다.[5] 반면 IADC는 1986년 당시 심각한 우주잔해 문제를 초래했던 아리안 1의 2단 로켓 폭발을 계기로 NASA와 ESA가 주도하고 일본과 러시아의 참여로 우주잔해 문제들 다루기 위해 1993년 설립되었다.[6] IADC는 유엔 산하기구는 아니지만, COPUOS 산하 과학기술소위원회에서 기술 발표를 진행하며 협력적 파트너십을 구축하고 있다.

점증하는 우주잔해 문제에 대한 해결책을 모색하는 과정에서 IADC는 2002년 「우주잔해 경감 가이드라인」을 마련했으며, 이를 토대로 UN COPUOS는 UN 우주조약 등을 고려하여, 2007년 「우주잔해 경감 가이드라인Space Debris Mitigation Guidelines」을 승인했다. UN COPUOS의 「우주잔해 경감 가이드라인」은 총 7개의 가이드라인을 제시하고 있는데, ① 정상운용 중 발생한 쓰레기 제한, ② 운용 단계 중 파열 가능성 최소화, ③ 궤도상 우발적 충돌 가능성 제한, ④ 의도적 파괴와 기타 유해한 활동 회피, ⑤ 임무 종료 후 저장된 에너지로 인한 파열 가능성 최소화, ⑥ 임무 종료 후 저궤도에서 우주비행체와 발사체 상단의 장기적 존속 제한, ⑦ 임무 종료 후 지구정지궤도 우주비행체와 발사체 최상단의 장기적 간섭 제한 등이다. 이 가이드라인은 새롭게 제조되는 우주비행체와 발사체 최상단부의 운용과 이들이 수행하는 임무에 적용하는 것을 목표로 했지만, 국제법상 구속력이 발생하지는 않는다는 한계를 지녔다.

이에 UN COPUOS는 2010년 "우주활동의 장기지속가능성에 관한 워킹그룹Working Group on the Long-term Sustainability of Outer Space Activities"을 조직하여, 우주활동의 장기지속가능성을 위협하는 요소를 식별하고, LTS를 제고하는 방안에 대해 연구하도록 했다. 이 워킹그룹은 2018년에 LTS 가이드라인에 대한 합의에 도달했으며, 2019년 6월 COPUOS에서 21개의 LTS 가이드라인이 공식적으로

5 COPUOS의 회원국은 출범 당시 24개국에 불과했지만, 2023년 말 현재에는 102개국으로 증가했다.

6 IADC는 초기 회원인 미국, 유럽, 일본, 러시아를 비롯하여, 중국, 인도, 독일, 프랑스, 영국, 이탈리아, 캐나다, 우크라이나, 한국 등 총 13개 회원으로 구성된다.

채택되었다. 10여 년에 걸친 국제적 노력과 합의의 결과로 탄생한 LTS 가이드라인은 우주 관련 국제규범에 있어 가장 주목받고 있으며, 중요한 합의 내용을 포함하고 있다(신상우, 2019: 49). 구체적으로, LTS 가이드라인은 총 4개의 분야로 이뤄졌는데, 각 분야는 Ⓐ 우주활동을 위한 정책과 규제 프레임워크, Ⓑ 우주운용의 안전, Ⓒ 국제 협력, 역량강화 및 인식제고, Ⓓ 과학기술 R&D 등이다. 개별 분야에는 세부적인 가이드라인이 제시되었다.

UN COPOUS의 LTS 가이드라인이 합의되었음에도 불구하고, 가이드라인이 지속가능한 우주 환경을 만드는 데 효과적일지는 미지수이다.[7] 먼저, LTS 가이드라인은 지난 수십 년 동안 다양한 행위자들에 의한 노력의 성과임에도 불구하고, 유엔총회의 합의에는 이르지 못했다. 또한, 법적 구속력이 없고 자발적 노력을 촉구하는 가이드라인이라는 점에서 우주활동국들이 국내에서 어떻게, 어느 정도로 이행할 것인가라는 문제가 남아 있다. 나아가, 우주진출국은 물론이거니와 신흥국의 우주개발에 있어서 추가적인 비용이 발생할 수밖에 없는 LTS 가이드라인 준수를 어떻게 설득하고, 모니터링할 것인가 역시 중요한 문제이다. 이 외에도 타국의 우주물체 접근 방지, 궤도상의 PROs, 지상시설에 대한 안전 조치, 우주교통관제 등은 후속 논의가 필요한 민감한 주제이다(신상우, 2019: 335).

UN COPUOS와 IADC 외에도 국제표준화기구International Standardization Organization: ISO는 우주잔해 경감을 위한 기술적 요구 조건을 제시했다. 2023년 6월 세계경제포럼World Economic Forum: WEF은 ESA와 협력하여, "우주산업 잔해 경감 권고사항Space Industry Debris Mitigation Recommendations"을 발표했는데, 여기에는 ① 임무 후 폐기post-mission disposal: PMD, ② 충돌 회피, 기동 및 추진, ③ 자료 공유와 궤도상 교통관제, ④ 재정적 조치, ⑤ 환경, ⑥ 정부의 책무 등이 포함되었으며,

7 LTS 가이드라인 준수와 관련된 문제를 논의하기 위해 5년 임기의 후속 LTS 워킹그룹(LTS 2.0)이 출범했다(Martinez, 2021: 106).

표 10-2 UN COPUOS LTS 가이드라인

4대 항목	21가지 세부 가이드라인
A. 우주활동을 위한 정책과 규제 프레임워크	A1. 지속가능한 우주활동을 위한 국내 정책을 만들고 수정한다.
	A2. 지속가능한 우주활동을 위한 국내 정책을 만들고 수정할 경우, 국제사회에서 논의한 여러 가지 안전 요소를 고려한다.
	A3. 정부는 국내 우주활동을 관장한다.
	A4. 모든 나라가 위성 무선주파수 스펙트럼 및 다양한 궤도를 공평하고 합리적이며 효율적으로 사용하도록 보장한다.
	A5. 우주물체의 등록을 보다 강화한다.
B. 우주운용의 안전	B1. 우주물체와 궤도 관련 사항에 관한 정보를 공유한다.
	B2. 우주물체 궤도 데이터의 정밀도를 높이고, 정보를 공유한다.
	B3. 우주잔해 감시정보를 수집하고 공유한다.
	B4. 비행 중 우주물체의 충돌평가를 수행한다.
	B5. 우주물체의 발사 전에 충돌평가를 수행한다.
	B6. 우주전파 데이터와 예보 정보를 공유한다.
	B7. 우주전파 모델 및 예측 방법을 개발하고, 영향을 줄이기 위해 수행된 기존 방법들을 수집한다.
	B8. 우주물체를 설계하거나 운용할 때, 지속가능 관련 기술적 요소를 반영한다.
	B9. 우주물체가 제어되지 않는 상태로 재진입할 경우 관련 위험 조치를 수행한다.
	B10. 우주를 통과하는 레이저빔을 사용할 때 주의사항을 준수한다.
C. 국제 협력, 역량강화 및 인식 제고	C1. 지속가능성을 촉진하기 위한 국제 협력을 장려한다.
	C2. 지속가능성을 위한 경험을 공유하고, 정보교환을 위한 새로운 절차를 마련한다.
	C3. 신흥국이 지속가능한 우주활동을 할 수 있도록 지원한다.
	C4. 우주활동의 지속가능성에 대한 인식을 높이도록 지원한다.
D. 과학기술 R&D	D1. 지속가능한 탐사와 이용을 지원하는 연구와 기술개발을 장려하고 지원한다.
	D2. 장기적으로 우주잔해를 관리하기 위한 새로운 조치들을 연구한다.

자료: 과학기술정보통신부·한국항공우주연구원(2020).

에어버스AIRBUS, 원웹OneWeb 등 총 27개 우주기업이 서명했다(World Economic Forum, 2023).

물론 이러한 국제사회의 노력에 조응하여 국내적 노력이 전개되고 있는 것

역시 사실이다. 미국, 프랑스, 독일, 일본, 캐나다, 호주, 이탈리아 등은 자국의 우주활동을 수행함에 있어서 IADC와 UN COPUOS에서 제안한 우주잔해 경감 가이드라인을 채택하고 있다. 특히 미국의 경우, 2022년 12월 "궤도의 지속가능성 법Orbital Sustainability Act, ORBITS"이 상원을 통과했으며, 우주 환경의 안전 제고함를 통해 지속가능한 경제적·군사적 가치 창출에 노력하고 있다. 개별 기업들 역시 지속가능한 우주활동을 위해 새로운 위성제작 방법 등을 도입하고 있다(이정호, 2023). 더욱 중요한 움직임은 DA-ASAT 실험 금지에 대해 무엇보다 EU의 27개 회원국 모두 DA-ASAT 실험을 하지 않을 것을 천명했다(박시수, 2023a).

5. 우주 환경 안보의 국제정치: 국제정치학적 접근과 대안적 설명

빠르게 증가하는 우주잔해 문제를 해결하고 우주활동의 지속가능성을 제고하려는 국제사회와 국가적 노력에도 불구하고 문제 해결의 전망은 밝지 않다. 그렇다면, 안전하고 평화로우며 장기적으로 지속가능한 우주 환경이라는 공통된 이익의 존재에도 불구하고, 왜 우주 환경 안보를 위한 글로벌 협력의 수준은 여전히 낮은가? 이러한 질문에 대한 해답을 모색하기 위해서는 기존의 이론적 접근법에 기반을 둔 설명뿐만 아니라 최근 우주활동의 특성을 고려한 설명으로 보완함으로써 보다 현실적인 해답에 접근할 수 있다. 먼저 국제정치학에서 발전된 주요 접근법을 활용하여 이러한 현상을 설명하면 다음과 같다.

첫째, 우주 환경의 지속가능성을 제고하고 이를 통해 우주 안보를 강화하는데 어려움이 발생하는 이유는 행위자들 간의 활동을 조정하고 규제할 수 있는 능력과 정당성legitimacy을 가지고 있는 상위 권위체의 부재, 즉 국제관계의 가장 중요한 특징인 아나키anarchy라는 근본적인 조건을 통해서 설명할 수 있다. 이러한 설명에 따르면, 누구나 접근할 수 있는 우주공간의 특성과 개별 행위자의 우주활동에 대해 구속력·강제력이 있는 세계 정부가 부재하고 상대방의 의도가 불확실한 상황에서 다양한 이해관계자, 특히 우주강국들은 자국의 이익을 극대화하기 위해 경쟁하고 있으며(Waltz, 2001: 3), 그러한 경쟁 과정에서 우주 환경의 지속가능성을 위한 국제사회의 노력은 항상 부차적인 과제로 취급될 뿐이다. 따라서 비록 안전하고 지속가능한 우주 환경을 만들기 위한 공동의 이해가 존재한다고 하더라도, 불확실한 미래의 이익보다 현재의 비용을 고민하는 행위자들은 협력을 꺼려할 것이라는 것이다.

우주에서의 행위자 간 갈등의 높은 가능성과 협력의 어려움을 강조하는 이러한 설명은 국제관계이론 중 현실주의적realist 입장과 일맥상통한다. 즉, 지상에서의 협력의 어려움을 설명하는 논리가 우주에서의 협력의 어려움 역시 설명할 수 있다는 것이다(Sheehan, 2007; Moltz, 2019; Klein, 2019; Bowen, 2022). 최근 다양한 행위자가 우주경쟁에 뛰어들면서 지구 궤도상의 우주물체가 빠르게 증가하는 과정에서 효과적 조정의 부재는 이러한 점을 잘 반영한다. 특히, 갈수록 활발해지는 특정 궤도에서의 우주활동으로 인해서 제로섬적 관계가 형성되면서 절대적 이익absolute gains보다는 상대적 이익relative gains을 고려하는 우주 행위자 사이의 협력은 더욱 어려워질 것이라는 현실주의적 전망이 가능하다(Grieco, 1988: 485~507). 미국에 대해 우주안보를 제고하려고 대내외적으로 균형을 맞추는 러시아의 행위balancing에 대한 설명은 이러한 현실주의적 설명이 유용함을 잘 보여준다(Schreiber, 2022: 151~174).

하지만 국제정치의 무정부성과 이로 인한 결과를 강조하는 현실주의적 접근은 변화하는 현실을 설명하는 데 한계가 있다. 즉, 우주잔해 문제가 모든 우주 행위자의 이익을 위협할 가능성이 점차 높아지면서 UN 차원에서 LTS 가이드라인이 논의되고, 제한적이지만 국제 협력이 진행되고 우주진출국들이 LTS 가이드라인을 자발적으로 지키려고 하는지에 대한 적절한 설명을 제시하지 못한다. 특히, 미국과 EU 모든 회원국, 영국, 호주, 캐나다, 일본, 한국 등이 ASAT 미사일 발사 능력을 보유하고 있거나 그러한 잠재력이 있음에도 불구하고, 스스로의 행동에 족쇄를 채우는 ASAT 실험 금지를 자발적으로 선언했는지를 설명하는 데 현실주의적 설명은 한계적이다(박시수, 2023b). 물론 미국의 경우, 냉전 시기부터 여러 차례에 걸쳐 ASAT 미사일 실험을 수행하여 ASAT 역량을 충분히 보유했다는 점에서 이러한 선언은 무의미하다고 반론을 제기할 수 있다. 그럼에도 불구하고, 빠르게 발전하는 우주기술과 점증하는 우주경쟁을 고려했을 때, 현실주의적 관점에서는 미국이 이러한 선언을 한 이유를 충분히 설명하기 어렵다. 또한, 여전히 우주공간에서의 핵무기 등 대량살상무기 배치를 금지하는 규범이 존재하고 현재까지 우주강국의 행동을 효과적으로 규제하고 있다는 점 역시 현실주의적 설명으로 우주활동의 모든 측면을 설명하기 어렵다.[8] 마지막으로, 현실주의적 접근은 주로 국가행위자, 특히 우주강국을 중심으로 우주 협력과 갈등을 설명하는 국가 중심적state-centric 설명으로서 다양한 민간행위자의 우주활동이 우주안전과 안보에 영향을 고려하기 어렵다는 점에서도 제한적이다.

둘째, 우주 환경 안보의 어려움에도 불구하고, 우주 환경의 지속가능성을 위한 협력이 여전히 가능함을 강조하는 입장 역시 존재한다. 즉, 국제관계의 무정부성에도 불구하고 공동의 이해가 존재하고, 행위자들의 보상구조payoff structure를 바꿔줄 수 있는 국제제도가 행위자들의 행동 변화를 야기할 것이라는 주장이다. 국제정치를 설명하는 자유주의적liberal 접근법 중 제도를 강조하는 이론은 국제정치의 무정부성에도 불구하고, 제도적 효과가 배반과 속임cheating을 방지하고, 협력을 가능하게 만들어준다고 주장한다(Keohane, 1984). 즉, 우주공간에서의 협력이 어려움에도 불구하고 UN COPUOS와 IADC 등 국

8 2022년 2월 러시아-우크라이나 전쟁 이후 미국을 비롯한 유럽 국가들은 러시아와의 우주 협력을 중단하기로 결정했으며, 러시아 역시 국제우주정거장을 오가는 유인우주선 자리를 공유하는 협력을 중단할 것을 공언했지만, 2024년 3월 현재 국제우주정거장과 관련하여 2025년까지 협력하기로 합의했다는 점 역시 특정한 이론적 접근으로는 설명이 어렵다(박시수, 2023c).

제기구는 행위자들 간 상호작용의 시간적 지평time horizon을 확대함으로써 반복 게임을 통해 유인 구조를 바꿔 공동의 이익을 위한 협력이 가능하다는 것이다. 또한, 국제우주정거장과 관련된 국제 협력의 사례처럼 한 국가가 독자적으로 활동하기보다는 협력을 통해서 비용과 리스크를 감소할 경향이 큰 우주활동의 특성을 고려했을 때, 행위자 간 상호 의존의 증대로 인해 갈등의 비용이 증가함으로써 지속가능한 협력이 가능하다는 주장 역시 이러한 맥락이다.

특히 국가뿐만 아니라 민간 기업, 대학·연구소 등 비국가행위자가 주요 우주행위자로 부상하고 있는 뉴스페이스 시대가 도래함에 따라 경제적·상업적 가치를 추구하는 새로운 우주행위자들이 갈등보다는 협력을 추구하는 강력한 유인을 형성할 것이라는 자유주의적 접근의 설명력이 높아진다는 것이다 (Cobb, 2021). 또한, LTS 가이드라인이 만들어지고, 많은 국가가 자국의 우주활동을 수행함에 있어서 LTS 가이드라인을 준수하기 위해 자발적으로 노력하고 있다는 현상을 설명하는 데 적합하다(표 10-3 참조). 유사한 맥락에서 2022년 12월 UN 총회에 ASAT 중단 결의안이 상정되었을 때, 155개 국가가 이를 지지했다는 점 또한 우주 환경과 안전, 안보를 위한 협력이 가능함을 보여준다는 것이다.

하지만, LTS 가이드라인 국내 이행이나 UN 총회에서 ASAT 중단 결의안 지지 등이 구속력이 없는 지침이나 결의안이라는 점에서 이러한 자유주의적 설명이 현실주의적 설명에 비해 현실을 더 잘 설명한다고 주장하기는 어렵다. 또한, ASAT 실험 중단을 가장 먼저 선언한 미국(2022년 4월)이 가장 많은 인공위성을 띄우고 있다는 점은 우주활동의 장기지속가능성을 위한 국제적 언약과 실제 행동이 항상 일치하지 않음을 보여준다. 더욱 중요한 점은 많은 비국가행위자가 우주활동을 하고 있지만, 이들이 반드시 국제 협력과 평화를 선호하지 않을 수도 있다는 것이다. 우주공간에서의 국가 간 경쟁, 특히 미중 전략경쟁이 심화함에 따라 다수의 비국가행위자는 순수한 민간행위자라기보다는 국가의 우주활동을 대신하거나 보조하는 역할을 수행하고 있다. 민군 겸용 기술의

표 10-3 LTS 가이드라인과 국가별 이행 노력

국가	LST 국내 이행 노력
미국	궤도 폐기물 제한 NASA 처리 절차 요건 및 궤도 폐기물 제한 NASA 절차 수립
프랑스	우주운용법 및 기술표준명령으로 상세한 규정 운영
호주	위성 이용 정책과 해외발사 자격 신청자 가이드라인 등으로 UN 가이드라인 준수 명시
독일	DLR 우주 프로젝트를 위한 제품 품질보장과 안전 요건(UN/IADC 가이드라인과 일치)
일본	JAXA 관리요건(UN 가이드라인과 일치)
이탈리아	우주폐기물 경감 유럽 행동규범
오스트리아	우주법에서 규정
캐나다	우주청(CSA)의 모든 활동에 IADC 가이드라인 적용

자료: 각 국가별 우주기관 홈페이지를 참조하여 저자 재구성.

특징을 지닌 우주기술을 활용하는 민간 기업들이 평화로운 우주활동을 통해 순수하게 상업적 가치만을 추구하기보다는 우주공간에서의 경쟁과 갈등을 통해서 이익을 획득할 가능성 역시 높다.[9] 이러한 점에서 비국가행위자의 증가가 우주공간에서의 평화적 공존을 가져온다는 논리는 설득력이 높지 않다.

셋째, 구성주의적constructivist 접근은 다양한 우주행위자들 사이의 상호 이해와 공동의 정체성 형성을 통해서 우주 환경 안보를 위한 국제 협력을 설명한다. 이러한 점에서 우주공간을 어떻게 인식하는가는 다양한 우주행위자들 사이의 협력과 갈등을 설명하는 매우 중요한 요인이다. 예를 들면, 우주공간을 글로벌 공유재global commons로 인식하는 행위자와 공유자원common pool resource으로 인식하는 행위자의 우주활동은 서로 다를 수 있다는 것이다. 글로벌 공유재로 우주공간을 인식하는 우주행위자는 안전하고 평화로운 우주 환경을 공동

9 2022년 발발한 러시아-우크라이나 전쟁 초기부터 스페이스X(SpaceX)의 우주인터넷인 스타링크(Starlink) 서비스가 우크라이나군의 전쟁 수행에 중요한 역할을 수행했다는 점과 스페이스X가 군사안보용 스타링크인 스타실드(Starshield) 서비스를 개시했다는 점은 이러한 복잡한 동학을 잘 보여준다. 이는 우주활동을 수행하는 다수의 민간 기업이 결국 민간군사기업(private military company: PMC)과 유사하다는 주장으로 이어질 수 있다.

표 10-4 미국의 우주정책지침(2017~2021)

우주정책지침	연도	주요 내용
SPD-1	2017	미국의 인간 우주탐사 프로그램 활성화
SPD-2	2018	우주공간의 상업적 이용에 관한 규제 완화 및 경제성장 촉진, 국가안보 및 외교 정책 발전
SPD-3	2018	국가 우주교통관리(STM) 및 우선순위 설정, 민간 우주산업 장려
SPD-4	2019	미국 우주군 창설 및 입법 제안
SPD-5	2020	사이버 위협으로부터 우주 자산 및 인프라 보호, 우주산업 육성
SPD-6	2020	과학탐사, 국가안보 및 상업적 목적을 위한 우주 원자력 발전 및 추진 시스템 개발과 사용
SPD-7	2021	국가 및 국토안보, 민간, 상업 및 과학 목적을 위한 GPS 보안, 위성항법 시스템 관리

의 가치로 인식하고 우주잔해 경감 및 제거 노력을 당연시하고 이를 위해 적극적으로 노력할 가능성이 높다. 반면, 우주를 공유자원으로 인식하는 우주행위자는 지구 궤도와 주파수 등 우주를 경합적인 자원으로 인식하고 이를 선점하기 위해서 노력할 가능성이 높으며, 이러한 과정에서 우주 환경에 대한 고려는 상대적으로 미흡할 수 있다. 이러한 점에서 아나키의 다양성을 주장하는 구성주의적 접근은 현재 우주공간에서의 구조적 특징을 협력이 가능한 로크적 아나키Lockean anarchy나 지속가능한 평화적 상태인 칸트적 아나키Kantian anarchy가 아닌 경쟁과 갈등이 보편적인 홉스적 아나키Hobbesian anarchy라고 보고 치열한 우주경쟁을 예상할 것이다(Wendt, 1992: 391~425).

미국의 사례는 이러한 인식의 차이와 우주활동의 관계를 잘 보여준다. 오바마 행정부는 2010년 공개한 「국가안보전략National Security Strategy」에서 우주를 바다, 공기와 함께 글로벌 공유재로 지칭했다(White House, 2010: 49). 반면, 트럼프 행정부는 행정명령을 통해서 "미국은 외기권을 글로벌 공유재로 보지 않는다the United States does not view it[outer space] as a global commons"는 인식을 명확히 했다(White House, 2020). 트럼프 행정부는 우주정책지침Space Policy Directives: SPDs을 통해서 국익을 위해 우주를 활용하려는 의도를 명확히 보였다. 특히, 2019

년 미 우주군 창설은 우주공간을 군사적 영역, 군사적 이익이 경합하는 공간으로 인식하고, 우주 환경 역시 그러한 관점에서 접근하고 있음을 알 수 있다.

이러한 구성주의적 설명은 우주 환경을 위한 협력의 부재와 가능성에 대한 명확한 해답을 제시하지 못한다. 즉, 현재 악화하는 우주잔해 문제와 이를 해결하기 위한 협력의 부재가 우주잔해의 심각성에 대해 간주관적으로inter-subjectively 공유된 인식과 정체성의 부재인지 아니면 다른 변수로 인한 것인지에 대해서 설득력 있는 해답을 찾기보다는 이렇게 공유된 인식이 어떻게 확산되고 공고화되는지에 초점을 둔다. 또한, 우주와 관련된 다양한 국제기구에서 규범주창자norm entrepreneur의 역할로 인해 LTS를 둘러싼 규범의 확산과 공고화를 상세히 설명할 수는 있지만, 실제로 이러한 규범이 내재화되어 실제 국가 정책에 반영되는 것이 정체성의 변화 때문인지, 아니면 행위자의 이익 추구 행위의 결과인지에 대한 설득력 있는 설명을 제시하는 데는 제한적이다.

앞서 설명한 국제관계에 대한 다양한 접근은 그 나름의 장점을 지니고 있다. 현실주의적·자유주의적·구성주의적 접근은 각각 특정 상황에서 지속가능한 우주 환경과 안보를 위한 우주행위자들의 행동을 잘 설명할 수는 있지만, 이들의 전략적 상호작용과 그 집합적 결과를 종합적으로 설명하기에는 한계가 있다(Page, 2023: 1~13). 즉, 여전히 국가 중심적인 관점으로 우주경쟁에 집중하는 현실주의나 민간행위자의 등장으로 인한 뉴스페이스 시대 우주 협력의 가능성에 낙관적인 자유주의적 접근은 다양한 우주행위자의 특성과 행동패턴에 대한 적절한 설명을 제시하지 못하며, 구성주의적 접근 역시 빠르게 변화하는 우주공간에서의 행위자성을 제대로 반영하지 못한다.

이러한 점에서 우주 환경, 특히 지구 궤도상에서 현재 벌어지고 있는 현상을 살펴보기 위해서는 국제관계의 무정부성이라는 조건에서 자신의 이익을 극대화하려는 다양한 우주행위자들의 이해관계가 중첩되면서 발생하는 현상으로서 갈등과 협력을 바라볼 필요가 있다. 특히 경제적 비용을 줄이고 선점효과를 노리는 민간행위자의 노력과 우주경제를 위해 규제보다는 육성을 목표로 하는 국가행위자, 그리고 국제기구의 제한된 역할이라는 다층적인 접근을 통해서 보다 종합적인 설명이 가능하다. 즉, 이러한 설명은 우주 환경이라는 거시 현상의 미시적 기초micro-foundation of macro-phenomenon를 찾기 위한 노력의 일환이다.

먼저 행위자 및 이들의 정체성과 행동패턴의 안정성에 기반을 둔 기존의 접근법이 한계적인 이유는 우주 환경과 우주안보에 영향을 미치는 행위자가 매우 다양해졌으며 급격하게 증가하고 있다는 점이다. 1980년까지 7개(소련, 미국, 프랑스, 일본, 중국, 영국, 인도)에 불과했던 우주진출국이 2022년 말에는 80개국 이상으로 증가했다. 또한, 뉴스페이스 시대 다수의 민간행위자 — 민간 기업, 대학, 연구소 등 — 가 우주공간에 진출하고 있으며, 아직까지 우주공간에 진출하지 못한 개발도상국들 역시 우주강국으로 인해 악화된 우주 환경에 대해 점차 큰 목소리를 내기 시작했다. 이러한 점에서 상이한 목적과 역량을 지닌 다양한 우주행위자의 등장은 우주 환경을 위한 글로벌 협력을 더욱 복잡하게 만들고 있다.

여기에서 중요한 점은 특정 궤도에서의 우주 안전과 안보가 급격하게 위협받고 있다는 것이다. 낮은 발사 비용, 초연결성에 유리한 낮은 지연율latency rate, 빅데이터·인공지능 기술을 기반으로 한 저해상도 위성영상 활용도 제고 등으로 인해 저궤도(약 200~2000km), 특히 500km에서 600km 사이의 궤도에서 우주물체는 매우 빠르게 증가하고 있다(그림 10-3 참조). 예를 들면, 러시아-우크라이나 전쟁에서 각광받는 스페이스XSpaceX의 스타링크 서비스와 같은 저궤도 통신위성군을 활용한 우주 인터넷의 장점은 다수의 위성을 배치함으로써 소수의 위성에 문제가 발생하더라도 전체 시스템의 안정성과 서비스 제공에는 문제가 없다는 것이다. 하지만 우주잔해, 태양풍 등으로 인해 발생할 수 있는 문제에 대응하고 서비스의 안정성과 신뢰성을 높이기 위해서 궤도상에 적정 수준 이상의 위성이 발사된다면 오히려 우주 환경을 더욱 악화시킬 수 있다. 즉, 가외성redundancy과 회복탄력성resilience을 제고하려는 노력이 우주물체 간 충돌

그림 10-3 고도 10km마다 등록된 물체 수

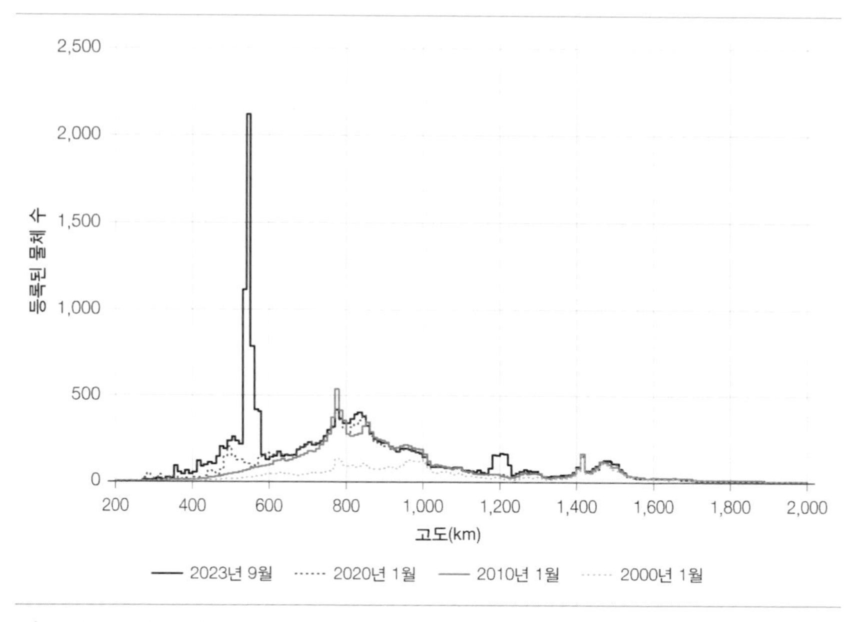

자료: NASA(2023b: 11).

위험을 증가시켜 케슬러 현상의 가능성을 높일 수 있다.

저궤도의 중요성이 커지고, 이 공간을 선점하기 위한 다양한 행위자, 특히 민간행위자의 경쟁으로 인해 우주 환경과 안보가 악화되는 현상은 우주물체의 양적 증가만으로 설명되지 않는다. 보다 중요한 변화는 민간행위자가 우주활동의 주요 행위자로 등장하면서 경제적 비용 감소가 핵심 고려사항이 되었다는 점이다. 국가 주도의 올드스페이스 시기 높은 발사 비용과 위험회피적risk-averse 조직 문화 등으로 인해 척박한 우주에서 신뢰성이 매우 높은 우주용space grade 소재와 부품 사용이 선호되었고, 발사체와 위성 개발·제작·유지를 위해 막대한 공적자금이 사용되었다. 즉, 위성을 개발·제작·운용함에 있어서 원하는 기능을 지정된 기간 유지하기 위해서 높은 비용을 감내했던 것이다. 하

지만 뉴스페이스 시대 민간행위자는 굳이 높은 등급의 우주용 소재와 부품을 사용하는 것보다는 낮은 등급 혹은 일반상업용 소재와 부품을 사용해서 비용을 줄이는 것이 성능이나 운용 기간보다는 중요한 고려사항이 되었다.

또한, 다수의 위성을 제작해서 운용함으로써 경제적 가치를 창출하려는 민간 기업의 입장에서 어느 정도의 위험추구risk-taking를 통해 시장을 선점하는 것이 장기적 관점에서 이익이 된다면, 제작 기간이 오래 걸리는 고비용의 고성능 발사체·위성보다는 변화하는 기술적 환경을 고려하여 빠르게 제작할 수 있는 저비용, 적정 성능의 발사체·위성이 더욱 매력적이다. 이는 위성 제작 시, 저가의 소재·부품을 사용하는 것뿐만 아니라 회피기동을 할 수 있는 추력기를 탑재하지 않는 결정으로 이어지기도 한다(YTN, 2015). 즉, 과거 고비용·고성능의 발사체·위성이 반드시 보호해야 할 매우 중요한 국가 우주 자산이었다면, 뉴스페이스 시기 저비용·적정 성능의 발사체와 위성은 소모용expendable이 된 것이다.

나아가, 대학과 연구소 등 민간행위자는 민간 기업에 비해 더 적은 비용으로 위성을 제작하고 있다. 특히, 연구실험용 발사체와 위성은 검증되지 않은 기술과 소재·부품을 활용할 가능성이 높다. 나아가 정부와 민간 기업으로부터 재정적·기술적 지원을 받기 위해 혁신적인, 그러나 검증되지 않은 기술·소재·부품 등을 선보여야 하는 대학과 연구기관의 우주활동은 우주 환경, 특히 저궤도에서의 우주 환경을 악화시킬 수 있다. 우주활동의 장기지속가능성LTS을 제고하기 위한 가이드라인을 준수하는 데 드는 비용과 기술을 고려했을 때, 이러한 민간행위자와 개발도상국 등 신흥우주국이 LTS 가이드라인을 준수할 가능성은 높지 않다. 결국, 특정 궤도에서 다수의 저비용·적정 성능의 위성은 운용 기간이 짧을 뿐만 아니라 가혹한 우주 환경에 더욱 취약하여, 우주잔해화됨으로써 우주 안전과 안보를 위협할 수 있다.

저비용으로 적정 성능을 발휘하는 발사체와 위성을 최적 규모보다 더 많이, 더 빨리 제작·운용함으로써 우주 환경은 빠르게 악화되고 있지만, 이러한 민간

행위자의 우주활동을 규제·관리할 수 있는 국가행위자는 오히려 이러한 움직임을 강화시키고 있다. 즉, 다른 국가와의 치열한 우주경쟁에서 우위를 차지하기 위해서 이러한 민간행위자의 적극적 우주활동이 장려되는 것이다. 이는 자국 기업의 우주 자산이 다양한 경제적·공적 가치를 창출할 뿐만 아니라 언제든지 이러한 자산이 군사안보적 목적으로 활용될 수 있다는 점에서 규제보다는 육성을 위한 정책이 우선시되고 있음을 보여준다.

국제기구 역시 우주 환경과 안보를 위한 역할이 제한적일 가능성이 크다. UN COPUOS가 법적 강제력이 없는 LTS 가이드라인에 합의하기까지 거의 10여 년의 시간이 걸렸다는 사실은 합의consensus에 기반을 둔 국제기구의 난점을 잘 보여준다. LTS 국내 이행을 누가 모니터링하고 비용을 부담할 것인가라는 문제 역시 해결이 쉽지 않다. 특히, 많은 개발도상국이 현재 우주활동국은 아니지만, 진출할 가능성이 높은 국가라는 점에서 우주강국에 의해서 주도된 기존의 국제규범을 준수할 가능성이 높지 않다. 기술적 측면에서도 우주개발 초기 단계에서는 궤도상 우주잔해가 될 가능성이 높은 우주물체들이 발사될 것이며, 이는 이중용도 기술의 특성상 우주강국의 우수한 우주기술이 개발도상국으로 이전되기 어렵다는 점을 고려한다면 더욱 그러하다.

정리하자면, 안전하고 평화로우며 장기적으로 지속가능한 우주가 가져다주는 공통의 이익에도 불구하고 최근 우주 환경이 악화되고 안전과 안보를 위협하는 현상의 원인을 찾기 위해서는 다층적 접근이 필요하다. 국제관계를 설명하기 위한 기존의 접근법은 그 유용성에도 불구하고 한계가 있다. 이러한 한계를 보완하기 위해서는 뉴스페이스 시기 비용 절감 유인, 위험추구적 성향이 강한 민간행위자, 우주강국과 개발도상국의 우주활동 육성 유인, 국제기구의 제한된 역할 등이 상호 작용하면서 현재의 우주 환경을 끊임없이 (재)구성하고 있다.

6. 결론

광활한 우주공간에서 인류의 활동은 지극히 미미하지만, 2024년 현재 인류에게 중요한 달과 지구 사이의 우주 환경은 급격하게 변화하고 있다. 이미 매우 가혹한 우주 환경이 더욱 악화되고 있다는 우려, 즉 우주공간에서 인간의 억제되지 않는 개별적 수준의 합리적 행동이 집합적 수준에서 파괴적 결과를 가져올 수 있다는 우려가 현실로 다가오고 있다. 안전하고 평화로운 우주 환경을 위한 공동의 관심과 이해에도 불구하고, 글로벌 협력은 쉽지 않다. 이 연구는 이를 설명하기 위해 기존의 국제관계이론에서 활용되는 다양한 접근법의 장단점을 비교·분석하고, 이를 보완하기 위해 다양한 행위자, 특히 민간행위자의 유인 구조와 역량 등을 살펴보았다. 결국 현재의 우주 환경을 구성하는 것은 다양한 행위자의 상호작용 결과이며, 뉴스페이스 시대 우주 환경 안보를 제고하는 것은 매우 어렵다는 점을 확인했다.

이러한 우주 환경과 안보에 대한 우려에도 불구하고, 협력의 가능성은 여전히 존재한다. 우주잔해 문제가 심각해지고, 우주 안보를 위협할수록 협소한 국익 추구의 수단으로서가 아닌 인류 공동의 문제를 해결하는 수단으로서 우주공간을 바라볼 여지가 커질 가능성을 배제할 수는 없다. 특히, 우주공간에서의 파국적인 사건의 가능성이 높아질수록 협력의 필요성은 더욱 커질 것이다. 또한, 앞으로 우주공간으로 진출할 것으로 예상되는 개발도상국들과 다양한 민간행위자들은 기존의 우주행위자들이 만들어놓은 우주 환경에 대해 문제시하고 정당한 몫을 요구할 가능성이 있다. 이러한 맥락에서 우주강국들은 신흥우주국과의 공동의 가치를 창출하기 위해 노력하지 않을 수 없다. 그럼에도 불구하고, 예측가능한 미래에 이러한 글로벌 협력은 미국과 중국을 중심으로 한 유사 입장국like-minded countries끼리의 강화된 협력과 병존할 가능성이 크다. 이미 미국과 중국은 자국을 중심으로 한 다자협력체를 강화하고 있으며, 앞으로 다가올 우주 및 달에서의 경쟁을 대비하고 있다. 즉, 우주강국과 신흥 및 잠재적 우주진출국, 미국과 중국을 중심으로 다자협력체, 국가행위자와 민간행위자 등 다양한 행위자들 간의 협력과 경쟁이 복잡하게 전개될 것이다.

한국은 2045년 "우주경제 글로벌 강국 실현"이라는 비전을 제시하고, 이를 위해 우주탐사, 우주수송, 우주산업, 우주안보, 우주과학 등의 5개 분야에서 비전을 달성하기 위한 임무를 식별하고, 이를 달성하기 위해 노력하고 있다. 중요한 점은 이러한 비전을 달성하기 위해서는 무엇보다 안전하고, 평화로우며, 지속가능한 우주 환경이 전제되어야 한다는 것이다. 이를 위해 한국은 독자적 노력뿐만 아니라 다른 우주강국과의 협력을 강화해야 한다. 그뿐만 아니라, 아직 우주에 진출하지 못한 개발도상국들과의 협력을 통해서 우주 환경을 위한 공동의 인식을 확장하고, 향후 전개될 다양한 우주활동에서 우호적인 세력을 확보할 필요가 있다. 이를 위해서 개발도상국에 대한 공적개발원조 official development assistance: ODA, 즉 우주ODA 등을 활용할 필요가 있다. 결국, 우주공간에서의 제로섬zero-sum적 경쟁을 지양하고 공존과 상생이 가능한 공간으로 만들기 위해서는 역량과 의도가 상이한 다양한 행위자의 이해를 조정하고 공동의 가치를 추구하는 "다층적 거버넌스 구축"을 위한 우주외교space diplomacy 역량이 강화될 필요가 있다.

---

1. 단행본

Bowen, Bleddyn. 2022. *War in Space: Strategy, Spacepower, Geopolitics*. Edinburgh: Edinburgh University Press.

Cobb, Wendy. 2021. *Privatizing Peace: How Commerce Can Reduce Conflict in Space*. Abingdon: Routhledge.

Keohane, Robert. 1984. *After Hegemony: Cooperation and Discord in the World Political Economy*. New Jersey: Princeton University Press.

Klein, John. 2019. *Understanding Space Strategy: The Art of War in Space*. New York: Routledge.

Mearsheimer, John. 2001. *The Tragedy of Great Power Politics*. New York: Norton, p.3.

Moltz, James. 2019. *The Politics of Space Security: Strategic Restraints and the Pursuit of National Interests*. California: Stanford University Press.

Sheehan, Michael. 2007. *International Politics of Space*. New York: Routledge.

Waltz, Kenneth. 1979. *Theory of International Politics*. MA: Addison-Wesley Publishing Company, pp.111~114.

2. 논문

김해동. 2020.「우주쓰레기 경감 가이드라인 동향 및 향후 전망」. ≪한국항공우주학회지≫, 48(4), 311~321쪽.

문성록·최충현·한민규. 2023.「우주 쓰레게 제거 기술」. ≪KISTEP 브리프≫, 86, 4쪽..

박진영·김관혁·이유·조경석·박영득·문용재·김해동·김연한. 2007.「강한 태양 및 지자기 활동 기간 중에 아리랑 위성 1호(KOMPSAT-1)의 궤도 변화」. ≪Journal of Astronomy and Space Sciences≫, 24(2), 125-134쪽.

신상우. 2019.「UN 우주활동 장기 지속가능성(LTS) 가이드라인 채택의 의미」. ≪항공우주시스템공학회지≫, 13(5), 49쪽..

신상우. 2019.「UN 우주활동 장기지속성(LTS) 가이드라인의 정책적 검토」.『한국항공우주학회 2019 추계학술대회 논문집』(2019.11), 335쪽.

정영진. 2014.「우주활동 국제규범에 관한 유엔 우주평화적이용위원회 법률소위원회의 최근 논의 현황」. ≪항공우주정책·법학회지≫, 29(1), 127~160쪽.

정헌주. 2021.「미국과 중국의 우주 경쟁과 우주 안보딜레마」. ≪국방정책연구≫, 37(1), 9~40쪽.

한국천문연구원, 2014.「국가 우주자산 보호를 위한 근지구 우주 환경 이해」. ≪KASI Insight≫, 4, 7쪽.

Bowen, Bleddyn. 2014. "Cascading Crises: Orbital Debris and the Widening of Space Security." *Astropolitics*, 12(1). March 2014, pp.46~68.

Grieco, Joseph. 1998. "Anarchy and the Limits of Cooperation: A Realistic Critique of the Newest Liberal Institutionalism." *International Organization*, 42(3). Summer 1988, pp.485~507.

Hildreth, Steven, and Allison Arnold. 2014. "Threats to U.S. National Security Interests in Space: Orbital Debris Mitigation and Removal". Congressional Research Service, R43353. January, 2014, pp.1~13.

Imburgia, Joseph. 2021. "Space Debris and Its Threat to National Security." *Vanderbilt Journal of Transnational Law*, 44(3), pp.589~641.

Martinez, Peter. 2021. "The UN COPUOS Guidelines for the Long-term Sustainability of Outer Space Activities." *Journal of Space Safety Engineering*, 8(1). March 2021, p.106.

Migaud, Michael. 2020. "Protecting Earth's Orbital Environment: Policy Tools for Combating Space Debris." *Space Policy*, 52. May 2020, pp.1~9.

Page, Scott. 2023. "U.S. Space Policy and Theories of International Relations: The Case for Analytical Eclecticism." *Space Policy*, 65. August 2023, pp.1~13.

Schreiber, Nils. 2022. "Man, State, and War in Space: Neorealism and Russia's Counterbalancing Strategy Against the United States in Outer Space Security Politics." *Astropolitics*, 20(2-3), pp.151~174.

Silverstein, Benjamin. 2023. "Promoting International Cooperation to Avoid Collisions Between Satellites." Carnegie Endowment of International Peace, Working Paper. September 2023, pp.1~33.

Weinzierl, Matthew. 2018. "Space, the Final Economic Frontier." *Journal of Economic Perspectives*, 32(2), pp.173~192.

Wendt, Alexander. 1992. "Anarchy is what States Make of it: The Social Construction of Power Politics." *International Organization*, 46(2). Spring 1992, pp.391~425.

3. 뉴스기사 및 인터넷 자료

과학기술정보통신부·한국항공우주연구원. 2020. "UN COPUOS 우주활동 장기지속가능성 가이드라인".

김봉수. 2022. "中 우주쓰레기 '공습'에 시달리는 인도… "한 달 새 벌써 두 번"". ≪아시아경제≫, 2022.5.17. https://www.asiae.co.kr/article/2022051707281375165(검색일: 2024.2.3.)

김홍범. 2021. "러시아, 위성 요격 시험, 1500개 파편 쏟아져 ISS 우주인 한때 비상". ≪중앙일보≫, 2021.11.17. https://www.joongang.co.kr/article/25024297(검색일: 2024.2.15).

박시수. 2023a. "EU 모든 회원국, '인공위성 요격 미사일 시험' 중단 선언". Spaceradar, 2023.8.28. https://www.spaceradar.co.kr/news/articleView.html?idxno=2140(검색일: 2024.1.20.)

박시수. 2023b. "네덜란드·오스트리아·이탈리아, 위성 요격 미사일 시험 중단 선언". Spaceradar, 2023.4.30. https://www.spaceradar.co.kr/news/articleView.html?idxno=1214(검색일: 2024.2.30.)

박시수. 2023c."미국·러시아, 우주 협력 지속 유인우주선 좌석 공유 2025년까지 연장". ≪산경투데이≫, 2023.12.31. https://www.sankyungtoday.com/news/articleView.html?idxno=44422 (검색일: 2024.2.15.)

윤슬. 2023. "'우주 쓰레기' 추락 5년 새 10배 증가 … 지난해 2461개 지구로 낙하". ≪뉴스스페이스≫, 2023.4.18. https://www.newsspace.kr/news/articleView.html?idxno=560(검색일: 2024.1.10.)

이정호. 2023. "나무로 만든 인공위성 띄운다고? … "생각보다 튼튼"". ≪경향신문≫, 2023.6.4. https://m.khan.co.kr/science/aerospace/article/202306040900001#c2b(검색일: 2024.1.10.)

YTN. 2015. "위성 17개 중 6개는 추력기 없어 … 충돌 위험". 2015.1.5. https://m.science.ytn.

co.kr/program/view.php?mcd=0082&key=201501051040156928(검색일: 2023.12.15.)

YTN. 2023. "위성 잔해, 한반도 피해간 듯" … 우주 쓰레기 위협은 이제 시작?" 2023.1.9. https://www.ytn.co.kr/_ln/0105_202301091944159358(검색일: 2023.11.5.)

ESA. "Space Environment Statistics." https://sdup.esoc.esa.int/discosweb/statistics/(검색일: 2024.2.10.)

NASA. 2023a. Orbital Debris Quarterly News, 27(1). March 2023, p.12.

NASA. 2023b. Orbital Debris Quarterly News, 27(4). October 2023, p.11.

NASA. 2024. *Orbital Debris Quarterly News*, 28(1). February 2024, p.2.

Pultarova, Tereza. 2023. "Old Soviet satellite breaks apart in orbit after space debris collision." Space.com, 2023.8.31. https://www.space.com/soviet-satellite-breaks-apart-after-debris-strike(검색일: 2024.2.10.)

Tate, Karl. 2021. "Russian Satellite Crash with Chinese ASAT Debris Explained." Space.com, 2021.11.18.https://www.space.com/20145-russian-satellite-chinese-debris-crash-infographic.html(검색일: 2024.2.12.)

UN OOSA. "Long-term Sustainability of Outer Space Activities." https://www.unoosa.org/oosa/en/ourwork/topics/long-term-sustainability-of-outer-space-activities.html(검색일: 2024.1.10.)

Weeden, Brian. 2010. "2009 Iridium-Cosmos Collision Fact Sheet." Secure World Foundation, 2010.11.10. https://swfound.org/media/6575/swf_iridium_cosmos_collision_fact_sheet_updated_2012.pdf(검색일: 2024.1.3.)

White House. 2020. "Executive Order 13914—Encouraging International Support for the Recovery and Use of Space Resources." April 2020.

White House. 2010. *National Security Strategy 2010*. May 2010, p.49.

World Economic Forum. 2023. "Space Industry Debris Mitigation Recommendations." in collaboration with the European Space Agency, WEF Centre for the Fourth Industrial Revolution. June 2023.

찾아보기

아

자

차

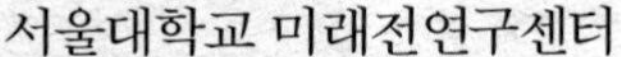

서울대학교 미래전연구센터

서울대학교 미래전연구센터는 동 대학교 국제문제연구소 산하에 서울대학교와 육군본부가 공동으로 설립한 연구기관으로, 4차 산업혁명 시대 미래전과 군사안보의 변화에 대하여 국제정치학적 관점에서 접근하는 데 중점을 두고 있다.

김상배

서울대학교 정치외교학부 교수이며, 한국사이버안보학회 회장과 정보세계정치학회 회장, 서울대학교 미래전연구센터장을 겸하고 있다. 미국 인디애나 대학교에서 정치학 박사학위를 취득했다. 정보통신정책연구원(KISDI)에서 책임연구원으로 재직한 이력이 있다. 주요 관심 분야는 '정보혁명과 네트워크의 세계정치학'의 시각에서 본 권력변환과 국가변환 및 중견국 외교의 이론적 이슈이며 우주 안보와 사이버 안보, 디지털 경제 및 공공외교의 경험적 이슈 등의 주제 등을 연구하고 있다.

차정미

국회미래연구원 연구위원으로 국제전략연구센터장을 맡고 있으며, 연세대학교 객원교수를 겸하고 있다. 연세대학교에서 정치학 박사학위를 취득했다. 연세대학교 연구교수, 국가안보전략연구원 선임연구원, 중국사회과학원 방문학자 등을 역임하였다. 주요 관심 분야는 중국 외교안보, 과학기술외교, 기술지정학, 미중 기술경쟁, 군사혁신, 기술안보, 경제안보 등 과학기술-안보-외교 넥서스를 중심으로 연구하고 있다.

윤대엽

대전대학교 군사학과 및 PPE(정치·경제·철학)전공 교수다. 연세대학교에서 비교정치경제를 전공으로 박사학위를 취득했다. 일본 게이오대, 대만국립정치대, 북경대 국제관계학원에서 방문학자로 연구했으며, 서울대학교 미래전연구센터, 연세대학교 중국연구원 객원연구원으로 활동하고 있다. 정치경제 시각에서 동아시아의 상호의존, 분단체제, 군사전략, 군사혁신 및 국가안보혁신네트워크(NSIN) 문제를 연구하고 있다.

알리나 쉬만스카(Alina Shymanska)

서울대학교에서 외교학 박사 학위를 취득했다. 현재 한국연구재단 인문사회 학술연구지원사업의 지원을 받아 서울대학교 국제문제연구소 객원연구원으로 중견국 우주 외교에 관한 연구를 진행하고 있다. 주요 관심 분야는 사이버 안보와 하이브리드 전쟁 등 신흥 안보 이슈이며, 우크라이나, 에스토니아, 폴란드 등 동유럽 국가들의 외교·안보 및 지정학에 중점을 두고 있다.

홍건식

국가안보전략연구원(INSS) 부연구위원이다. 연세대학교 대학원 정치학과에서 정치학 석·박사학위를 취득했으며 국제정치를 전공으로 했다. 국제정치, 국제 분쟁, 신안보, 사이버, 디지털, 우주 등 분야를 연구하고 있다.

유인태

단국대학교 정치외교학과 조교수이다. 사우스캐롤라이나 대학교에서 정치학 박사학위를 취득했으며, 일본 와세다대학교 방문리서치펠로, 연세대학교 정치학과 연구교수, 전북대학교 조교수로 재직한 바 있다. 최근에는 인터넷 거버넌스, 사이버안보, (공급망)경제안보, 그리고 첨단기술의 국제정치·경제·안보·방위산업 분야들을 중심으로 연구하고 있다.

이정환

서울대학교 정치외교학부 교수이며, 동 대학 국제문제연구소 연구위원과 미래전연구센터 부센터장을 겸하고 있다. 미국 버클리 소재 캘리포니아주립대학교에서 정치학 박사학위를 취득했다. 국민대학교 일본학연구소 전임연구원과 국제학부 교수를 역임했다. 주요 관심 분야는 현대 일본의 정치경제 및 외교안보 정책이다.

송태은

현재 국립외교원 국제안보통일연구부 조교수로 재직 중이다. 서울대학교에서 외교학 박사학위를, University of California, San Diego(UCSD)에서 국제관계학 석사학위를, 성균관대 정치외교학과에서 학사학위를 취득했다. 현재 사이버작전사령부와 국군방첩사령부의 자문위원, 한국사이버안보학회 편집이사, 한국국제정치학회 신기술·사이버안보연구분과 위원장, 정보세계정치학회 기획이사이다. 주요 연구 분야는 신기술, 사이버 안보, 우주안보, 정보전·인지전, 사이버전, 하이브리드전 등 신흥안보와 전략커뮤니케이션(SC) 및 과학기술외교이다.

윤정현

현재 국가안보전략연구원(INSS) 연구위원으로 재직 중이며 전(前) 과학기술정책연구원(STEPI) 선임연구원, 전(前) 외교부 경제안보자문위원, 전(前) 국가과학기술자문회의 전문위원을 역임하였다. 서울대학교에서 외교학 박사를 취득했으며 전문 분야는 신기술과 기술지정학, 신흥안보 및 미래리스크 연구이다. 주요 저서·논문으로 「양자기술의 부상과 국가안보적 함의」(2024), 「반도체 공급망 안보의 국제정치」(2023), 「국방분야의 인공지능 기술도입의 주요 쟁점과 활용 제고 방안」(2021) 등이 있으며, 과학기술과 인문사회를 아우르는 학제 간 융합 연구에 많은 관심을 갖고 있다.

정헌주

연세대학교 행정학과 교수이며, 연세대학교 항공우주전략연구원(ASTI) 원장과 사회과학연구소장을 겸하고 있다. 미국 펜실베니아 대학교에서 정치학 박사학위를 취득했다. 미국 인디애나 대학교에서 조교수로 재직한 이력이 있다. 주요 관심 분야는 국제안보, 항공우주력, 국제정치경제, 국제개발협력(ODA), 공공외교, 기억연구 등이 있다.

한울아카데미 2544
서울대학교 미래전연구센터 총서 10
우주안보의 국제정치학
복합지정학의 시각

엮은이 김상배
지은이 김상배 · 차정미 · 윤대엽 · 알리나 쉬만스카 · 홍건식 · 유인태 · 이정환 · 송태은 · 윤정현 · 정헌주
펴낸이 김종수 | **펴낸곳** 한울엠플러스 (주) | **편집** 조인순
초판 1쇄 인쇄 2024년 10월 20일 | **초판 1쇄 발행** 2024년 10월 31일
주소 10881 경기도 파주시 광인사길 153 한울시소빌딩 3층
전화 031-955-0655 | **팩스** 031-955-0656 | **홈페이지** www.hanulmplus.kr
등록번호 제406-2015-000143호

Printed in Korea.
ISBN 978-89-460-7544-3 93390
※ 책값은 겉표지에 표시되어 있습니다.